[中文版]

# Office 2013
## 商务办公应用
### 从入门到精通

U0319050

$ Business

中国铁道出版社
CHINA RAILWAY PUBLISHING HOUSE

## 内 容 简 介

本书针对 Office 读者的需求,在内容上全面并详细地讲解了 Office 2013 商务办公的相关知识与操作技能。图书内容讲解上图文并茂,重视实践操作能力的培养,在图片上清晰地标注出了要进行操作的位置与操作内容,对于重点、难点操作均配有视频教程,以使读者高效、完整地掌握本书内容。

全书共分 18 章,包括 Office 2013 快速入门,Word 2013 文档的基本操作,Word 文档格式设置与图文混排,Word 表格与图表的制作,Word 样式、模板、页眉页脚、批注、脚注与尾注等功能应用;Excel 数据表格的创建与编辑,Excel 表格数据的计算方法,Excel 表格数据的统计与分析,Excel 数据图表与透视图的应用;PowerPoint 演示文稿的创建,幻灯片的动画设计与放映操作;Office 2013 商务办公综合应用及其他办公组件(Access、Outlook、OneNote)的使用等内容。

本书既适合初学 Office 2013 办公的读者学习使用,也适合想提高办公技能与技巧的读者学习,同时也可以作为电脑培训班的培训教材或学习辅导书。

**图书在版编目(CIP)数据**

中文版 Office 2013 商务办公应用从入门到精通 / 陈昭稳编著 . —北京:中国铁道出版社,2016.5

(从入门到精通)

ISBN 978-7-113-21455-5

Ⅰ . ①中… Ⅱ . ①陈… Ⅲ . ①办公自动化—应用软件

Ⅳ . ① TP317.1

中国版本图书馆 CIP 数据核字(2016)第 026050 号

| | |
|---|---|
| 书 名: | **中文版 Office 2013 商务办公应用从入门到精通** |
| 作 者: | 陈昭稳 编著 |

| | | | |
|---|---|---|---|
| 策 划: | 巨 凤 | 读者热线电话: | 010-63560056 |
| 责任编辑: | 苏 茜 | | |
| 责任印制: | 赵星辰 | 封面设计: | **MXK** DESIGN STUDIO |

出版发行:中国铁道出版社(北京市西城区右安门西街 8 号　邮政编码:100054)

印　　刷:三河市宏盛印务有限公司

版　　次:2016 年 5 月第 1 版　　2016 年 5 月第 1 次印刷

开　　本:787mm×1092mm　1/16　印张:28　字数:530 千

书　　号:ISBN 978-7-113-21455-5

定　　价:55.00 元(附赠光盘)

# Foreword

# 前　言

　　Office 2013 是目前最流行的办公软件，它不但功能强大，而且能满足各种不同办公需要的用户，通过它能制作出具有专业水准的文档、表格、幻灯片、数据库和电子邮件等文件。为了帮助广大 Office 2013 初学者快速掌握该软件的基本操作，我们组织多位在 Word、Excel 和 PowerPoint 方面具有丰富实战经验的软件专家精心编写了本书。

　　本书从读者应用需求出发，打破传统单一讲解知识技能的模式，而是结合大量工作中的常用案例，讲解 Office 2013 综合办公的相关技能与操作应用，具有"实用性强、参考性强"的特点。本书内容讲解浅显易懂，没有深奥难懂的理论，有的只是实用的操作和丰富的图示说明，使读者在学习时可以快速上手。

## ⬈ 内容安排，全面实用

　　《中文版 Office 2013 商务办公应用从入门到精通》针对 Office 读者的需求，在内容上全面并详细地讲解了 Office 2013 商务办公的相关知识与操作技能。全书共分18章，具体内容详见目录。

## ⬈ 直观易懂的图解写作，一看即会

　　为了方便初学者学习，图书采用全新的"图解操作 + 步骤引导"的写作方式进行讲解，省去了烦琐而冗长的文字叙述。读者只要按照步骤讲述的方法去操作，就可以一步一步地作出与书中相同的效果，真正做到简单明了、直观易学。

## ⬈ 书中的技能技巧，应有尽有

　　全书在内容安排上，采用"基础知识 + 操作技巧 + 技能训练"的结构，共安排了70 个实用的操作技巧，以及 34 个综合技能训练及相关案例，力求让读者掌握基础操作技能外，增强一些应用技巧和实战经验。

## ↗ 花一本书的钱，获得多本书的价值

本书配套的多媒体教学光盘，除了包括本书相关资源内容，还附赠了多本书的教学视频，真正让读者花一本书的钱，获得多本书的学习内容。光盘中具体内容如下：

❶ 本书相关案例的素材文件与结果文件，方便读者学习使用。

❷ 本书内容同步的视频文件（379 分钟），看着视频学习，效果立竿见影。

❸ 赠送：总共 11 讲的《视频学：Office 2010 商务办公实战应用》多媒体教程。

❹ 赠送：总共 9 讲的《视频学：笔记本电脑选购、使用与故障排除》多媒体教程。

最后，真诚感谢读者购买本书，我们将不断努力，为您奉献更多、更优秀的图书！由于计算机技术发展非常迅速，加上编者知识有限、时间仓促，错误之处在所难免，敬请广大读者和同行批评指正。

编 者

2016 年 2 月

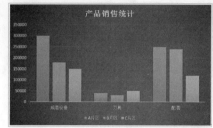

## Chapter 03　Word 中文本与段落格式的设置

## Chapter 04　Word 的图文混排功能应用

## Chapter 05　Word 中表格和图表应用

## Chapter 06　Word 文档的高效排版功能详解

 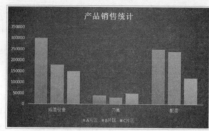

## Chapter 07　Excel 2013基础入门操作

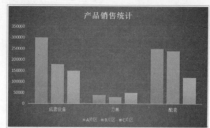

## Chapter 10　Excel 表格数据的计算处理

## Chapter 11　Excel 的数据统计与分析功能

 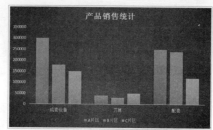 

## Chapter 14　PowerPoint 版式设计与动画

## Chapter 15　实战应用——Word 长文档排版

# Chapter

# Office 2013 快速入门

## 本章导读

　　Office 2013 是继 Office 2010 后的新一代套装办公软件。本章主要从触屏设计、新增或改进功能、操作环境的初步设置、文档的基本操作等方面，全面介绍新版 Office 2013 办公软件的基本知识。

## 学完本章后应该掌握的技能

- 全新的 Office 启动界面
- 轻松切换至触摸模式
- 注册和登录 Microsoft 账户
- Word 2013 的工作界面
- Excel 2013 的工作界面
- PowerPoint 2013 的工作界面

## 本章相关实例效果展示

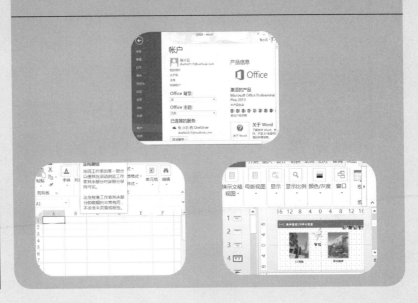

# 1.1 知识讲解——初识 Office 2013

全新的 Office 2013 是一款具有触控平板和云端最佳化效果的办公套装软件。本章主要从全新的 Office 启动界面、触屏设计、注册和登录 Microsoft 账户等方面，全面介绍新版 Office 2013 办公软件的基本知识。

## 1.1.1 Office 2013 简介

Office 2013 集文档编辑、数据处理、图形图像设计、数据传输等功能于一体，在企业日常办公中发挥着不可替代的作用。Office 2013 包括 Word、Excel、Power-Point、Outlook、OneNote、Access、Publisher、Lync 等 10 多款应用组件，其中最常用的三大组件是 Word 2013、Excel 2013 和 PowerPoint 2013。

Office 2013 安装完成以后，用户可以根据需要打开 Office 2013 中的任意组件。如打开字处理软件 Word 2013 的具体操作步骤如下。

**Step01：❶** 单击"开始"按钮；**❷** 在"所有程序"列表中选择"Microsoft Office 2013 → Word 2013"选项，如下图所示。

**Step02：** 进入 Word 模板界面，然后选择"空白模板"文档，如下图所示。

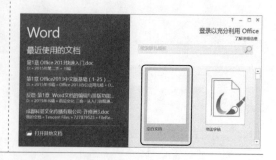

Step03：此时即可启动 Microsoft Word 2013，打开一个名为"文档 1"的 Word 文档，如下图所示。

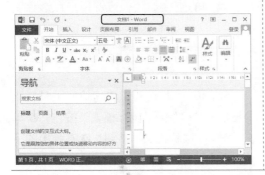

 专家提示

默认情况下，启动 Office 2013 中的任意组件，都会首先进入模板界面，用户可以根据需要单击其中的模板，生成相应的模板文件，既方便又快捷。

## 1.1.2 全新的 Office 启动界面

所有 Office 2013 的组件都采用了全新的启动界面，具有标准的 Metro UI 风格，简约而清爽。

Step01：Word 2013 的启动界面如下图所示。

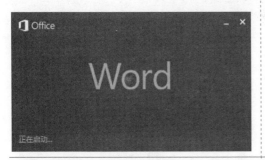

Step02：Excel 2013 的启动界面如下图所示。

Step03：PowerPoint 2013 的启动界面如下图所示。

Step04：Access 2013 的启动界面如下图所示。

### 1.1.3 轻松切换至触摸模式

随着平板电脑的兴起，Office 2013 在预览版上增加了强化触控功能，让使用者可以手动开启触控模式，此时各菜单中的按钮与工具间的空格加大，方便用户点选控制按钮。

接下来以 Excel 2013 组件为例，介绍如何将 Office 2013 切换到触摸模式，具体操作步骤如下。

**Step01：** 打开 Excel 2013 应用程序，❶ 在"快速访问工具栏"中单击右侧的下拉按钮；❷ 在弹出的下拉列表中选择"触摸/鼠标模式"选项，如下图所示。

**Step02：** 此时在"快速访问工具栏"中出现一个"触摸/鼠标模式"按钮，❶ 单击"触摸/鼠标模式"按钮；❷ 在弹出的下拉列表中选择"触摸"选项，如下图所示。

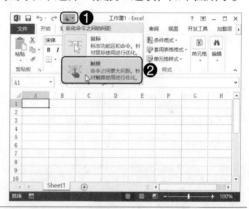

**Step03：** 此时即可进入"触摸"模式，各菜单和命令间的间距变大了，更加方便进行触摸操作，如下图所示。

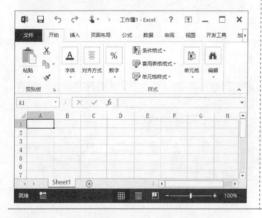

**Step04：** 如果要退出"触摸"模式，❶ 再次单击"触摸/鼠标模式"按钮；❷ 在弹出的下拉列表中选择"鼠标"选项即可，如下图所示。

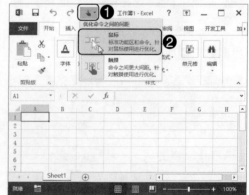

**知识拓展　Office 2013 的触摸设计**

　　Office 2013 的触摸模式中采用更大的图标以及新的浏览文档的方式，允许用户用手指捏的动作来完成缩放文字的功能。在 Excel 中，微软有意让触摸模式扩大了选择的区域，以便选择和选定每一行、每一列以及单元格。而在处理各个文档中的图片时，也可以方便地用手指缩放或者选择图片。

## 1.1.4　注册和登录 Microsoft 账户

　　Microsoft 账户是用于登录 Windows 的电子邮件地址和密码。该账户是免费的且易于设置，并且可以使用所选的任何电子邮件地址完成该操作，或者获取新的电子邮件地址（例如，可以使用 Outlook.com、Gmail 或 Yahoo! 地址作为你的 Microsoft 账户）。

　　注册和登录 Microsoft 账户的具体操作步骤如下。

 **光盘同步文件**

　　视频文件：光盘\视频文件\第 1 章\1-1-4.mp4

　　**Step01**：登录 Microsoft 账户注册网址"https:// login.live.com/"，直接单击"立即注册"按钮，如下图所示。

　　**Step02**：进入"创建账户"界面，填写注册信息，如下图所示。

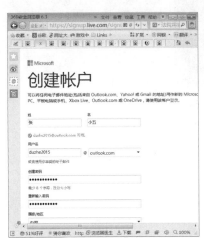

　　**Step03**：填写完毕，单击"创建账户"按钮，如下图所示。

　　**Step04**：注册成功后，进入"Microsoft账户"界面，此时即可查看注册的账户信息，如下图所示。

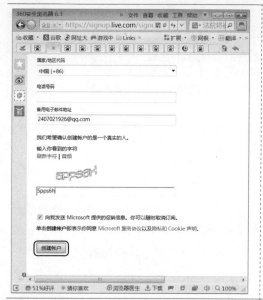

Step05：在"文件"界面中，❶ 单击"账户"选项卡；❷ 单击"登录"按钮，如下图所示。

Step06：进入"登录"窗口，❶ 输入用户名；❷ 单击"下一步"按钮，如下图所示。

Step07：接下来，❶ 输入密码；❷ 单击"登录"按钮，如下图所示。

Step08：安装完成，此时即可登录Microsoft 账户，如下图所示。

**专家提示**

我们可以将任何电子邮件地址（包括来自 Outlook.com、Yahoo! 或 Gmail 的地址）用作新的 Microsoft 账户的用户名。如果你已登录到 Windows PC、平板电脑或手机、Xbox Live、Outlook.com 或 OneDrive，使用注册的账户即可登录。

## 1.2 知识讲解——Office 2013 的工作界面

Office 2013 延续了 Office 2010 的菜单栏功能，并且融入了 Metro 风格。整体工作界面趋于平面化，显得更加清新、简洁。接下来分别介绍 Word 2013、Excel 2013 和 Power-Point 2013 三大 Office 组件的工作界面。

### 1.2.1 Word 2013 的工作界面

Word 2013 的工作界面主要包括标题栏、快速访问工具栏、功能区、文件按钮、文档编辑区、状态栏、视图切换区以及比例缩放区等。

**光盘同步文件**

视频文件：光盘\视频文件\第 1 章\1-2-1.mp4

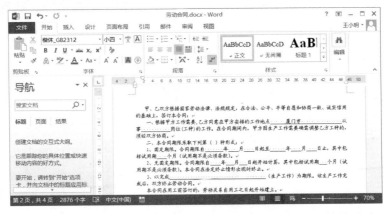

Word 2013 主界面底部用蓝色底色，其余部分主色为白色，简约大方。
Word 2013 工作界面的各个组成部分及其功能如下。

**标题栏**：标题栏主要用于显示正在编辑的文档的文件名以及所使用的软件名，另外还包括标准的快速访问工具栏、帮助、功能区显示选项、最小化、还原和关闭按钮，如下图所示。

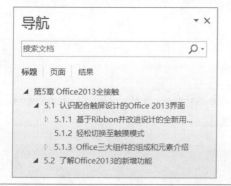

**功能区**：主要包括"文件"、"开始"、"插入"、"设计"、"页面布局"、"引用"、"邮件"、"审阅"、"视图"、"加载项"等选项卡，以及微软账户等，如下图所示。

**导航窗格**：在此窗格中，拖动文档标题可以快速浏览或编辑文档，或者使用搜索框在长文档中迅速搜索内容，如下图所示。

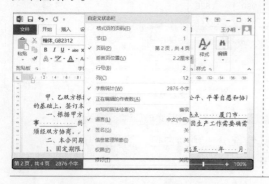

**状态栏**：打开一篇 Word 2013 文档，窗口最下面的那个蓝色条就是状态栏，通常会显示页码、字数统计、视图按钮、缩放比例等。在状态栏空白处右击，从弹出的快捷菜单中自定义状态栏的按钮即可，如下图所示。

**快速访问工具栏**：此处的命令始终可见。右击一个命令将其添加到此处，如下图所示。

**功能按钮**：单击功能区上的任意选项卡，以显示其按钮和命令，如下图所示。

**文档编辑区**：主要用于文字编辑、页面设置和格式设置等操作，是 Word 文档的主要工作区域，如下图所示。

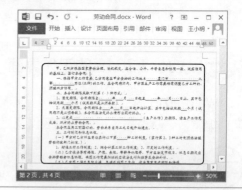

**滚动条**：分为水平滚动条和垂直滚动条两种，主要用于滚动显示页数较多的文档内容。按住滚动条上的滑轮，上、下或左、右拖动鼠标，即可滚屏浏览文档，如下图所示。

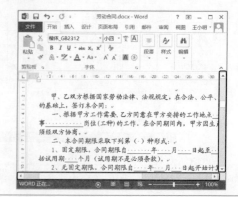

**知识拓展　Word 2013 的新增功能**

新版 Word 2013 在功能上进行了很大改进，使文档编辑工作更加方便快捷。
主要的新增功能如下：

◆ 从模板开始，当您打开 Word 2013 时，将显示一些精美的 Word 模板。
◆ 全新的阅读视图，方便用户查看文档、注释文档。
◆ 继续阅读功能，重新打开文档并在停止处继续阅读。
◆ PDF 编辑功能，对排版简单的 PDF 文件进行直接读取、直接编辑。
◆ 文档修订更加简明，全新的修订视图显示简洁的"修订标记"。
◆ 回复批注功能，可以在相关文字旁边讨论和轻松地跟踪批注。
◆ 在云中保存和共享文件，可以轻松使用 SharePoint 或 SkyDrive 共享文档，甚至可以在同一时间与您的同事协作处理相同的文件。

## 1.2.2　Excel 2013 的工作界面

Excel 2013 的操作界面与 Word 2013 相似，除了包括标题栏、快速访问工具栏、功能区、文件按钮、滚动条、状态栏、视图切换区以及比例缩放区域，还包括名称框、编辑栏、工作表编辑区、工作表列表区等组成部分。

 **光盘同步文件**

视频文件：光盘 \ 视频文件 \ 第 1 章 \1-2-2.mp4

| | 员工姓名 | 所属部门 | 费用产生日期 | 交通费用 | 住宿费用 | 膳食费用 | 费用总额 |
|---|---|---|---|---|---|---|---|
| 1 | 员工姓名 | 所属部门 | 费用产生日期 | 交通费用 | 住宿费用 | 膳食费用 | 费用总额 |
| 2 | 林　强 | 企划部 | 2015/8/1 | 1124 | 820 | 2780 | 4724 |
| 3 | 陈　六 | 财务部 | 2015/8/2 | 0 | 980 | 820 | 1800 |
| 4 | 张　三 | 销售部 | 2015/8/5 | 1750 | 1440 | 120 | 3310 |
| 5 | 肖　倩 | 推广部 | 2015/8/6 | 1160 | 0 | 0 | 1160 |
| 6 | 王晓明 | 企划部 | 2015/8/7 | 0 | 218 | 980 | 1198 |
| 7 | 李　四 | 财务部 | 2015/8/7 | 1080 | 320 | 518 | 1918 |
| 8 | 李　贵 | 推广部 | 2015/8/8 | 1750 | 830 | 462 | 3042 |
| 9 | 彭　飞 | 销售部 | 2015/8/10 | 1734 | 0 | 980 | 2714 |
| 10 | 杜　林 | 销售部 | 2015/8/10 | 980 | 1080 | 465 | 2525 |
| 11 | 孙晓曦 | 推广部 | 2015/8/11 | 2368 | 1364 | 386 | 4118 |

Excel 2013 的主界面采用绿色和白色为主色调，感觉比较清新、自然。

Excel 2013 的工作界面中的标题栏、快速访问工具栏、功能区、功能按钮、滚动条、状态栏等组成部分的功能与 Word 2013 相同，此处不再赘述。接下来介绍 Excel 2013 与 Word 2013 不同的组成部分及其功能。

**名称框和编辑栏：**在左侧的名称框中，用户可以给一个或一组单元格定义一个名称，也可以从名称框中直接选取定义过的名称来选中相应的单元格。选中单元格后可以在右侧的编辑栏中输入单元格的内容，如公式或文字及数据等，如下图所示。

**工作表编辑区：**工作表编辑区是由多个单元表格行和单元表格列组成的网状编辑区域，用户可以在此区域内进行数据处理，如下图所示。

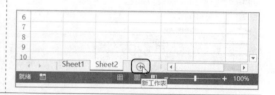

**工作表标签：**工作表标签，通常是一张工作表的名称。默认情况下，Excel 2013 自动显示当前默认的一张工作表"Sheet1"，用户可以根据需要，单击左侧的"添加"按钮生成新的工作表，如右图所示。

## 知识拓展　Excel 2013 的新增功能

新版 Excel 2013 在功能上进行了很大改进，可帮助您快速进行数据处理与分析。主要的新增功能如下：

◆ 从模板开始，模板为您完成大多数设置和设计工作，让您可以专注于数据。

◆ "快速分析"工具，帮您在两步或更少步骤内将数据转换为图表或表格。

◆ "图表推荐"功能，Excel 针对您的数据推荐最合适的图表。

◆ 切片器过滤功能，显示当前表格的过滤器，让您可以准确知道正在查看的数据。

◆ 工作簿独立窗口，使每个工作簿都拥有自己的窗口，轻松地操作两个工作簿。

◆ 新增图表功能，三个新增图表按钮让您可以快速选取和预览对图表元素（比如标题或标签）、您图表的外观和样式或显示数据的更改。

◆ 更加丰富的数据标签，帮您使用格式和其他任意多边形文本来强调标签，并可以任意形状显示。还可以在所有图表上使用引出线将数据标签连接到其数据点。

◆ 联机保存和共享文件，让您可以更加轻松地将工作簿保存到联机位置，如 SkyDrive 或 Office 365 服务，还可以与他人共享您的工作表。

### 1.2.3 PowerPoint 2013 的工作界面

PowerPoint 2013 和 Excel 2013、Word 2013 的操作界面基本类似。PowerPoint 2013 的操作界面分为"文件"、"开始"、"插入"、"设计"、"切换"、"动画"、"幻灯片放映"、"审阅"及"视图"和"加载项"等选项卡，其中"文件"、"开始"、"插入"、"审阅"、"视图"等项目在使用中功能和 Word、Excel 相似，而"设计"、"切换"、"动画"、"幻灯片放映"是 PowerPoint 特有的菜单项目。

### 光盘同步文件

视频文件：光盘\视频文件\第 1 章\1-2-3.mp4

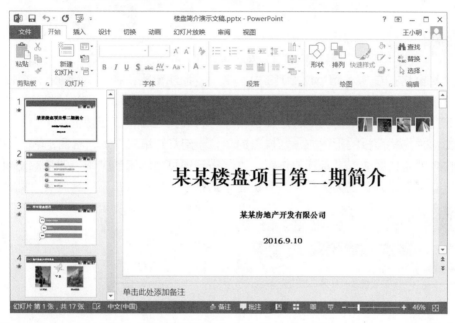

PowerPoint 2013 的主界面采用橙色和白色作为主色调，与 Word 2013 相比，顶部文档标题没有红色底色。

PowerPoint 2013 工作界面的各个组成部分及其功能如下。

**幻灯片编辑区**：PowerPoint 2013 工作界面右侧最大的区域是幻灯片编辑区，在此可以对幻灯片的文字、图片、图形、表格、图表等元素进行编辑，如下图所示。

**幻灯片视图区**：PowerPoint 2013 工作界面左侧区域是幻灯片视图区，默认视图方式为"幻灯片"视图。"幻灯片"视图模式将以单张幻灯片的缩略图为基本单元排列，当前编辑幻灯片以着重色标出。在此栏中可以轻松实现幻灯片整张复制与粘贴、插入新的幻灯片、删除幻灯片、幻灯片样式更改等操作，如下图所示。

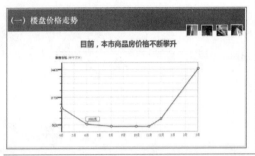

**注释窗格：** 在 PowerPoint 2013 中，通过"视图"选项卡中的"笔记"按钮即可打开注释窗格。正常情况下，注释窗格位于幻灯片编辑面板的正下方，紧挨着的那块白色的空白区域就是备注的位置，可以直接在里面输入备注文字，作为演讲者的参考资料，如下图所示。

**批注窗格：** 在 PowerPoint 2013 中，通过"插入"选项卡中的"批注"按钮即可打开批注窗格。正常情况下，批注窗格位于幻灯片编辑面板的右侧，单击"新建"按钮即可为选定的文本、对象或幻灯片添加批注，也可以在不同编辑者之间进行批注回复，如下图所示。

**知识拓展** PowerPoint 2013 的新增功能

新版 PowerPoint 2013 在功能上进行了很大改进，更加轻松地助您制作专业的演示文稿。主要的新增功能如下：

◆ 更多入门选项，PowerPoint 2013 向您提供了许多种方式来使用模板、主题、最近的演示文稿、较旧的演示文稿或空白演示文稿来启动下一个演示文稿；

◆ 简易的演示者视图，演示者视图允许您在您的监视器上查看您的笔记，而观众只能查看幻灯片。

◆ 友好的宽屏，PowerPoint 2013 提供了 16:9 宽屏版式，视觉化强烈。

◆ 更好的设计工具，主题现在提供了一组变体，例如不同的调色板和字体系列。

◆ 均匀地排列和隔开对象，无须目测您的幻灯片上的对象以查看它们是否已对齐。当您的对象（例如图片、形状等）距离较近且均匀时，智能参考线会自动显示，并告诉您对象的间隔均匀。

◆ 新的取色器，可实现颜色匹配，您可以从屏幕上的对象中捕获精确的颜色，然后将其应用于任何形状。取色器为您执行匹配工作。

◆ 触控设备上的 PowerPoint，现在可通过基于 Windows 8 的触控计算机与 PowerPoint 进行交互。使用典型的触控手势，您可以在幻灯片上轻扫、点击、滚动、缩放和平移，真正地感受演示文稿。

◆ 在云中保存或共享演示文稿，您可以将制作完成的演示文稿保存和共享到云端，甚至还可以与同事同时处理同一个文件。

# 技高一筹——实用操作技巧

通过前面知识的学习，相信读者已经掌握了 Office 2013 的基本知识。下面结合本章内容，给大家介绍一些实用技巧。

## 光盘同步文件

素材文件：光盘\素材文件\第 1 章\技高一筹\劳动合同 .docx
结果文件：光盘\结果文件\第 1 章\技高一筹\劳动合同 .docx
视频文件：光盘\视频文件\第 1 章\技高一筹 .mp4

 技巧 01　快速返回编辑位置

在重新打开被编辑过的文档时，Word 2013 的垂直滚动条旁将给出"欢迎回来"提示标签，提示上一次编辑结束时的章节，单击该提示框将能够直接定位到上次操作结束的页。巧用"欢迎回来"提示标签的具体操作如下。

Step01：重新打开被编辑过的文档"劳动合同 .docx"，此时在文档的首页右侧出现一个提示框，如下图所示。

Step02：单击提示框，即可快速切换到上次编辑的文档位置，如下图所示。

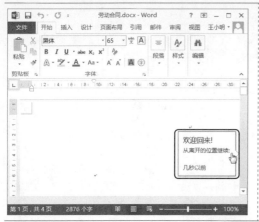

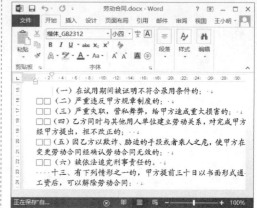

## 技巧 02　教您添加桌面图标

在日常工作中，为了提高工作效率，通常会在桌面上添加一些常用程序的快捷图标，如 Word、Excel 和 PowerPoint 等图标。快速添加桌面图标的具体操作如下。

**Step01**：打开"所有程序"列表，❶ 在"Microsoft Office 2013→PowerPoint 2013"选项上右击，❷ 在弹出的快捷菜单中选择"发送到→桌面快捷方式"命令，如下图所示。

**Step02**：此时即可在桌面上创建 PowerPoint 2013 应用程序的快捷图标，如下图所示。

## 技巧 03　修改 Office 软件自动保存时间

编辑文档时，可能会遇到计算机死机、断电，以及误操作等情况。为了避免不必要的损失，可以设置 Office 的自动保存时间，定时保存文档，具体操作如下。

Step01：打开 Word 文件，单击"文件"按钮，如下图所示。

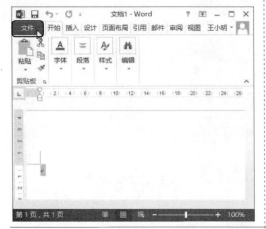

Step02：进入"文件"界面，单击"选项"选项卡，如下图所示。

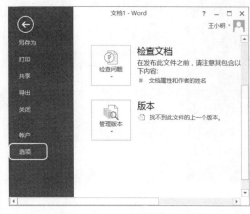

Step03：弹出"Word 选项"对话框，❶ 单击"保存"选项卡；❷ 选中"保存自动恢复信息时间间隔"复选框，在其右侧的微调框中输入"8"；❸ 单击"确定"按钮，如右图所示。

## 专家提示

　　Word 2013 具有自动保存功能，默认情况下每隔 10 分钟自动保存一次文件。设置时间间隔不宜过大，也不宜过小。时间间隔过大，容易造成数据丢失；时间间隔过小，容易造成计算机运行缓慢。

## 技巧 04　更改 Office 主题

　　默认情况下，Office 各组件的主题是"白色"，用户可以根据需要自定义为"浅灰色"、"深灰色"。更改 Office 主题的具体操作如下。

**Step01：**进入"文件"界面，单击"账户"按钮，如下图所示。

**Step02：**在"Office 主题"下拉列表中选择"深灰色"选项，如下图所示。

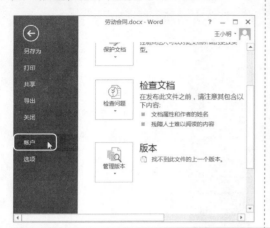

**Step03：**此时 Word 2013 的界面主题就变成了"深灰色"，如右图所示。

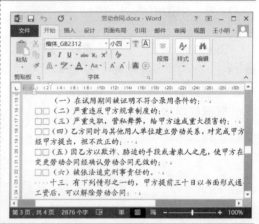

专家提示

　　除了在"账户"选项卡中更改 Office 主题，还可以打开"Word 选项"对话框，在"常规"选项卡中更改 Office 主题和 Office 背景。

👍 **技巧 05　另存为低版本的 Office 文件**

　　在现实工作中，有许多朋友仍然在使用 Office 2003 程序进行日常办公。为了读者便于阅读和编辑文档，使用 Office 文件的"向下兼容"功能，可以将扩展名为".docx"的高版本文档转化为扩展名为".doc"的低版本文档，具体操作如下。

**Step01：**进入"文件"界面，❶ 单击"另存为"按钮；❷ 单击"浏览"按钮，如下图所示。

**Step02：**弹出"另存为"对话框，选择合适的保存位置；❶ 在"保存类型"下拉列表中选择"Word 97–2003 文档（*.doc）"选项；❷ 单击"保存"按钮，如下图所示。

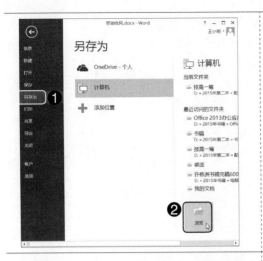

**Step03**：弹出"Microsoft Word 兼容性检查器"对话框，单击"继续"按钮即可，如下图所示。

**Step04**：此时，原来的 Word 文档转化成了"兼容模式"，如下图所示。

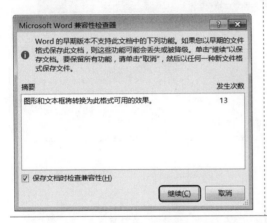

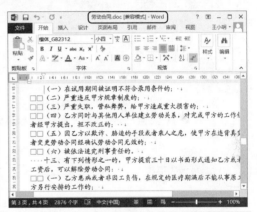

# 技能训练 1：将常用命令添加到快速访问工具栏

## 训练介绍

在日常工作中，除了可以自定义功能区，用户还可以将一些常用命令添加到"快速访问工具栏"中。接下来以向 Excel 2013"快速访问工具栏"中添加"冻结窗格"命令为例进行详细介绍。

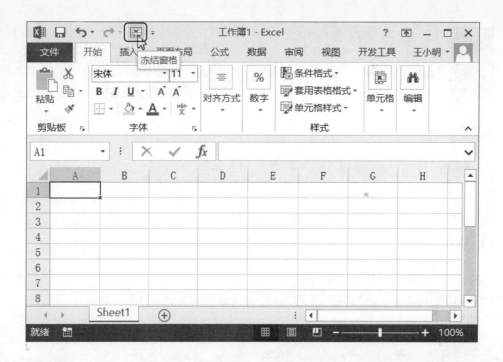

 光盘同步文件

素材文件：光盘\素材文件\第 1 章\无
结果文件：光盘\结果文件\第 1 章\无
视频文件：光盘\视频文件\第 1 章\技能训练 1.mp4

 操作提示

| 制作关键 | 技能与知识要点 |
| --- | --- |
| 本实例首先打开工作簿，在"快速访问工具栏"中单击右侧的下拉按钮，执行"自定义快速访问工具栏"命令，选择"其他命令"选项；其次，打开"Excel 选项"对话框，找到并选中要添加的"冻结窗格"命令；最后，单击"添加"按钮，将其添加到"快速访问工具栏"，完成常用命令的添加。 | ● 执行"自定义快速访问工具栏"命令<br>● 查找"冻结窗格"命令<br>● 执行"添加"命令<br>● 单击"确定"按钮，完成操作 |

操作步骤

本实例的具体制作步骤如下。

Step01：打开工作簿，❶ 单击"快速访问工具栏"右侧的下拉按钮；❷ 在弹出下拉列表中选择"其他命令"选项，如下图所示。

Step02：进入"Excel 选项"对话框，❶ 在"常用命令"列表框中选择"冻结窗格"命令；❷ 单击"添加"按钮，如下图所示。

Step03：此时选中的"冻结窗格"命令就添加到"自定义快速访问工具栏"列表框中，然后单击"确定"按钮即可，如下图所示。

Step04：返回工作簿，此时即可在"快速访问工具栏"中看到添加的"冻结窗格"命令，如下图所示。

**专家提示**

　　如果要删除"快速访问工具栏"中的命令，选中要删除的命令按钮，右击，在弹出的快捷菜单中选择"从快速访问工具栏删除"命令即可将其删除。

# 技能训练 2：设置 Office 显示选项

训练介绍

在 Office 2013 的各组件中，用户可以根据需要设置显示选项，如 Word 文档中的标尺、网格线、导航窗格、样式窗格等；Excel 电子表格中的标题、标尺、网格线、编辑栏等；PowerPoint 演示文稿中的标尺、网格线、参考线、备注窗格等。

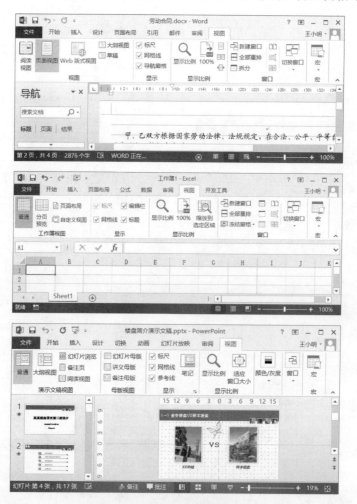

## 光盘同步文件

素材文件：光盘＼素材文件＼第1章＼劳动合同 .docx、差旅费统计表 .xlsx、楼盘简介演示文稿 .pptx
结果文件：光盘＼结果文件＼第1章＼无
视频文件：光盘＼视频文件＼第1章＼技能训练 2.mp4

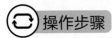 操作提示

| 制作关键 | 技能与知识要点 |
| --- | --- |
| 本实例设置 Office 显示选项，通过"视图"选项卡"显示"组中的各种显示选项进行设置，如显示标尺、网格线、导航窗格、标题、参考线、备注窗格等选项，根据需要进行各种 Office 显示选项的设置。 | ● 显示标尺<br>● 显示网格线<br>● 显示导航窗格<br>● 显示标题<br>● 显示参考线<br>● 显示备注窗格 |

## 操作步骤

本实例的具体制作步骤如下。

**Step01:** 打开 Word 文档，❶ 单击"视图"选项卡；❷ 在"显示"组中选中"标尺"、"网格线"、"导航窗格"复选框，即可显示相应的选项，如下图所示。

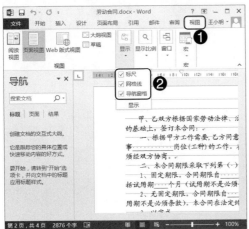

**Step02:** 打开 Excel 电子表格，❶ 单击"视图"选项卡；❷ 在"显示"组中选中"标题"、"标尺"、"网格线"、"编辑栏"复选框，即可显示相应的选项，如下图所示。

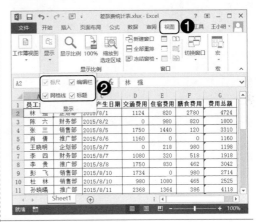

**Step03:** 打开 PowerPoint 演示文稿，❶ 单击"视图"选项卡；❷ 在"显示"组中选中"标尺"、"网格线"、"参考线"复选框，单击"笔记"按钮，即可显示相应的选项，如右图所示。

专家提示

打开 PowerPoint 2013，单击"视图"选项卡，在"显示"组中单击"笔记"按钮，即可在幻灯片的下方显示备注窗格。

# 本章小结

　　本章的重点在于认识全新的 Office 2013，尤其是详细了解 Word、Excel、PowerPoint 三大办公组件的工作界面和整体风格，主要包括全新的 Office 启动界面、轻松切换至触摸模式、注册和登录自己的 Microsoft 账户、Word 2013 的工作界面、Excel 2013 的工作界面、PowerPoint 2013 的工作界面等知识点。通过本章的学习，希望大家能够准确地认识全新的 Office 2013，能够拥有自己的 Microsoft 账户，学会设置个性化的 Office 工作界面，学会将常用命令添加到快速访问工具栏，灵活应用 Office 界面的显示设置。另外，在使用 Office 办公软件进行工作时，还应当考虑工作环境和个人爱好，设置适合自己的 Office 工作界面。

# Chapter 02

## Word 2013 文档的基本操作

### 本章导读

Word 2013 是 Microsoft 公司推出的一款强大的文字处理软件，使用该软件可以轻松地输入和编排文档。本章主要介绍 Word 2013 的基本操作，包括创建文档、保存文档、浏览文档、保护文档等内容。

### 学完本章后应该掌握的技能

- 新建空白文档
- 新建基于模板的文档
- 保存 Word 文档
- 使用阅读视图
- 应用导航窗格
- 更改文档的显示比例
- 保护 Word 文档的方法

### 本章相关实例效果展示

# 知识讲解————创建和保存 Word 文档

**2.1**

在日常工作中，编排文档之前，首先要创建文档，然后将其保存，或另存到其他位置。

## 2.1.1 新建空白文档

新建空白文档的方法很多，接下来介绍 3 种常用的方法，分别是双击 Word 快捷图标、使用右键菜单以及在已有文档中执行"新建"命令。接下来分别采用这 3 种方法创建空白文档。

**→ 光盘同步文件**

视频文件：光盘\视频文件\第 2 章\2-1-1.mp4

### 1. 双击快捷图标

双击桌面的快捷图标即可新建一个空白文档，具体操作如下。

**Step01**：在桌面上双击 Word 2013 快捷图标，如下图所示。

**Step02**：进入 Word 模板界面，选择"空白文档"选项，即可创建一个空白文档，如下图所示。

### 2. 使用右键菜单

使用右键菜单执行"新建"命令，也可创建 Word 文档，具体操作如下。

**Step01**：在桌面空白处右击，❶ 在弹出的快捷菜单中选择"新建"命令，❷ 在其下级菜单中选择"Microsoft Word 文档"命令，如下图所示。

**Step02**：此时，即可在桌面上新建一个名为"新建 Microsoft Word 文档 .docx"的空白文档，如下图所示。

### 3. 在已有文档中执行"新建"命令

在已有文档中，按下 Ctrl+N 组合键，即可执行"新建"命令，创建一个空白文档，具体操作如下。

**Step01**：在打开的 Word 文档中，按下 Ctrl+N 组合键，如下图所示。

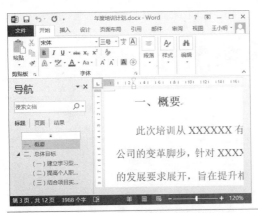

**Step02**：此时即可执行"新建"命令，创建一个空白文档，如下图所示。

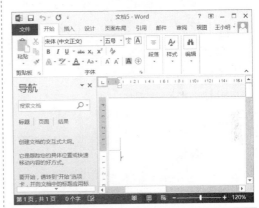

### 2.1.2 新建基于模板的文档

Word 2013 提供了多种实用的 Word 模板，如设计方案集、业务、个人、卡、打印、教育、活动等。通过使用这些模板，用户可以很方便地创建比较专业的 Word 文档。使用模板创建 Word 文档的具体操作步骤如下。

### 光盘同步文件

视频文件：光盘\视频文件\第 2 章\2-1-2.mp4

**Step01**：打开任意 Word 文档，进入"文件"窗口，❶ 单击"新建"命令；❷ 在打开的"新建"面板中，单击"设计方案集"链接，如下图所示。

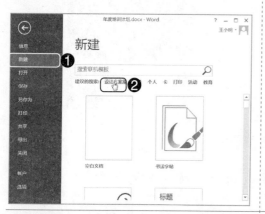

**Step02**：此时即可搜索到多个设计类文档模板，选择需要的模板即可，例如选择"年度报告"，如下图所示。

**Step03**：此时即可看到"年度报告"模板的预览效果，单击"创建"按钮，如下图所示。

**Step04**：进入下载状态，下载完毕，即可创建一个基于"年度报告"模板的新文档，如下图所示。

 **知识拓展** Office 在线模板搜索

在 Office"新建"面板中，除了使用常用链接来查找模板以外，还可以在搜索框中输入关键词，搜索想要的 Office 在线模板，然后进行下载即可。

### 2.1.3 保存 Word 文档

新建文档后，可以执行"保存"或"另存为"命令，可以将新建文件重新命名，并设置保存位置和保存类型。保存 Word 文档的具体操作步骤如下。

## 光盘同步文件

视频文件：光盘\视频文件\第2章\2-1-3.mp4

Step01：在 Word 窗口中，单击"保存"按钮，如下图所示。

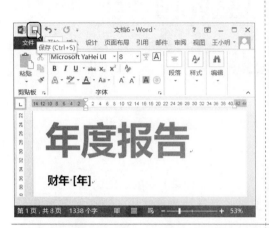

Step02：进入"另存为"界面，❶ 选择"计算机"选项；❷ 单击"浏览"按钮，如下图所示。

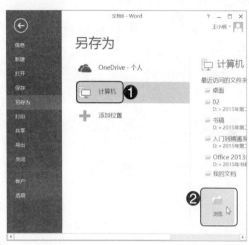

Step03：弹出"另存为"对话框，❶ 选择保存位置，例如选择"桌面"；❷ 将"文件名"设置为"年度报告.docx"；❸ 单击"保存"按钮，如下图所示。

Step04：此时即可将文档保存在桌面，文档名称变成了"年度报告.docx"，如下图所示。

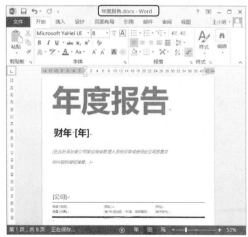

# 2.2 知识讲解——浏览 Word 文档

文档编辑完成后，通常需要对文档进行浏览，查看文档的整体效果。

## 2.2.1 使用阅读视图

Word 2013 提供了全新的阅读视图模式。进入 Word 2013 全新的阅读模式，单击左右的箭头按钮即可完成翻屏。进入 Word 文档阅读视图的具体操作步骤如下。

**光盘同步文件**

视频文件：光盘 \ 视频文件 \ 第 2 章 \2-2-1.mp4

Step01：打开任意 Word 文档，❶ 单击"视图"选项卡；❷ 单击"视图"组中的"阅读视图"按钮，如下图所示。

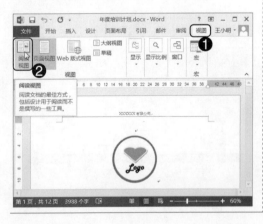

Step02：进入阅读视图状态，单击左右的箭头按钮即可完成翻屏，如下图所示。

**Step03：** ❶ 单击"视图"选项卡；❷ 在弹出的级联菜单中选择"页面颜色→褐色"命令，如下图所示。

**Step04：** 此时，页面颜色就变成了"褐色"，预览完毕按下 Esc 键退出即可，如下图所示。

**知识拓展** Word 2013 全新的阅读视图

　　Word 2013 提供了全新的阅读模式，该模式包含很多方便用户查看文档、注释文档等方面的功能。进入阅读模式，单击左右箭头按钮即可完成翻页，横屏双页模式很适合平板电脑。

　　Word 2013 阅读模式中的"视图"菜单栏中包含"编辑文档"、"导航条"、"显示注释"、"宽度"、"页面颜色"、"布局"等选项，方便用户选择自己最喜欢的文件浏览模式。

　　Word 2013 的阅读模式中提供了三种页面背景色：白底黑字、棕黄背景以及适合于黑暗环境的黑底白字，方便用户在各种环境中进行舒适阅读。

### 2.2.2 应用导航窗格

　　Word 2013 提供了可视化的"导航窗格"功能。使用导航窗格可以快速查看文档结构图和页面缩略图，从而帮助用户快速定位文档位置。在 Word 2013 中使用导航窗格浏览文档的具体步骤如下。

**光盘同步文件**

　　视频文件：光盘 \ 视频文件 \ 第 2 章 \2-2-2.mp4

**Step01**：打开任意 Word 文档，❶ 单击"视图"选项卡；❷ 选中"显示"组中的"导航窗格"复选框，即可调出导航窗格，如下图所示。

**Step02**：在导航窗格中，❶ 单击"页面"选项卡，即可查看文档的页面缩略图；❷ 拖动右侧的滚动条即可浏览页面内的缩略图，如下图所示。

## 专家提示

如果要使用导航窗格浏览文档的标题大纲，必须首先在文档中为不同的段落标题定义不同的大纲级别，这样，导航窗格中才会显示出不同大纲级别的段落标题。

### 2.2.3 更改文档的显示比例

在 Word 2013 文档窗口中，可以设置页面显示比例，用以调整 Word 2013 文档窗口的大小。显示比例仅仅调整文档窗口的显示大小，并不会影响实际的打印效果。设置 Word 2013 页面显示比例的步骤如下。

## 光盘同步文件

视频文件：光盘 \ 视频文件 \ 第 2 章 \2-2-3.mp4

**Step01**：打开任意 Word 文档，❶ 单击"视图"选项卡；❷ 单击"显示比例"组中的"显示比例"按钮，如下图所示。

**Step02**：弹出"显示比例"对话框，❶ 在"百分比"微调框中输入百分比，例如输入"80%"；❷ 单击"确定"按钮，如下图所示。

**Step03：**此时即可将文档的显示比例调整为 80%，如下图所示。

**Step04：**此外，也可以拖动状态栏中的"显示比例"滚动条，快速缩放文档比例，如下图所示。

### 知识拓展　Word 文档的显示比例

　　单击"视图"选项卡"显示比例"组中的按钮，即可调整文档视图的缩放比例。该组中各按钮的功能如下。

◆　"显示比例"按钮：单击该按钮后将打开"显示比例"对话框，在对话框中可选择视图缩放的比例大小。

◆　"100%"按钮：单击该按钮，可将视图比例还原到原始比例大小。

◆　"单页"按钮：单击该按钮，可将视图调整为在屏幕上完整显示一页的缩放比例。

◆　"多页"按钮：单击该按钮，可将视图调整为在屏幕上完整显示多页的缩放比例。

◆　"页宽"按钮：单击该按钮，可将视图调整为页面宽度与屏幕宽度相同的缩放比例。

### 2.2.4 多页浏览文档

在阅读和浏览文档时，为了查看方便，可以使用"多页浏览"功能进行多页浏览，具体操作如下。

**光盘同步文件**

视频文件：光盘\视频文件\第 2 章\2-2-4.mp4

**Step01**：打开任意 Word 文档，❶ 单击"视图"选项卡；❷ 在"显示比例"组中单击"多页"按钮，如下图所示。

**Step02**：此时即可根据文档显示比例的不同，多页地浏览文档，如下图所示。

## 2.3 知识讲解——保护 Word 文档

文档编辑完成后，可以通过"标记为最终状态、用密码进行加密和限制编辑"等方法，对文档设置保护，以防止无操作权限的人员随意打开或修改文档。

### 2.3.1 标记为最终状态

将文档标记为最终状态，就是让读者知道此文档是最终版本，并将其设置为"只读"文档。将文档标记为最终状态的具体操作如下。

## 光盘同步文件

素材文件：光盘 \ 素材文件 \ 第 2 章 \ 年度培训计划 .docx
结果文件：光盘 \ 结果文件 \ 第 2 章 \ 年度培训计划 01.docx
视频文件：光盘 \ 视频文件 \ 第 2 章 \2-3-1.mp4

**Step01**：打开素材文件"年度培训计划 .docx"，进入"文件"界面，❶ 单击"信息"选项卡；❷ 单击"保护文档"按钮；❸ 在弹出的下拉列表中选择"标记为最终状态"选项，如下图所示。

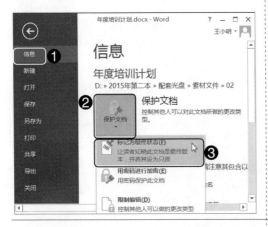

**Step02**：弹出"Microsoft Word"对话框，并提示用户"此文档将先被标记为终稿，然后保存"，单击"确定"按钮，如下图所示。

**Step03**：弹出"Microsoft Word"对话框，并提示用户"此文档已被标记为最终状态"，单击"确定"按钮，如下图所示。

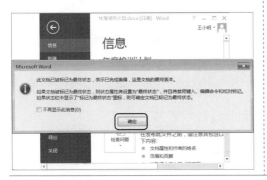

**Step04**：此时，❶ 文档的标题栏上显示"只读"字样；❷ 如果要继续编辑文档，必须首先单击"仍然编辑"按钮，如下图所示。

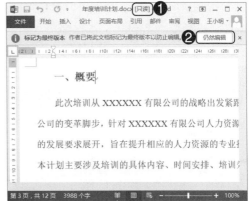

## 2.3.2 用密码进行加密

在编辑文档时，可能会有一些隐私需要进行适当的加密保护，此时，就可以通过设置密码为文档设置保护。具体操作如下。

### 光盘同步文件

素材文件：光盘 \ 素材文件 \ 第 2 章 \ 年度培训计划 .docx
结果文件：光盘 \ 结果文件 \ 第 2 章 \ 年度培训计划 02.docx
视频文件：光盘 \ 视频文件 \ 第 2 章 \2-3-2.mp4

Step01：打开素材文件"年度培训计划 .docx"，进入"文件"界面，❶ 单击"信息"选项卡；❷ 单击"保护文档"按钮；❸ 在弹出的下拉列表中选择"用密码进行加密"选项，如下图所示。

Step02：弹出"加密文档"对话框，❶ 在"密码"文本框中输入密码"123"；❷ 单击"确定"按钮，如下图所示。

Step03：弹出"确认密码"对话框，❶ 在"重新输入密码"文本框中输入密码"123"；❷ 单击"确定"按钮，如下图所示。

Step04：再次打开文档，弹出"密码"对话框，❶ 在"密码"文本框中输入设置的密码"123"；❷ 单击"确定"按钮，才可打开文档，如下图所示。

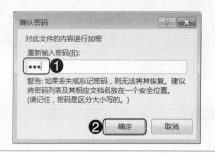

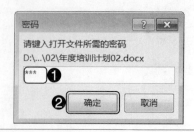

Step05：如果要取消密码保护，进入"文件"界面，❶ 单击"信息"选项卡；❷ 单击"保护文档"按钮；❸ 在弹出的下拉列表中选择"用密码进行加密"选项，如下图所示。

Step06：弹出"加密文档"对话框，❶ 在"密码"文本框中清除之前设置的密码"123"；❷ 单击"确定"按钮，即可取消密码保护，如下图所示。

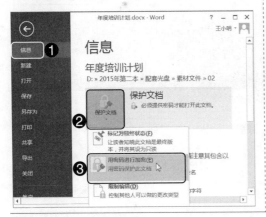

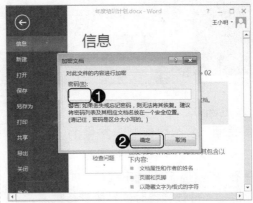

### 2.3.3　限制编辑

文档编辑完成后，可以使用"限制编辑"功能，限制其他用户的编辑权限，保护文档的安全性和完整性；也可以对编辑完成的文档进行强制保护。

 光盘同步文件

素材文件：光盘 \ 素材文件 \ 第 2 章 \ 年度培训计划 .docx
结果文件：光盘 \ 结果文件 \ 第 2 章 \ 年度培训计划 03.docx
视频文件：光盘 \ 视频文件 \ 第 2 章 \2-3-3.mp4

#### 1.　设置编辑权限

通过限制编辑可以对其他人的编辑权限进行一定的限制，如限制对限定的样式设置格式，仅允许对文档进行修订、批注，不允许进行任何修改等。设置编辑权限的具体操作如下。

Step01：打开素材文件"年度培训计划 .docx"，进入"文件"界面，❶ 单击"信息"选项卡；❷ 单击"保护文档"按钮；❸ 在弹出的下拉列表中选择"限制编辑"选项，如下图所示。

Step02：在文档的右侧弹出"限制编辑"窗格，在格式设置权限"组中选中"限制对选定的样式设置格式"复选框，如下图所示。

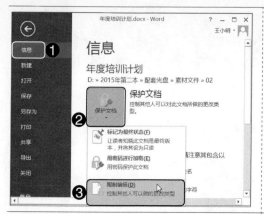
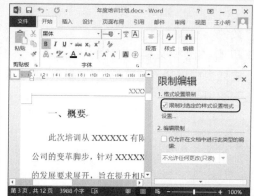

Step03：在"限制编辑"窗格中，
❶选中"2.编辑限制"组中的"仅允许
在文档中进行此类型的编辑"复选框，
❷在下方的下拉列表中选择"批注"选项，
此时他人打开文档时，只能进行批注，不
能修改文档内容和样式，如右图所示。

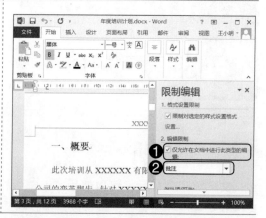

 专家提示

日常工作中，一些只允许浏览或批注的重要资料就可以使用"限制编辑"功能进行权限
设置。

## 2. 启动强制保护

设置限制编辑后，还可以通过启动强制保护，为文档设置密码，防止恶意用户修
改或删除文件。启动强制保护的具体操作步骤如下。

| | |
|---|---|
| Step01：在"限制编辑"窗格中，在"启动强制保护"组中单击"是，启动强制保护"按钮，如下图所示。 | Step02：弹出"启动强制保护"对话框，❶在"新密码"和"确认新密码"文本框中均输入密码"123"；❷单击"确定"按钮，如下图所示。 |

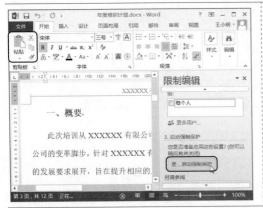 

**Step03:** 单击"保存"按钮，此时，对文档进行编辑时，就会在"限制编辑"窗格中提示用户"只能在此区域中插入批注"，如下图所示。

**Step04:** 如果要取消强制保护，在"限制编辑"窗格中单击"停止保护"按钮，如下图所示。

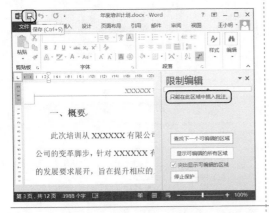 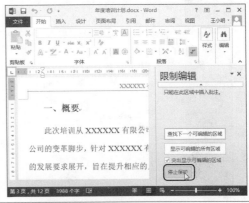

**Step05:** 弹出"取消保护文档"对话框，❶ 在"密码"文本框中输入之前设置的密码"123"，❷ 单击"确定"按钮，即可取消文档的强制保护，如右图所示：

# 技高一筹——实用操作技巧

通过前面知识的学习，相信读者已经掌握了 Word 2013 文档的基本操作。下面结合本章内容，给大家介绍一些实用技巧。

光盘同步文件

素材文件：光盘\素材文件\第2章\技高一筹
结果文件：光盘\结果文件\第2章\技高一筹
视频文件：光盘\视频文件\第2章\技高一筹.mp4

 技巧 01　如何设置只读文档

　　只读文档是指开启的文档处在"只读"状态，无法被修改。在另存文档时，可以使用常规选项设置只读文档，具体操作如下。

　　Step01：打开素材文件，进入"文件"界面，❶ 单击"另存为"命令；❷ 单击"浏览"按钮，如下图所示。

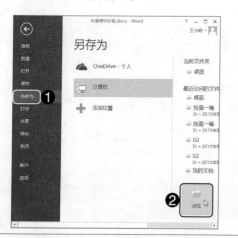

　　Step02：弹出"另存为"对话框，❶ 单击"工具"按钮；❷ 在弹出的下拉列表中选择"常规选项"选项，如下图所示。

　　Step03：弹出"常规选项"对话框，❶ 选中"建议以只读方式打开文档"复选框；❷ 单击"确定"按钮，如下图所示。

　　Step04：返回"另存为"对话框，❶ 选择保存位置；❷ 单击"保存"按钮即可，如下图所示。

　中文版 Office 2013 商务办公应用从入门到精通

**Step05:** 重新启动文档时，会弹出 "Microsoft Word"对话框，并提示用户"是否以只读方式打开"，单击"是"按钮，如下图所示。

**Step06:** 此时，即可以"只读"方式打开文档，并自动进入"阅读视图"，如下图所示。

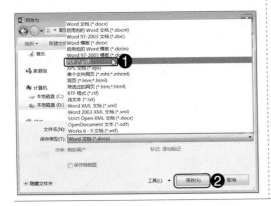

### 专家提示

如果要取消"只读"设置，在"常规选项"对话框中取消选中"建议以只读方式打开文档"复选框即可。

## 技巧 02　快速将 Word 另存为 PDF

新版 Word 2013 新增了 PDF 的编辑功能，不但可以直接将文档保存为 PDF 文件，还可以对排版简单的 PDF 文件进行直接读取、直接编辑。快速将 Word 另存为 PDF 的具体操作如下。

**Step01:** 打开素材文件，打开"另存为"对话框，选择合适的保存位置，❶ 在"保存类型"下拉列表中选择"PDF（*.pdf）"选项；❷ 单击"保存"按钮，如下图所示。

**Step02:** ❶ 选中 PDF 文件；❷ 右击，在弹出的快捷菜单中选择"打开方式 → Word（桌面）"命令，即可打开 PDF 文件，如下图所示。

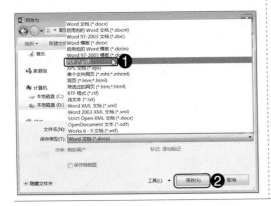

**知识拓展** PDF 与 Word 直接切换

除了可以将 Word 文档另存为 PDF 文件，还可以使用 Word 软件打开 PDF 文件。目前，最适用编辑功能的 PDF 还是那些直接由 Word 存档成的文件，不管是纯文字，还是文加图，Word 2013 都能有效辨识出来，再次编辑非常方便。

## 技巧 03 使用 Ctrl+ 鼠标滚轮快速缩放页面

在阅读和浏览 Word 文档时，可以按住 Ctrl 键不放，然后滑动鼠标滚轮快速缩放页面，向前滑动鼠标滚轮即可放大页面，向后滑动滚轮即可缩小页面。使用 Ctrl+ 鼠标滚轮快速缩放页面的具体操作如下。

| | |
|---|---|
| **Step01**：打开 Word 文档，按住 Ctrl 键不放，向前滑动鼠标滚轮即可放大页面，如下图所示。 | **Step02**：按住 Ctrl 键不放，向后滑动鼠标滚轮即可缩小页面，如下图所示。 |

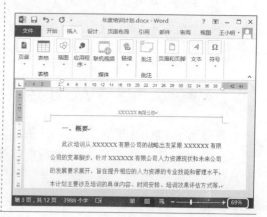

## 技巧 04 如何前后对照文档内容

在同一文档中，如果需要对前后内容进行对照，可以在浏览文档时，通过"拆分"功能，将文档分为两个窗格，具体的操作如下。

| | |
|---|---|
| **Step01**：打开素材文件，❶ 单击"视图"选项卡；❷ 单击"窗口"组中的"拆分"按钮，如下图所示。 | **Step02**：此时即可将文档分为上下两部分，将鼠标移动到分隔线上，按住鼠标左键不放，上下拖动鼠标，即可调整上下窗口的大小，如下图所示。 |

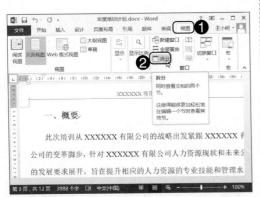

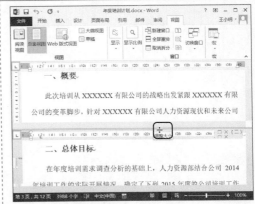

**Step03**：在上下任一窗口中，滑动鼠标滚轮，或拖动滚动条，即可分别在不同窗口中浏览或对照文档，如下图所示。

**Step04**：浏览完毕，❶ 单击"视图"选项卡；❷ 单击"窗口"组中的"取消拆分"按钮即可，如下图所示。

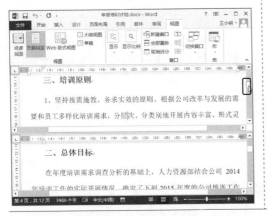

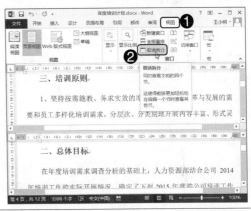

## 技巧 05　如何缩页浏览文档

在页面视图模式下编辑文档时，每页之间都会有一小部分间隔，如果想把间隔去掉，可以将鼠标移到两页的间隔处，这时鼠标会变成带有上下箭头的两个小方块。双击将间隔去掉，同时，文档的上边距和下边距会变小。设置文档缩页的具体操作如下。

**Step01**：打开素材文件，将鼠标移到两页的间隔处，这时鼠标会变成带有上下箭头的两个小方块，如下图所示。

**Step02**：双击即可将文档进行缩页，隐藏页与页之间的空白区域，如下图所示。

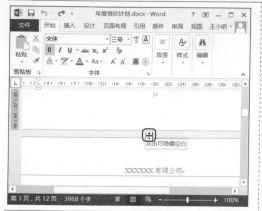 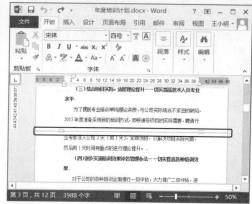

 知识拓展　退出文档缩页状态

如果要退出文档缩页状态，将鼠标移动到文档中页与页之间的分隔线上，此时鼠标变成带有上下箭头的两个小方块，双击即可显示文档之间的空白区域。

# 技能训练 1：使用 Office 自带模板创建专业文档

 训练介绍

Word 2013 提供了很多实用的 Word 文档模板，如简历、报表设计、课程提纲、书法字帖等。另外，可以在模板搜索框中输入关键词搜索更多的在线模板，来满足自己对模板的需求，快速创建专业的 Word 2013 文档，可以提高工作效率。

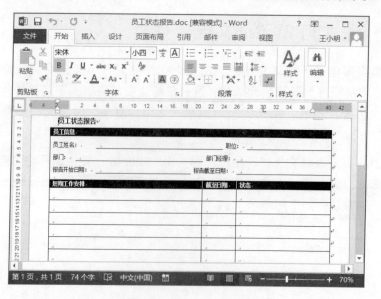

光盘同步文件

素材文件：光盘\素材文件\第2章\无
结果文件：光盘\结果文件\第2章\员工状态报告.doc
视频文件：光盘\视频文件\第2章\技能训练1.mp4

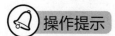 操作提示

| 制作关键 | 技能与知识要点 |
|---|---|
| 本实例首先打开 Word 文档，进入"文件"界面，执行"新建"命令，在模板搜索框中输入关键词，然后选择需要的模板并下载，即可生成相应的模板文件，进行简单修饰即可使用。 | ● 执行"新建"命令<br>● 在模板搜索框中输入关键词<br>● 执行"搜索"命令<br>● 下载模板文件 |

 操作步骤

本实例的具体制作步骤如下。

Step01：打开 Word 2013，进入"文件"窗口，❶单击"新建"命令；❷在模板搜索框中输入关键词"报告"；❸单击"搜索"按钮，如下图所示。

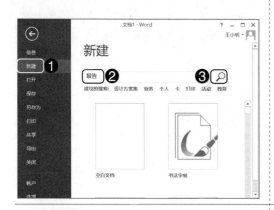

Step02：此时即可搜索出更多关于"报告"的在线模板，单击"员工状态报告"模板，如下图所示。

Step03：此时即可弹出"员工状态报告"模板，然后单击"创建"按钮，如下图所示。

Step04：下载完成，即可打开"员工状态报告"模板，生成新的模板文件，如下图所示。

**Step05：** 执行"保存"命令，打开"另存为"对话框，❶ 将文件命名为"员工状态报告"；❷ 将"保存类型"设置为"Word 97-2003 文档 (*.doc)"；❸ 单击"保存"按钮，如下图所示。

**Step06：** 此时即可生成名为"员工状态报告 .doc"的专业文档，如下图所示。

## 专家提示

　　Word 2013 更新了模板搜索功能，可以更直观地在 Word 文档内搜索工作、学习、生活中所需要的模板，而不必去浏览器上搜索下载，大大提高了工作效率。

# 技能训练 2：浏览"员工绩效考核制度"文档

## 训练介绍

　　文档创建完成后，就可以通篇浏览文档，了解文档的整体布局。接下来使用"导航窗格"、"单页浏览"和"阅读视图"功能，快速浏览"员工绩效考核制度"文档。

员工绩效考核制度.docx - Word

文件　工具　视图

# 员工绩效考核制度

## 一、考核目的

　　为更好的实施精细化管理,提升物业服务质量,提高服务人员的工作效率,促进管理标准规范化,使各个层次的工作任务具体量化,使管理延伸到各个岗位,落实到每个员工身上,有效地保障工作高质量完成,现依据

第 1 屏(共 20 屏)　　　　　　　　　　　　　　　　　　140%

## 光盘同步文件

素材文件:光盘\素材文件\第 2 章\员工绩效考核制度 .docx
结果文件:光盘\结果文件\第 2 章\员工绩效考核制度 .docx
视频文件:光盘\视频文件\第 2 章\技能训练 2.mp4

## 操作提示

| 制作关键 | 技能与知识要点 |
| --- | --- |
| 本实例设置 Office 显示选项,通过"视图"选项卡"视图"组中的各个选项,可切换到不同的视图。 | ● 单页浏览文档<br>● 进入阅读视图 |

## 操作步骤

　　本实例的具体制作步骤如下。

Step01:打开 Word 2013,自动弹出导航窗格,❶ 单击"页面"选项卡,即可查看文档的页面缩略图;❷ 单击任意一个文档缩略图,即可切换到该页,如下图所示。

Step02:❶ 单击"视图"选项卡;❷ 在"显示比例"组中单击"单页"按钮,即可单页浏览文档,并完整展示整个单页内容,如下图所示。

Step03：❶ 单击"视图"选项卡；❷ 在"视图"组中单击"阅读视图"按钮，如下图所示。

Step04：进入阅读视图状态，单击左右的箭头按钮即可完成翻屏，非常适合平板电脑，如下图所示。

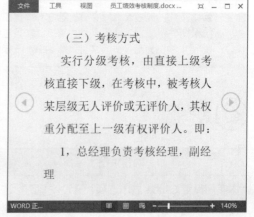

# 本章小结

　　本章的重点在于掌握 Word 2013 文档的基本操作，主要包括创建文档、保存文档、浏览文档和保护文档等知识点。通过本章的学习，希望大家能够熟练地掌握 Word 2013 文档的基本操作，能够快速创建 Word 文档，尤其是要学会使用 Office 在线模板创建专业文档，学会快速浏览文档的方法和技巧，灵活应用保护文档的方法，保障文档安全。

# Chapter

# 03

# Word 中文本与段落格式的设置

## 本章导读

　　文档格式主要包括文本和段落格式。本章从设置字体、字号和字形，设置文档颜色，调整字符间距，更改对齐方式，调整段落缩进和段落间距，添加字符边框和底纹，应用项目符号和编号，清除文本和段落格式，查找或替换文本等方面，详细介绍 Word 2013 文档中文本和段落格式的设置方法。

## 学完本章后应该掌握的技能

- 设置文本格式
- 设置段落格式
- 应用项目符号和编号
- 清除文本和段落格式
- 查找并替换文字或符号
- 使用制表符进行精确排版

## 本章相关实例效果展示

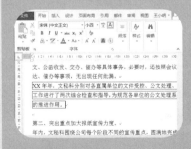

# 3.1 知识讲解————设置文本格式

文本格式设置主要包括设置字体、字号、加粗、倾斜，设置文本颜色，调整字符间距，添加字符底纹和边框等内容。

## 3.1.1 设置字体、字号和字形

字体、字号和字形等属性都属于字体格式。可以通过设置字体格式来美化文档，例如可以为文档标题设置较大的字号，设置加粗，或者改变默认字体或颜色，使其更加规整。设置字体、字号和字形的具体操作如下。

### ⇒ 光盘同步文件

素材文件：光盘\素材文件\第3章\员工述职报告.docx
结果文件：光盘\结果文件\第3章\员工述职报告01.docx
视频文件：光盘\视频文件\第3章\3-1-1.mp4

**Step01**：打开本实例的素材文件，选中文档标题，❶单击"开始"选项卡，❷在"字体"组的"字体"下拉列表中选择"黑体"选项，如下图所示。

**Step02**：此时文档标题的字体变成了"黑体"，如下图所示。

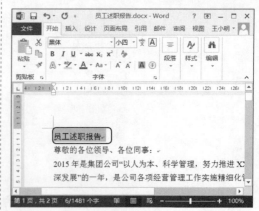

**Step03**：❶选中文档标题；❷在"字号"组的"字号"下拉列表中选择"三号"选项，如下图所示。

**Step04**：此时文档标题的字号就变成了三号，如下图所示。

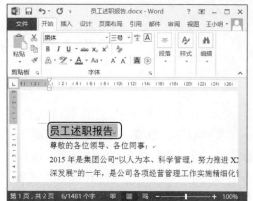

Step05：❶ 选中要加粗的文档标题；❷ 单击"字体"组中的"加粗"按钮 B，如下图所示。

Step06：文档标题加粗后的效果如下图所示：

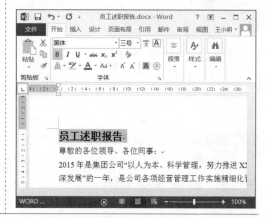

---

💡 **知识拓展　字形设置的主要内容**

在 Word 文档中，常见的字形设置包括常规、倾斜、加粗、倾斜加粗等。字形的设置与字体、字号设置类似，既可以通过"字体"组中的按钮来实现，也可以在"字体"对话框中进行操作。

---

### 3.1.2　更改文本颜色

为了突出显示标题或重点内容，可以更改文本颜色，让标题和重点内容更加醒目。更改文本颜色的具体操作如下。

## 光盘同步文件

素材文件：光盘＼素材文件＼第 3 章＼员工述职报告 01.docx
结果文件：光盘＼结果文件＼第 3 章＼员工述职报告 02.docx
视频文件：光盘＼视频文件＼第 3 章＼3–1–2.mp4

Step01：打开本实例的素材文件，选中文档标题，❶ 单击"开始"选项卡，❷ 单击"字体"组中的"字体颜色"按钮；❸ 在弹出的下拉列表中选择"红色"选项，如下图所示。

Step02：此时文档标题的颜色就设置成了红色，如下图所示。

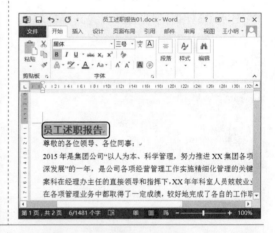

### 3.1.3 调整字符间距

在 Word 文档中，字符间距一般默认为标准间距。用户可以根据需要对字符间距进行紧缩或加宽设置，具体操作如下：

## 光盘同步文件

素材文件：光盘＼素材文件＼第 3 章＼员工述职报告 02.docx
结果文件：光盘＼结果文件＼第 3 章＼员工述职报告 03.docx
视频文件：光盘＼视频文件＼第 3 章＼3–1–3.mp4

**Step01：** 选中文档标题，❶ 单击"开始"选项卡，❷ 单击"字体"组中的"对话框启动器"按钮，如下图所示。

**Step02：** 弹出"字体"对话框，❶ 单击"高级"选项卡；❷ 在"间距"下拉列表中选择"加宽"选项，在右侧的"磅值"微调框中输入"2磅"；❸ 单击"确定"按钮，如下图所示。

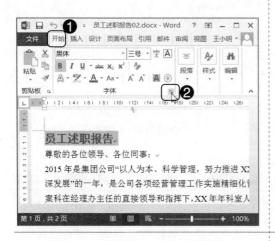

**Step03：** 设置完成，文档标题的字符间距就加宽为 2 磅，如右图所示：

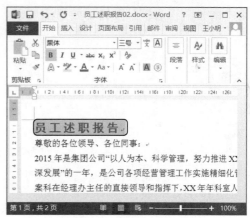

 **专家提示**

字符间距通常包括标准、紧缩和加宽 3 种，默认格式为标准间距。用户可以根据实际需要进行调整。

### 3.1.4 添加字符底纹和边框

为了强调某些文本或段落，可以给它们添加底纹和边框。添加字符底纹和边框的具体操作步骤如下。

**⇒ 光盘同步文件**

素材文件：光盘\素材文件\第 3 章\员工述职报告 03.docx
结果文件：光盘\结果文件\第 3 章\员工述职报告 04.docx
视频文件：光盘\视频文件\第 3 章\3-1-4.mp4

**Step01：** 选中要添加字符底纹的文本，❶单击"开始"选项卡，❷单击"字体"组中的"字符底纹"按钮，如下图所示。

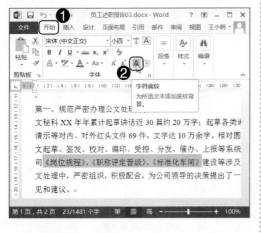

**Step02：** 此时，选中的段落就添加了字符底纹，如下图所示。

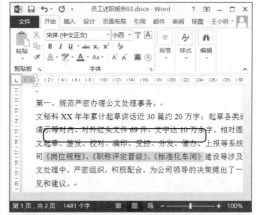

**Step03：** 选中要添加字符边框的段落，❶单击"开始"选项卡，❷单击"字体"组中的"字符边框"按钮，如下图所示。

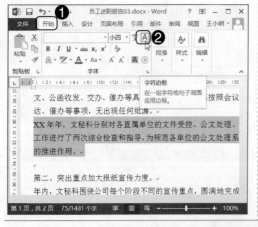

**Step04：** 此时，选中的文本或段落就添加了字符边框，如下图所示。

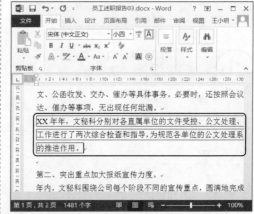

🔊 专家提示

字符底纹是为所选文本设置的底纹背景，再次单击"字符底纹"按钮即可将其删除。

# 知识讲解——设置段落格式

## 3.2

段落格式设置是对整个段落的外观设置，包括更改对齐方式、设置段落缩进、设置段落间距、设置字符边框和底纹等内容。

### 3.2.1 更改对齐方式

段落对齐方式主要包括 5 种：左对齐、居中、右对齐、两端对齐和分散对齐，如表 3-1 所示。其中段落左对齐为默认的对齐方式，用户可以根据需要设置段落的对齐方式。

表 3-1　5 种段落对齐方式及其含义

| 对齐方式 | 含　　义 |
| --- | --- |
| 左对齐 | 左对齐是将文字段落的左侧边缘对齐 |
| 居中 | 居中对齐是将文章两侧文字整齐地向中间集中，并在页面中间显示 |
| 右对齐 | 右对齐是将文字段落的右侧边缘对齐 |
| 两端对齐 | 两端对齐是将文字段落的左右两端的边缘都对齐 |
| 分散对齐 | 分散对齐就是将段落按每行两端对齐 |

更改段落对齐方式的具体操作如下。

 **光盘同步文件**

素材文件：光盘\素材文件\第 3 章\员工述职报告 04.docx
结果文件：光盘\结果文件\第 3 章\员工述职报告 05.docx
视频文件：光盘\视频文件\第 3 章\3-2-1.mp4

**Step01**：打开本实例的素材文件，选中文档标题，❶ 单击"开始"选项卡，❷ 单击"段落"组中的"居中"按钮，如下图所示。

**Step02**：执行"居中"命令后，选中的文档标题就会居中显示，如下图所示。

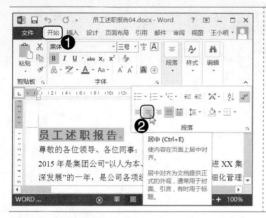
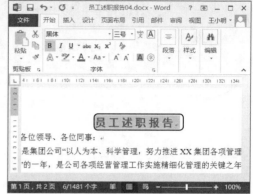

### 3.2.2 调整段落缩进

段落缩进主要包括 4 种：左缩进、右缩进、首行缩进和悬挂缩进，如表 3-2 所示。用户可以根据需要调整段落缩进方式。

**表 3-2　4 种段落缩进及其含义**

| 段落缩进 | 含　　义 |
| --- | --- |
| 左缩进 | 将某个段落整体向左进行缩进 |
| 右缩进 | 将某个段落整体向右进行缩进 |
| 悬挂缩进 | 段落首行不缩进，除首行以外的文本缩进一定的距离 |
| 首行缩进 | 将段落的第一行从左向右缩进一定的距离，首行外的各行都保持不变 |

接下来将正文中的段落设置为"首行缩进 2 字符"，具体操作步骤如下：

 **光盘同步文件**

素材文件：光盘＼素材文件＼第 3 章＼员工述职报告 05.docx
结果文件：光盘＼结果文件＼第 3 章＼员工述职报告 06.docx
视频文件：光盘＼视频文件＼第 3 章＼3-2-2.mp4

**Step01：** 选中文档标题下面的所有段落，❶ 单击"开始"选项卡，❷ 单击"段落"组中的"对话框启动器"按钮，如下图所示。

**Step02：** 弹出"段落"对话框，❶ 单击"缩进和间距"选项卡；❷ 在"缩进"组中的"特殊格式"下拉列表中选择"首行缩进"选项，然后在右侧的"缩进值"微调框中输入"2 字符"；❸ 单击"确定"按钮，如下图所示。

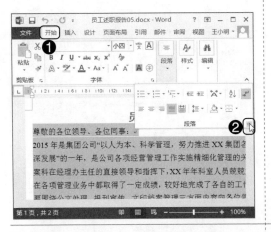

**Step03**：此时，文档中的所有正文段落都会首行缩进 2 字符，如右图所示。

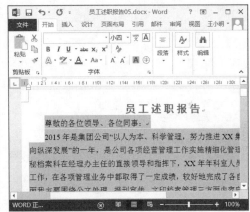

**专家提示**

　　在 Word 文档中，用户可以使用"增加缩进量"或"减少缩进量"按钮快速设置 Word 文档段落缩进。使用"增加缩进量"或"减少缩进量"按钮只能在页边距以内设置段落缩进，而不能超出页边距。

### 3.2.3　调整段落间距和行距

　　在编排文档时，调整段落间距和行距可以使文档的排版更加美观，让阅读者能够更加清爽地浏览段落和文本。设置段落间距和行距的步骤如下。

## 光盘同步文件

素材文件：光盘\素材文件\第3章\员工述职报告06.docx
结果文件：光盘\结果文件\第3章\员工述职报告07.docx
视频文件：光盘\视频文件\第3章\3-2-3.mp4

**Step01：**打开本实例的素材文件，选中文档标题，❶ 单击"开始"选项卡，❷ 单击"段落"组中的"对话框启动器"按钮，如下图所示。

**Step02：**弹出"段落"对话框，❶ 单击"缩进和间距"选项卡；❷ 在"间距"组中的"段前"和"段后"微调框中均输入"1行"；❸ 单击"确定"按钮，如下图所示。

**Step03：**设置完毕，选中的文本段落的段前和段后就会各空一行的间距，如下图所示。

**Step04：**选中要设置行距的文本段落，❶ 单击"开始"选项卡，❷ 单击"段落"组中的"行和段落间距"按钮，❸ 选择1.5倍行距，如下图所示。

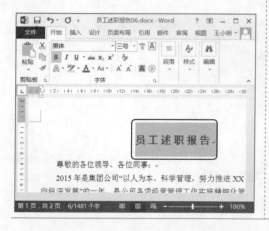

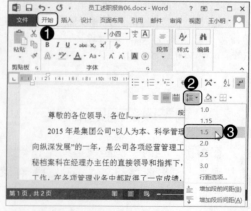

Step05：设置完毕，选中的文本段落的行距就变成了 1.5 倍，如右图所示。

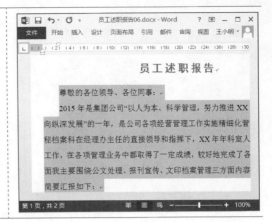

 **专家提示**

行间距是指文本行之间的垂直间距。默认情况下，各行之间是单倍行距，每个段落后的间距会略微大一些。

 **知识讲解——应用项目符号和编号**

**3.3**

合理地使用项目符号和编号，可以使文档的层次结构更清晰、更有条理。Word 2013 提供了多种添加项目符号和编号的样式，供用户选用。

### 3.3.1 应用项目符号

项目符号是在文本或列表前用于强调效果的点或其他符号。为段落添加项目符号的具体操作步骤如下。

 **光盘同步文件**

素材文件：光盘\素材文件\第 3 章\员工述职报告 07.docx
结果文件：光盘\结果文件\第 3 章\员工述职报告 08.docx
视频文件：光盘\视频文件\第 3 章\3-3-1.mp4

Step01：打开本实例素材文件，选中要添加项目符号的段落，❶ 单击"开始"选项卡；❷ 单击"段落"组中的"项目符号"按钮；❸ 在弹出的"项目符号库"中选择"菱形"选项，如下图所示。

Step02：设置完成，即可为选中的段落添加菱形的项目符号。使用同样方法，根据需要为段落添加项目符号即可，如下图所示。

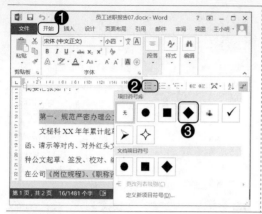
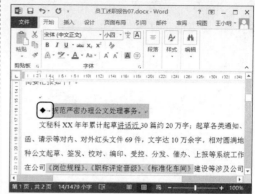

### 3.3.2 应用编号

使用编号可以增强段落之间的逻辑关系，提高文档的可读性。添加编号的具体步骤如下。

**光盘同步文件**

素材文件：光盘 \ 素材文件 \ 第 3 章 \ 员工述职报告 08.docx
结果文件：光盘 \ 结果文件 \ 第 3 章 \ 员工述职报告 09.docx
视频文件：光盘 \ 视频文件 \ 第 3 章 \3-3-2.mp4

Step01：打开本实例素材文件，选中要编号的段落，❶ 单击"开始"选项卡；❷ 单击"段落"组中的"编号"按钮；❸ 在弹出的"编号库"中选择"1 2 3"形式的编号，如下图所示。

Step02：此时选中的段落就会应用选中的编号，如下图所示。

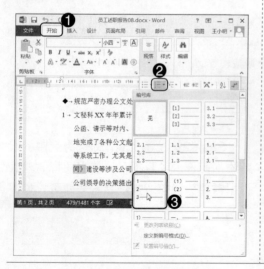

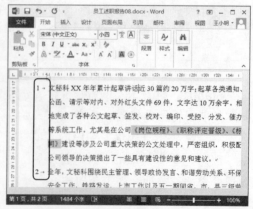

**专家提示**

　　添加编号后，会自动应用一些段落缩进格式，并在编号与正文之间出现制表位。用户可以根据需要，通过"段落"对话框来调整段落缩进和制表位。

# 知识讲解——清除文本和段落格式

**3.4**

　　在实际工作中，用户常常需要清除文档中已经设置的文本和段落格式。清除文本和段落格式的方法主要有两种：一是使用"清除所有格式"按钮；二是使用"样式"窗格。

## 3.4.1　使用"清除所有格式"按钮

　　使用"字体"组中的"清除所有格式"按钮可以快速清除文本格式，具体操作如下：

**专家提示**

素材文件：光盘 \ 素材文件 \ 第 3 章 \ 员工述职报告 09.docx
结果文件：光盘 \ 结果文件 \ 第 3 章 \ 员工述职报告 10.docx
视频文件：光盘 \ 视频文件 \ 第 3 章 \3-4-1.mp4

**Step01：** 打开本实例的素材文件，选中要清除格式的段落和文本，❶ 单击"开始"选项卡，❷ 单击"字体"组中的"清除所有格式"按钮，如下图所示。

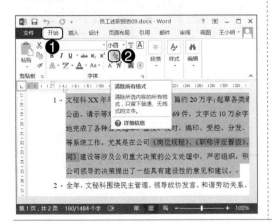

**Step02：** 此时选中的段落和文本的格式就被清除了，并且恢复到默认状态，如下图所示。

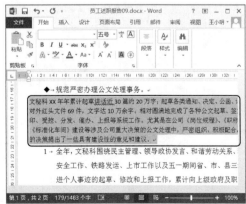

### 3.4.2 使用"样式"窗格

打开"样式"窗格，执行"全部清除"命令，也可清除文本格式，具体操作如下。

**光盘同步文件**

素材文件：光盘\素材文件\第3章\员工述职报告10.docx
结果文件：光盘\结果文件\第3章\员工述职报告11.docx
视频文件：光盘\视频文件\第3章\3-4-2.mp4

Step01：打开本实例的素材文件，❶单击"开始"选项卡；❷单击"样式"组中的"对话框启动器"按钮，如下图所示。

Step02：打开"样式"窗格，❶在"样式"窗格中单击"全部清除"命令；❷此时即可清除选中的段落和文本的格式，如下图所示。

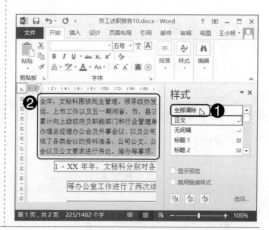

# 3.5 知识讲解——查找并替换文字或符号

Word提供了查找和替换功能，最通常是用它来查找和替换文字，但实际上还可用查找和替换格式、段落标记、分页符和其他项目，并且可以使用通配符和代码来扩展搜索。

### 3.5.1 查找并替换文字

查找并替换文字，就是在文档中查找文本或其他内容；搜索您想要更改的文本，将其替换为其他内容。查找并替换文字的具体操作如下：

## 光盘同步文件

素材文件：光盘\素材文件\第3章\员工述职报告 11.docx
结果文件：光盘\结果文件\第3章\员工述职报告 12.docx
视频文件：光盘\视频文件\第3章\3-5-1.mp4

**Step01：** 打开本实例的素材文件，❶ 单击"开始"选项卡；❷ 在"编辑"组中单击"替换"按钮，如下图所示。

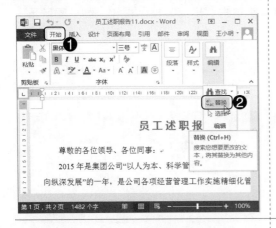

**Step02：** 弹出"查找和替换"对话框，❶ 在"查找内容"文本框中输入"报刊"；❷ 在"替换为"文本框中输入"期刊"；❸ 单击"全部替换"按钮，如下图所示。

**Step03：** 弹出"Microsoft Word"对话框，提示用户"是否从头继续搜索"，单击"是"按钮，如下图所示。

**Step04：** 弹出"Microsoft Word"对话框，提示用户"全部完成"，单击"确定"按钮即可将文档中的文字"报刊"替换为"期刊"，如下图所示。

### 3.5.2 查找并替换空格

从其他文件或网页中向 Word 文档中复制和粘贴内容时，经常会出现许多空格。此时，可以使用"查找和替换"命令，批量替换或删除这些空格。查找并替换空格的具体操作如下：

## 光盘同步文件

素材文件：光盘 \ 素材文件 \ 第 3 章 \ 员工述职报告 12.docx
结果文件：光盘 \ 结果文件 \ 第 3 章 \ 员工述职报告 13.docx
视频文件：光盘 \ 视频文件 \ 第 3 章 \3-5-2.mp4

**Step01：** 打开本实例的素材文件，选中要替换空格的段落，按下Ctrl+H组合键，如下图所示。

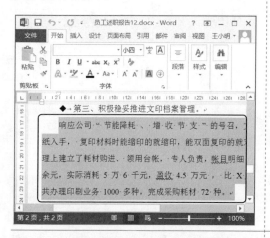

**Step02：** 打开"查找和替换"对话框，❶ 在"查找内容"文本框中输入一个空格，在"替换为"文本框中不用输入内容；❷ 单击"全部替换"按钮，如下图所示。

**Step03：** 弹出"Microsoft Word"对话框，提示用户"是否搜索文档的其余部分"，单击"是"按钮，如下图所示。

**Step04：** 弹出"Microsoft Word"对话框，提示用户"是否从头继续搜索"，单击"是"按钮，如下图所示。

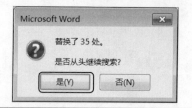

**Step05：** 弹出"Microsoft Word"对话框，提示用户"全部完成"，单击"确定"按钮即可批量删除文档中的空格，如下图所示。

**Step06：** 返回"查找和替换"对话框，单击"关闭"按钮即可，如下图所示。

### 3.5.3 查找并替换空行

　　将网页中的文字复制到 Word，经常会出现许多多余的空行，使用"查找和替换"命令，可以快速将其批量删除，具体操作步骤如下。

## 光盘同步文件

　　素材文件：光盘\素材文件\第 3 章\员工述职报告 13.docx
　　结果文件：光盘\结果文件\第 3 章\员工述职报告 14.docx
　　视频文件：光盘\视频文件\第 3 章\3-5-3.mp4

　　**Step01：**打开本实例的素材文件，按下 Ctrl+H 组合键，打开"查找和替换"对话框，❶ 在"查找内容"文本框中输入"^p^p"，在"替换为"文本框中输入"^p"；❷ 单击"全部替换"按钮。如下图所示：

　　**Step02：**弹出"Microsoft Word"对话框，提示用户"全部完成"，单击"确定"按钮即可，如下图所示。

## 专家提示

　　在对文档内容进行查找替换时，如果所查找的内容或所需要替换为的内容中包含特殊格式，如段落标记、手动换行符、制表位、分节符等编辑标记之类的特定内容，均可使用"查找和替换"对话框中的"特殊格式"按钮菜单进行选择。

# 技高一筹——实用操作技巧

　　通过前面知识的学习，相信读者已经掌握了设置 Word 文本和段落的基本方法。下面结合本章内容，给大家介绍一些实用技巧。

## 光盘同步文件

素材文件：光盘\素材文件\第3章\技高一筹
结果文件：光盘\结果文件\第3章\技高一筹
视频文件：光盘\视频文件\第3章\技高一筹.mp4

## 技巧 01　如何设置首字下沉

为了让文字更加美观和个性化，可以使用 Word 中的"首字下沉"功能来让某段的首个文字放大或者更换字体，具体的操作步骤如下。

Step01：打开素材文件，选中要放大首个文字的段落，❶ 单击"插入"选项卡；❷ 单击"文本"组中的"首字下沉"按钮；❸ 在弹出的下拉列表中选择"下沉"选项，如下图所示。

Step02：此时选中段落的首个文字就被放大了，且默认下沉 3 行，如下图所示。

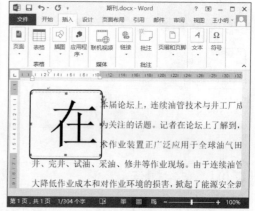

## 技巧 02　如何显示文档中的行号

在日常工作中，如果要统计页面行数，可以为页面中的文本添加行号。默认情况下，Word 文档是不显示行号的。如果要显示行号，具体的操作如下。

Step01：打开素材文件，❶ 单击"页面布局"选项卡；❷ 单击"页面设置"组中的"行号"按钮，从下拉菜单中选择"行编号选项"如下图所示。

Step02：弹出"页面设置"对话框，❶ 单击"版式"选项卡；❷ 单击"行号"按钮，如下图所示。

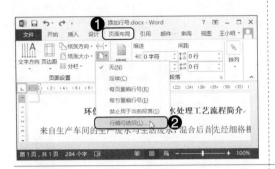

Step03：弹出"行号"对话框，
❶选中添加"行号"复选框，其他选项保持默认；❷依次单击"确定"按钮，如下图所示。

Step04：返回 Word 文档，此时即可为文档中的行添加行号，如下图所示。

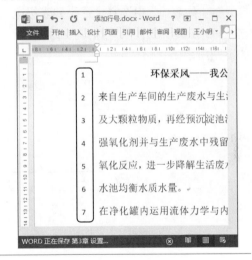

---

👍技巧 03　如何使用多级列表编辑自动标题

在编排 Word 文档的过程中，很多时候需要插入多级列表编号来设置文档标题，以便更清晰地标识出段落之间的层次关系。使用多级列表的具体操作步骤如下。

Step01：打开素材文件，选中要应用多级列表的文本，❶单击"开始"选项卡；❷单击"段落"组中的"多级列表"按钮；❸在弹出的"列表库"中选择一种列表选项，例如选择"1,1.1,1.1.1，…"选项，如下图所示。

Step02：此时选中的文本会自动应用一级列表，如下图所示。

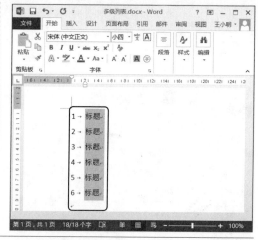

**Step03**：选中要更改列表级别的文本，再次执行"多级列表"命令，❶ 在打开的"列表库"中选择"更改列表级别"选项；❷ 在其下级列表中选择"2级"选项，如下图所示。

**Step04**：此时即可设置2级标题，如下图所示。

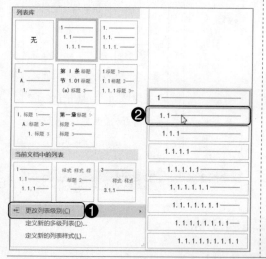

👍 技巧 04　如何使用拼音指南添加拼音

Word 提供了"拼音指南"功能，可以为汉字添加拼音，也可以将汉字与拼音分离。添加拼音的具体操作如下。

**Step01**：打开素材文件，❶ 单击"开始"选项卡；❷ 单击"字体"组中的"拼音指南"按钮，如下图所示。

**Step02**：弹出"拼音指南"对话框，直接单击"确定"按钮，如下图所示。

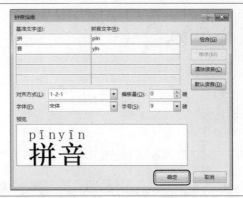

**Step03:** 此时即可为汉字添加拼音，如右图所示。

**专家提示**

　　在"拼音指南"对话框中，单击"对齐方式"下拉列表，可以调整拼音与汉字之间的对齐方式；单击"偏移量"下拉列表，可以调整拼音与汉字之间的垂直距离。

## 技巧 05　如何调整文字宽度

　　对不满行的多个文字进行两端对齐时，可以使用 Word 的"调整文字宽度"功能拉大或缩小文字宽度。调整文字宽度的步骤如下。

**Step01:** 打开素材文件，选中文字"劳动合同"，❶ 单击"开始"选项卡；❷ 在"段落"组中单击"中文版式"按钮 **A·**；❸ 在弹出的下拉列表中选择"调整宽度"选项，如下图所示。

**Step02:** ❶ 在弹出的"调整宽度"对话框中，将"新文字宽度"设置为"10字符"；❷ 单击"确定"按钮，如下图所示。

**Step03：**此时选中文字"劳动合同"的宽度就调整成了 10 个字符，如右图所示。

 **专家提示**

不仅可以对文档中的文字调整宽度，也可以对表格中的文字调整宽度。

# 技能训练 1：查找并替换手动换行符

 训练介绍

从网页上复制一些文章到 Word 文档时，常常会带有很多的手动换行符"↓"，使用查找和替换功能，可以批量删除手动换行符。

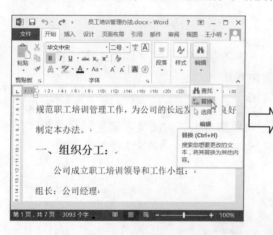

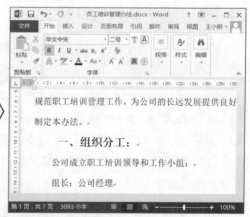

 **光盘同步文件**

素材文件：光盘\素材文件\第 3 章\员工培训管理办法 .docx
结果文件：光盘\结果文件\第 3 章\员工培训管理办法 .docx
视频文件：光盘\视频文件\第 3 章\技能训练 1.mp4

 操作提示

| 制作关键 | 技能与知识要点 |
|---|---|
| 本实例批量删除手动换行符，首先打开素材文件，执行"替换"命令；其次输入手动换行符的代码"^l"和回车符的代码"^p"；最后，执行"全部替换"命令，即可将手动换行符批量替换为回车符。 | ● 执行"替换"命令<br>● 输入手动换行符的代码"^l"<br>● 输入回车符的代码"^p"<br>● 执行"全部替换"命令 |

 操作步骤

本实例的具体制作步骤如下。

Step01：打开素材文件，选中带有手动换行符的段落，❶ 单击"开始"选项卡；❷ 单击"编辑"组中的"替换"按钮，如下图所示。

Step02：弹出"查找和替换"对话框，❶ 在"查找内容"文本框中输入"^l"（小写L）；❷ 在"替换为"文本框中输入"^p"；❸ 单击"全部替换"按钮，如下图所示。

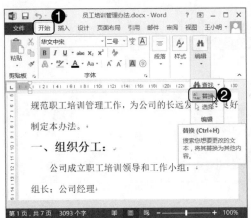

Step03：弹出"Microsoft Word"对话框，提示用户"全部完成"，单击"确定"按钮即可批量删除手动换行符，如下图所示：

 专家提示

Word 查找和替换的部分代码如下。
段落标记（回车符/换行符）：^p
制表符：^t；手动换行符：^l
分栏符：^n；分页符：^m

# 技能训练 2：使用制表符进行精确排版

 训练介绍

对 Word 文档进行排版时，要对不连续的文本列进行整齐排列，除了使用表格，还可以使用制表符进行快速定位和精确排版。

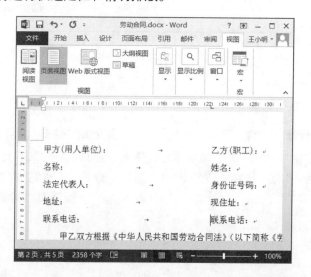

 光盘同步文件

素材文件：光盘\素材文件\第 3 章\劳动合同 .docx
结果文件：光盘\结果文件\第 3 章\劳动合同 .docx
视频文件：光盘\视频文件\第 3 章\技能训练 2.mp4

操作提示

| 制作关键 | 技能与知识要点 |
|---|---|
| 本实例使用制表符进行精确排版，首先打开素材文件，在"视图"选项卡中，选中"显示"组中的"标尺"复选框，调出标尺；其次，使用鼠标指针确定制表符的位置；再次，在需要插入制表符的位置按下 Tab 键，插入制表符；最后，使用同样的方法，重复按下 Tab 键，即可为其他文本添加制表符。 | ● 选中"标尺"复选框<br>● 使用鼠标指针确定制表符的位置<br>● 按下 Tab 键，插入制表符<br>● 为其他文本添加制表符 |

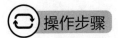 操作步骤

本实例的具体制作步骤如下。

**Step01：** 打开素材文件，❶ 单击"视图"选项卡；❷ 在"显示"组中选中"标尺"复选框，如下图所示。

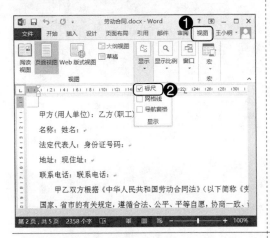

**Step03：** ❶ 释放鼠标左键后，会出现一个"左对齐式制表符"符号"L"；❷ 将光标定位到文本"乙方"之前，然后按下 Tab 键，此时，光标之后的文本自动与制表符对齐，如下图所示。

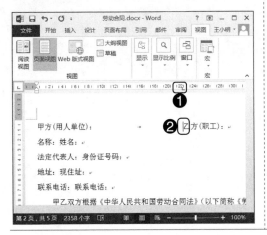

**Step02：** 将鼠标指针移动到水平标尺上，按住鼠标左键不放，可以左右移动确定制表符的位置，如下图所示。

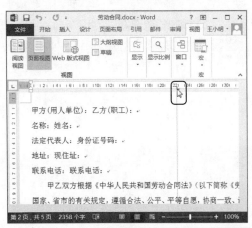

**Step04：** 使用同样的方法，用制表符定位其他文本即可，最终效果如下图所示。

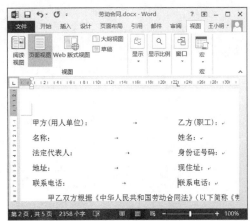

# 本章小结

　　本章的重点在于掌握 Word 文本和段落的基本操作，主要包括设置文本格式、设置段落格式、应用项目符号和编号、清除文本和段落格式、查找并替换文字或符号、使用制表符进行精确排版等知识点。通过本章的学习，希望大家能够熟练地掌握文本和段落的设置方法，能够快速设置文本和段落格式，尤其是要学会设置段落格式，学会应用项目符号和编号，掌握查找并替换文字或符号的技巧。

# Chapter 04

## Word 的图文混排功能应用

### 本章导读

　　图文混排是 Word 2013 的一项重要功能。通过插入和编辑图片、图形、艺术字以及文本框等元素，使编辑的文档图文并茂、生动有趣。本章以制作物资采购流程图、组织结构图、公司简介文档和企业内刊为例，介绍如何在 Word 2013 中进行图文混排。

### 学完本章后应该掌握的技能

- 插入和编辑形状
- 插入和编辑 SmartArt 图形
- 插入和编辑图片
- 插入和编辑艺术字
- 插入和编辑文本框

### 本章相关实例效果展示

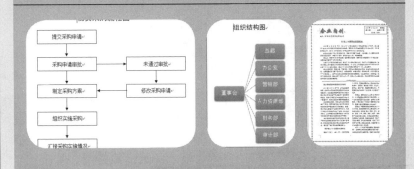

# 4.1 知识讲解————插入和编辑形状

在 Word 文档中可以通过绘制形状，设置各种图形，如流程图、组织结构图等；还可以通过图形样式进行美化和修饰；同时，也可以将多个形状进行组合，形成一个对象整体。

## 4.1.1 绘制和编辑形状

流程图是由多个形状图形和箭头组合而成的一个整体对象。流程图中常用的形状主要包括矩形、菱形、圆角矩形、椭圆、直线和箭头等。绘制和编辑形状的具体操作如下。

### 光盘同步文件

素材文件：光盘 \ 素材文件 \ 第 4 章 \ 物资采购流程图 .docx
结果文件：光盘 \ 结果文件 \ 第 4 章 \ 物资采购流程图 01.docx
视频文件：光盘 \ 视频文件 \ 第 4 章 \4–1–1.mp4

**Step01：**打开本实例的素材文件，将鼠标定位在要插入形状的位置，❶ 单击"插入"选项卡，❷ 在"插图"组中单击"形状"按钮，如下图所示。

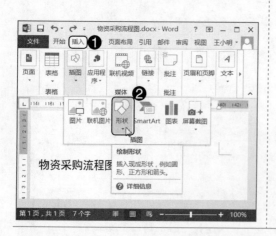

**Step02：**在弹出的下拉列表中选择"矩形"选项，如下图所示。

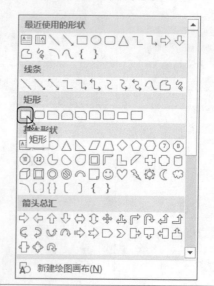

**Step03：** 此时，鼠标指针变成十字形状，按住鼠标左键拖动即可绘制矩形，如下图所示。

**Step04：** 释放鼠标即可完成图形绘制，如下图所示。

**Step05：** 选中绘制的矩形，输入文字即可，如下图所示。

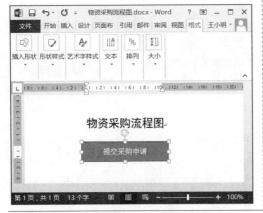

**Step06：** 再次执行插入"形状"命令，在弹出的下拉列表中选择"箭头"选项，如下图所示。

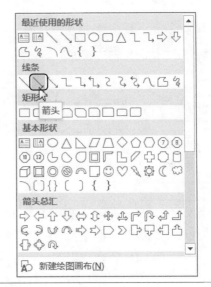

**Step07：** 拖动鼠标即可在文档中绘制箭头，如下图所示。

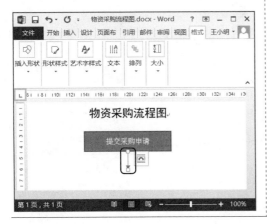

**Step08：** 复制矩形框，输入下一流程的内容，如下图所示。

**Step09**：使用同样的方法绘制和编辑其他图形即可，绘制完成，如右图所示。

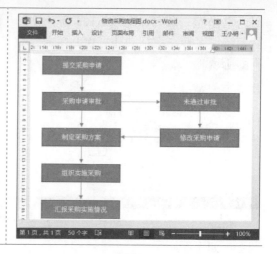

## 专家提示

传统流程图表示法的特点是用一些图框表示各种类型的操作，用线表示这些操作的执行顺序。

### 4.1.2 修饰形状

Word 2013 为用户提供了多种形状样式，用户可以根据个人喜好，应用合适的形状样式来美化和修饰流程图，具体操作步骤如下。

## 光盘同步文件

素材文件：光盘＼素材文件＼第4章＼物资采购流程图01.docx
结果文件：光盘＼结果文件＼第4章＼物资采购流程图02.docx
视频文件：光盘＼视频文件＼第4章＼4-1-2.mp4

**Step01**：打开本实例的素材文件，❶ 单击"开始"选项卡，❷ 单击"字体"组中的"字体"按钮；❸ 在弹出的下拉列表中选择"黑色，文字1"选项，如下图所示。

**Step02**：按 Shift 键选中所有矩形，❶ 在"绘图工具"栏中，单击"格式"选项卡，❷ 单击"形状样式"组中的"形状填充"按钮；❸ 在弹出的下拉列表中选择"无填充颜色"选项，如下图所示。

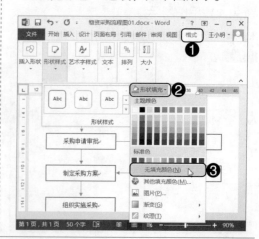

Step03：❶ 单击"形状样式"组中的"形状轮廓"按钮；❷ 在弹出的下拉列表中选择"黑色，文字 1"选项，如下图所示。

Step04：按 Shift 键，选中所有箭头，❶ 单击"形状样式"组中的"形状轮廓"按钮；❷ 在弹出的下拉列表中选择"黑色，文字 1"选项，如下图所示。

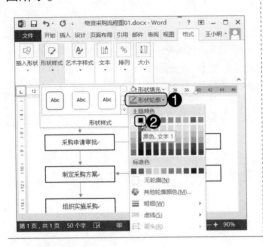
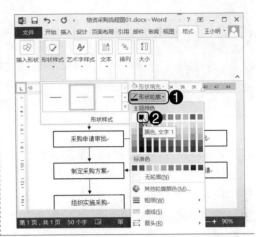

### 4.1.3　移动形状

形状设置和编辑完成后，可以通过上、下、左、右方向键来移动整个图形，具体操作如下。

光盘同步文件

素材文件：光盘 \ 素材文件 \ 第 4 章 \ 物资采购流程图 02.docx
结果文件：光盘 \ 结果文件 \ 第 4 章 \ 物资采购流程图 03.docx
视频文件：光盘 \ 视频文件 \ 第 4 章 \4-1-3.mp4

Step01：打开本实例的素材文件，按 Shift 键，选中所有形状和箭头，按下左方向键，即可向左侧逐步移动图形，如下图所示。

Step02：移动完成后，图形的最终效果如下图所示。

### 4.1.4 组合形状

编排 Word 文档时，为了使图形看起来更加美观，通常将其组合为一个整体，并将其衬于文字下方，具体操作如下。

**光盘同步文件**

素材文件：光盘 \ 素材文件 \ 第 4 章 \ 物资采购流程图 03.docx
结果文件：光盘 \ 结果文件 \ 第 4 章 \ 物资采购流程图 04.docx
视频文件：光盘 \ 视频文件 \ 第 4 章 \4-1-4.mp4

**Step01**：打开本实例的素材文件，选中要添加字符底纹的文本，按下 Shift 键，选中所有形状和连接符，右击，在弹出的快捷菜单中选择"组合→组合"命令，如下图所示。

**Step02**：此时，即可将选中的所有图形组合成一个整体，如下图所示。

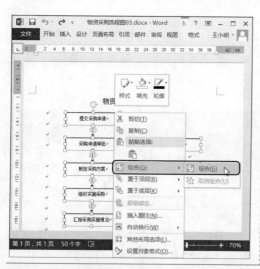

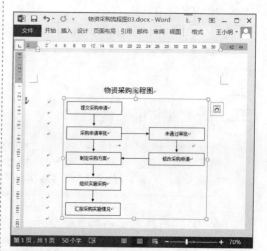

**专家提示**

默认情况下，组合图形浮于文字上方，用户可以根据需要，选中组合后的图形，右击，在弹出的快捷菜单中选择"其他布局选项"命令；弹出"布局"对话框，单击"文字环绕"选项卡；选择"环绕方式"组中的"嵌入型"选项，单击"确定"按钮，即可将其嵌入文档。

# 知识讲解——插入和编辑 SmartArt 图形

**4.2**

Word 2013 为用户提供了多种 SmartArt 图形模板，使用这些模板可以快速、轻松、有效地制作组织结构图。

## 4.2.1 插入 SmartArt 图形

制作组织结构图，可以首先插入 Word 提供的 SmartArt 模板，在其中选择"组织结构图"，然后再对模板进行修饰即可。制作组织结构图的具体操作如下。

### 光盘同步文件

素材文件：光盘 \ 素材文件 \ 第 4 章 \ 组织结构图 .docx
结果文件：光盘 \ 结果文件 \ 第 4 章 \ 组织结构图 01.docx
视频文件：光盘 \ 视频文件 \ 第 4 章 \4-2-1.mp4

**Step01**：打开本实例的素材文件，❶ 单击"插入"选项卡；❷ 在"插图"组中单击"SmartArt"按钮，如下图所示。

**Step02**：弹出"选择 SmartArt 图形"对话框；❶ 在左侧列表中单击"层次结构"选项卡；❷ 在右侧面板中选择"组织结构图"选项；❸ 单击"确定"按钮，如下图所示。

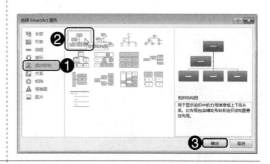

**Step03**：此时，即可在文档中插入一个组织结构图模板，如下图所示。

**Step04**：在各文本框中输入文本内容，如下图所示。

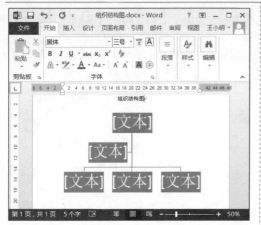

### 知识拓展　详解 Word 2013 中 SmartArt 的 9 种类型

　　SmartArt 是一项图形功能，具有功能强大、类型丰富、效果生动的优点。在 Word 2013 中，SmartArt 包括 9 种类型。

◆ 列表型：显示非有序信息或分组信息，主要用于强调信息的重要性。
◆ 流程型：表示任务流程的顺序或步骤。
◆ 循环型：表示阶段、任务或事件的连续序列，主要用于强调重复过程。
◆ 层次结构型：用于显示组织中的分层信息或上下级关系，最广泛地应用于组织结构图。
◆ 关系型：用于表示两个或多个项目之间的关系，或者多个信息集合之间的关系。
◆ 矩阵型：用于以象限的方式显示部分与整体的关系。
◆ 棱锥图型：用于显示比例关系、互连关系或层次关系，最大的部分置于底部，向上渐窄。
◆ 图片型：主要应用于包含图片的信息列表。
◆ Office.com：Microsoft Office 网站在线提供的一些 SmartArt 图形。

## 4.2.2　在 SmartArt 图形中添加形状

　　插入组织结构图模板后，用户可以根据实际需要增减文本项目，设计出组织结构图的整体框架，具体操作步骤如下。

### 光盘同步文件

　　素材文件：光盘\素材文件\第 4 章\组织结构图 01.docx
　　结果文件：光盘\结果文件\第 4 章\组织结构图 02.docx
　　视频文件：光盘\视频文件\第 4 章\4-2-2.mp4

**Step01:** ❶ 选择"办公室"文本框，右击；❷ 在弹出的级快捷单中选择"添加形状→在后面添加形状"命令，如下图所示。

**Step02:** 此时，即可在"办公室"文本框的后面添加一个新的文本框，如下图所示。

**Step03:** 选中添加的文本框，输入文字"营销部"，如下图所示。

**Step04:** 使用同样的方法，添加其他文本框即可，如下图所示。

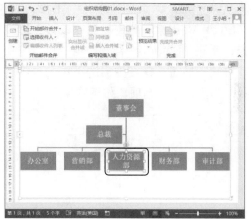

### 4.2.3 美化 SmartArt 图形

组织结构图的基本框架设计完成后，接下来，可以通过设置图形的颜色、布局、快速样式等方法美化组织结构图。美化 SmartArt 图形的具体操作如下。

**光盘同步文件**

素材文件：光盘 \ 素材文件 \ 第 4 章 \ 组织结构图 02.docx
结果文件：光盘 \ 结果文件 \ 第 4 章 \ 组织结构图 03.docx
视频文件：光盘 \ 视频文件 \ 第 4 章 \4-2-3.mp4

**Step01**：打开本实例的素材文件，❶ 选中整个图形，在"SmartArt 工具"栏中单击"设计"选项卡；❷ 在"SmartArt 样式"组中单击"更改颜色"按钮；❸ 在弹出的下拉列表中选择"彩色 – 着色"选项，如下图所示。

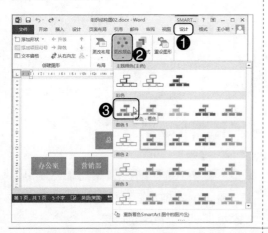

**Step02**：此时，即可看到应用所选样式后的颜色效果，如下图所示。

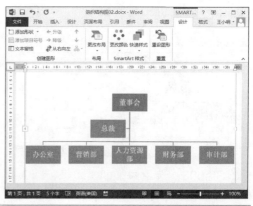

**Step03**：❶ 选中整个图形，在"SmartArt 工具"栏中单击"设计"选项卡；❷ 在"SmartArt 样式"组中单击"快速样式"按钮；❸ 在弹出的下拉列表中选择"强烈效果"选项，如下图所示。

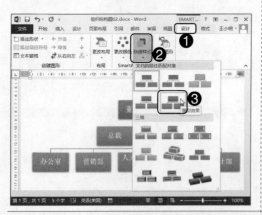

**Step04**：此时，即可看到应用所选样式后的整体外观效果，如下图所示。

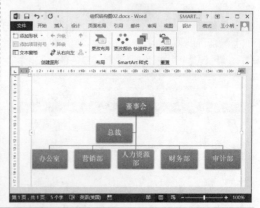

**Step05**：❶ 选中整个图形，在"SmartArt 工具"栏中单击"设计"选项卡；❷ 在"SmartArt 样式"组中单击"更改布局"按钮；❸ 在弹出的下拉列表中选择"水平层次结构"选项，如下图所示。

**Step06**：设置完毕，SmartArt 图形就会应用选中的布局样式，如下图所示。

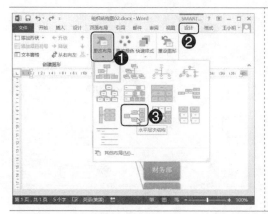
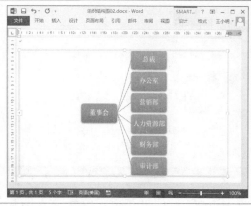

# 4.3 知识讲解——插入和编辑图片

在编辑文档的过程中，经常会在文档中插入图片用于点缀文档，此时可以使用图片工具修饰和美化图表，如调整图片大小、文字环绕方式、应用图片样式等。

## 4.3.1 插入图片

在文档中插入图片的具体操作如下。

### 光盘同步文件

素材文件：光盘\素材文件\第4章\公司简介.docx
结果文件：光盘\结果文件\第4章\公司简介01.docx
视频文件：光盘\视频文件\第4章\4-3-1.mp4

Step01：打开本实例的素材文件，将光标定位在要插入图片的位置，❶单击"插入"选项卡；❷单击"插图"组中的"图片"按钮，如下图所示。

Step02：弹出"插入图片"对话框，❶打开指定位置的素材文件，选择"图1.jpg"；❷单击"插入"按钮，如下图所示。

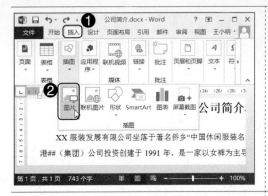

**Step03**：即可在指定位置插入图片"图 1.jpg"，如右图所示。

 **专家提示**

　　默认情况下，在文档中插入的图片也是嵌入型的，用户可以根据需要进行更改。

## 4.3.2　修饰图片

　　在 Word 文档中插入图片后，可以通过调整图片大小、应用快速样式等方法修饰和美化图片。修饰图片的具体步骤如下。

 **光盘同步文件**

　　素材文件：光盘 \ 素材文件 \ 第 4 章 \ 公司简介 01.docx
　　结果文件：光盘 \ 结果文件 \ 第 4 章 \ 公司简介 02.docx
　　视频文件：光盘 \ 视频文件 \ 第 4 章 \4-3-2.mp4

**Step01**：打开本实例的素材文件，选中图片，将光标定位在图片的右下角，按住鼠标左键不放，拖动鼠标即可调整图片大小，如下图所示。

**Step02**：调整完成，如下图所示。

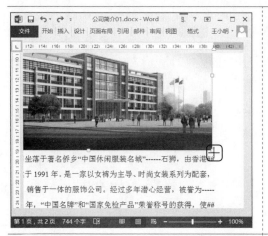

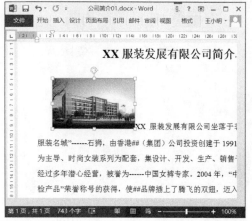

**Step03：** 选中图片，❶ 在"图片工具"栏中，单击"格式"选项卡；❷ 在"图片样式"组单击"快速样式"按钮；❸ 在弹出的下拉列表中选择"圆形对角，白色"选项，如下图所示。

**Step04：** 此时，图片就会应用选中的图片样式，如下图所示。

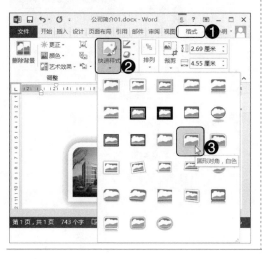

### 4.3.3 设置环绕方式

在编辑图文资料时，常常会插入一些图片来传递更加直观的信息。为了能让图片与文字之间的编排更加紧密、美观，可以设置图片的文字环绕方式。设置图片环绕方式的具体步骤如下。

 **光盘同步文件**

素材文件：光盘＼素材文件＼第 4 章＼公司简介 02.docx
结果文件：光盘＼结果文件＼第 4 章＼公司简介 03.docx
视频文件：光盘＼视频文件＼第 4 章＼4-3-3.mp4

**Step01：** 打开本实例的素材文件，选中图片，右击，在弹出的快捷菜单中选择"大小和位置"命令，如下图所示。

**Step02：** 弹出"布局"对话框，❶ 单击"文字环绕"选项卡；❷ 在"环绕方式"组中选择"四周型"选项；❸ 单击"确定"按钮，如下图所示。

**Step03：** 此时图片的环绕方式就变成了"四周型"，文字以矩形方式环绕在图片四周，如下图所示。

**Step04：** 拖动图片到合适的位置即可，如下图所示。

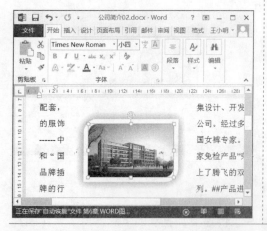

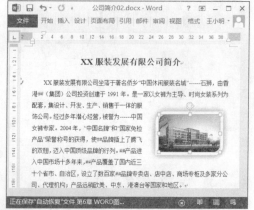

 专家提示

    默认情况下，插入 Word 文档中的图片是作为字符插入 Word 文档中的，其位置随着其他字符的改变而改变，用户不能自由移动图片。而通过为图片设置文字环绕方式，则可以自由移动图片的位置。

# 4.4 知识讲解——插入和编辑艺术字

艺术字在 Word 中的应用极为广泛，它是一种具有特殊效果的文字。在编排文档时，常用艺术字来突出标题，使要突出的文字更加美观有趣、醒目张扬。

## 4.4.1 插入艺术字

在文档中插入艺术字的具体操作步骤如下。

 光盘同步文件

素材文件：光盘 \ 素材文件 \ 第 4 章 \ 企业内刊 .docx
结果文件：光盘 \ 结果文件 \ 第 4 章 \ 企业内刊 01.docx
视频文件：光盘 \ 视频文件 \ 第 4 章 \4-4-1.mp4

**Step01**：打开本实例的素材文件，将光标定位在要插入艺术字的位置，❶ 单击"插入"选项卡，❷ 单击"文本"组中的"艺术字"按钮；❸ 在弹出的下拉列表中选择"填充 – 白色，轮廓 – 着色 2，清晰阴影 – 着色 2"选项，如下图所示。

**Step02**：此时即可在文档中插入一个艺术字文本框，如下图所示。

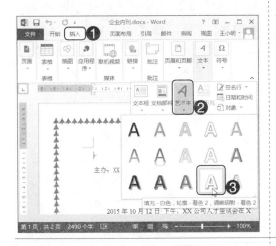

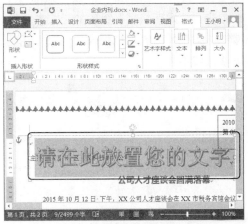

**Step03**：在艺术字文本框中输入文字"企业内刊"，如下图所示。

**Step04**：将文字格式设置为华文楷体、初号，然后将其移动到主办方的正上方，如下图所示。

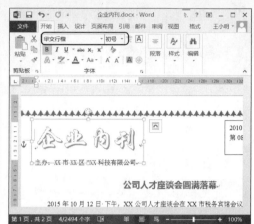

## 4.4.2 设置形状填充和轮廓

插入艺术字后,接下来通过设置形状填充和轮廓来美化艺术字,具体操作步骤如下:

### 光盘同步文件

素材文件:光盘\素材文件\第4章\企业内刊 01.docx
结果文件:光盘\结果文件\第4章\企业内刊 02.docx
视频文件:光盘\视频文件\第4章\4-4-2.mp4

Step01:选中艺术字文本框,❶ 在"绘图工具"栏中,单击"格式"选项卡,❷ 单击"艺术字样式"组中的"文本填充"按钮;❸ 在弹出的下拉列表中选择"红色"选项,如下图所示。

Step02:选中艺术字文本框,❶ 在"绘图工具"栏中,单击"格式"选项卡,❷ 单击"艺术字样式"组中的"文本轮廓"按钮;❸ 在弹出的下拉列表中选择"黄色"选项,如下图所示。

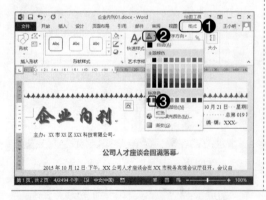
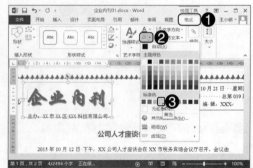

## 知识讲解——插入和编辑文本框

**4.5**

Word 文本框是矩形的一种，它可以突出显示文本内容，便于 Word 版面设置，非常适合报刊类文件的排版。接下来使用文本框设计期刊版块，并设置精美的文本框框线。

### 4.5.1 插入文本框

在文档中插入一个横向文本框，并输入内容的具体操作如下。

 **光盘同步文件**

素材文件：光盘\素材文件\第 4 章\企业内刊 02.docx、文本框内容 .txt
结果文件：光盘\结果文件\第 4 章\企业内刊 03.docx
视频文件：光盘\视频文件\第 4 章\4-5-1.mp4

**Step01**：打开本实例的素材文件，将光标定位在要插入文本框的位置，❶ 单击"插入"选项卡，❷ 单击"文本"组中的"文本框"按钮，如下图所示。

**Step02**：在弹出的下拉列表中选择"简单文本框"选项，如下图所示。

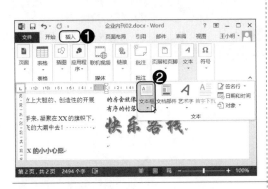

**Step03**：此时即可在文档中插入一个横向的简单文本框，如下图所示。

**Step04**：在文本框中输入内容，然后使用鼠标调整文本框的大小即可，如下图所示。

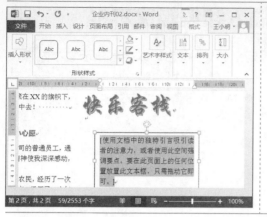
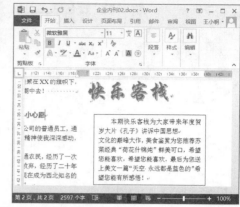

## 4.5.2 修饰文本框

在文本框中录入文本后，接下来对文本框框线的粗细、颜色、线型进行设置，让其更加美观，具体步骤如下。

 **光盘同步文件**

素材文件：光盘\素材文件\第4章\企业内刊03.docx
结果文件：光盘\结果文件\第4章\企业内刊04.docx
视频文件：光盘\视频文件\第4章\4-5-2.mp4

**Step01：**打开本实例的素材文件，选中文本框，❶ 在"绘图工具"栏中，单击"格式"选项卡，❷ 单击"形状样式"组中的"文本轮廓"按钮；❸ 在弹出的下拉列表中选择"粗细→1.5磅"选项，如下图所示。

**Step02：**选中文本框，❶ 在"绘图工具"栏中，单击"格式"选项卡；❷ 单击"形状样式"组中的"文本轮廓"按钮；❸ 在弹出的下拉列表中选择"绿色"选项，如下图所示。

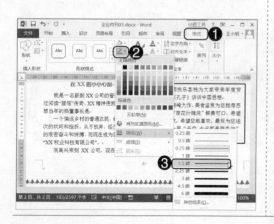
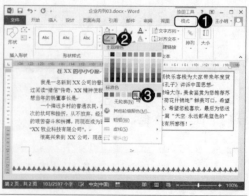

Step03：选中文本框，❶ 在"绘图工具"栏中，单击"格式"选项卡；❷ 单击"形状样式"组中的"文本轮廓"按钮；❸ 在弹出的下拉列表中选择"虚线→划线点"选项，如下图所示。

Step04：设置完成后，文本框的边线效果如下图所示。

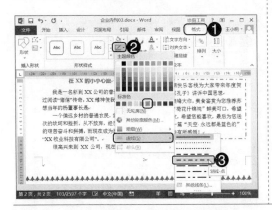

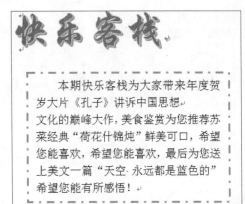

### 4.5.3 设置文本框环绕方式

默认情况下，在文档中插入的文本框是浮于文字上方的，用户可以根据需要设置文本框的环绕方式，具体操作步骤如下。

## 光盘同步文件

素材文件：光盘\素材文件\第 4 章\企业内刊 04.docx
结果文件：光盘\结果文件\第 4 章\企业内刊 05.docx
视频文件：光盘\视频文件\第 4 章\4-5-3.mp4

Step01：打开本实例的素材文件，选中文本框，右击，在弹出的快捷菜单中选择"其他布局选项"命令，如右图所示。

**Step02：** 弹出"布局"对话框，❶ 单击"文字环绕"选项卡；❷ 在"环绕方式"组中选择"嵌入型"选项；❸ 单击"确定"按钮，如下图所示。

**Step03：** 设置完成后，文本框就会嵌入到文档中的某行中，如右图所示。

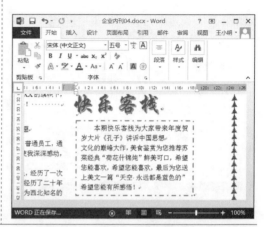

### 专家提示

日常工作中，常常需要插入一些不显示框线的文本框，此时可以在"绘图工具"栏中，单击"格式"选项卡；单击"形状样式"组中的"文本轮廓"按钮；在弹出的下拉列表中选择"无轮廓"选项。

# 技高一筹——实用操作技巧

通过前面知识的学习，相信读者已经掌握了 Word 2013 图文混排的基本技能。下面结合本章内容，给大家介绍一些实用技巧。

### 光盘同步文件

素材文件：光盘\素材文件\第4章\技高一筹
结果文件：光盘\结果文件\第4章\技高一筹
视频文件：光盘\视频文件\第4章\技高一筹.mp4

### 技巧 01　如何改变 SmartArt 图形的左右布局

SmartArt 图形制作完成后，可以通过单击"从右向左"或"从左向右"按钮，一键改变 SmartArt 图形的左右布局，具体的操作如下。

**Step01：**打开素材文件，选中 SmartArt 图形，❶ 在"SmartArt 工具"栏中，单击"设计"选项卡，❷ 单击"创建图形"组中的"从右向左"按钮，如下图所示。

**Step02：**此时 SmartArt 图形变为从右向左布局，如下图所示。

## 技巧 02　如何固定文档中的图片

Word 2013 内置了多种图片的文字环绕方式，默认情况下，在 Word 文档中插入的图片是嵌入型的。用户可以通过设置图片的文字环绕方式，然后通过更改位置选项，取消选中"对象随文字移动"复选框，来定位图片在文档中的准确位置。一旦确定，则无论文字和段落位置如何改变，图片位置都不会发生变化。具体的操作步骤如下：

**Step01：**打开素材文件，选中图片，在插入的图片上右击，在弹出的快捷菜单中选择"大小和位置"命令，如下图所示。

**Step02：**弹出"布局"对话框，❶ 单击"文字环绕"选项卡；❷ 在"环绕方式"组中选择"衬于文字下方"选项，如下图所示。

Step03：❶ 单击"位置"选项卡；❷ 在"选项"组中取消选中"对象随文字移动"复选框；❸ 单击"确定"按钮，如下图所示。

Step04：此时，图片衬于文字下方，无论文字和段落位置如何改变，图片位置都不会发生变化，如下图所示。

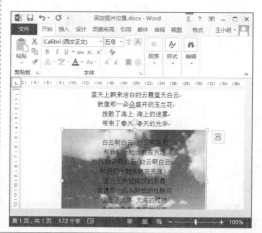

## 技巧 03　如何添加页面边框

在编排 Word 文档的过程中，很多时候需要插入页面边框来添加文档的时尚特色。添加页面边框的具体操作步骤如下。

Step01：打开素材文件，❶ 单击"设计"选项卡；❷ 单击"页面背景"组中的"页面边框"按钮，如下图所示。

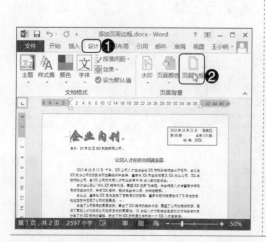

Step02：弹出"边框和底纹"对话框，❶ 单击"页面边框"选项卡；❷ 在"艺术型"下拉列表中选择一个边框类型；❸ 在"宽度"微调框中将宽度设置为"12 磅"；❹ 单击"确定"按钮，如下图所示。

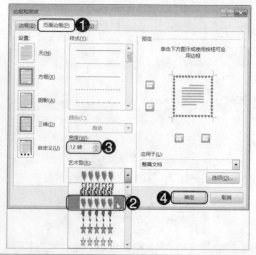

Step03：此时即可为文档添加页面边框，效果如右图所示。

 **专家提示**

在"边框和底纹"对话框中，用户可以设置文档的线型样式、线型颜色、线型宽度、艺术型页面边框等，使 Word 2013 文档更富有表现力。

## 技巧 04　教你快速应用图片样式

Word 2013 内置了 28 种图片样式，帮助用户快速实现图片美化。快速应用图片样式的具体操作方法如下。

Step01：打开素材文件，选中图片，❶ 在"图片工具"栏中，单击"设计"选项卡；❷ 单击"图片样式"组中的"快速样式"按钮；❸ 在弹出的下拉列表中选择"旋转，白色"选项，如下图所示。

Step02：设置完毕，选中的图片就会应用选中的图片样式，如下图所示。

## 技巧 05　如何设置弧形艺术字

在文档中插入艺术字后，可以通过设置旋转方式，设置弧形艺术字。例如，在设置电子印章时，经常用到图形的弧形设置。设置弧形艺术字的具体操作步骤如下。

Step01：打开素材文件，选中插入的艺术字，❶ 在"绘图工具"栏中，单击"设计"选项卡；❷ 单击"艺术字样式"组中的"文字效果"按钮，如下图所示。

Step02：在弹出的下拉列表中选择"转换→上弯弧"选项，如下图所示。

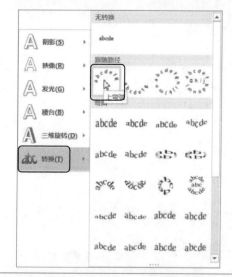

Step03：此时即可为艺术字添加弧形效果，如下图所示。

Step04：使用鼠标，拖动艺术字的 8 个端点，即可调整弧度和艺术字大小；然后将其和其他图形进行组合，制作电子印章即可，如下图所示。

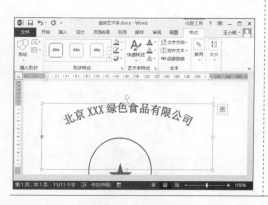

# 技能训练 1：使用形状绘制组织结构图

训练介绍

在编辑公司文件时，常常需要插入组织结构图。使用 Word 提供的"形状"功能，可以快速绘制和美化组织结构图。例如，某企业在总经理的领导下，分为财务、制造、质量和行政 4 个主要部门，其中制造部下设技术、生产和计划三个科室。要求结合企业实际，使用形状绘制组织结构图。

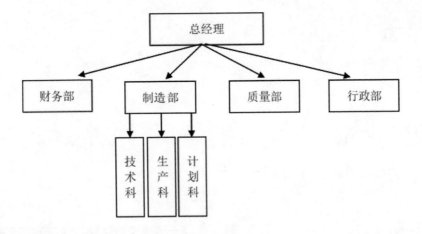

 光盘同步文件

素材文件：光盘 \ 素材文件 \ 第 4 章 \ 无
结果文件：光盘 \ 结果文件 \ 第 4 章 \ 绘制组织结构图 .docx
视频文件：光盘 \ 视频文件 \ 第 4 章 \ 技能训练 1.mp4

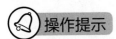 操作提示

| 制作关键 | 技能与知识要点 |
| --- | --- |
| 本实例使用形状绘制组织结构图，首先在 Word 文档中，执行插入"形状"命令，绘制一个矩形，然后输入文字；其次，执行插入"形状"命令，绘制一个箭头；再次，使用同样方法，绘制其他矩形和箭头；最后将所有形状和箭头组合在一起。 | <ul><li>执行插入"形状"命令，绘制矩形</li><li>执行插入"形状"命令，绘制箭头</li><li>绘制其他矩形和箭头</li><li>执行"组合"命令</li></ul> |

 操作步骤

本实例的具体制作步骤如下。

**Step01：** 打开 Word 文档，❶ 单击"插入"选项卡，❷ 在"插图"组中单击"形状"按钮；❸ 在弹出的下拉列表中选择"矩形"选项，如下图所示。

**Step02：** 拖动鼠标即可在文档中绘制矩形，然后输入文字"总经理"，如下图所示。

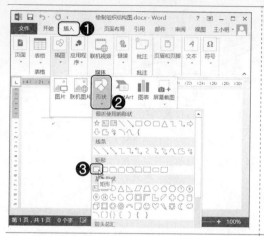

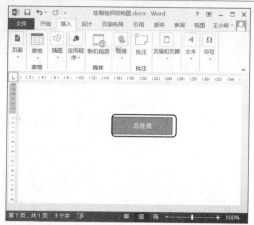

Step03：再次执行插入"形状"命令，在弹出的下拉列表中选择"箭头"选项，如下图所示。

Step04：拖动鼠标即可在文档中绘制箭头，如右图所示。

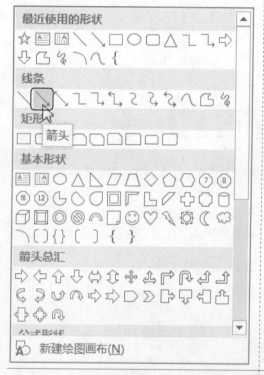

Step05：使用同样的方法，绘制矩形和箭头，并输入各部门和各科室的名称，如下图所示。

Step06：按 Shift 键选中所有矩形和箭头，❶ 在"绘图工具"栏中，单击"格式"选项卡，❷ 单击"形状样式"组中的"彩色轮廓 – 黑色，深色 1"样式，即可应用样式效果，如下图所示。

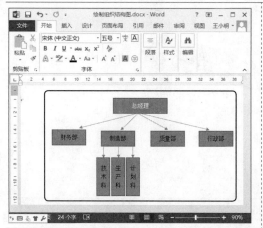

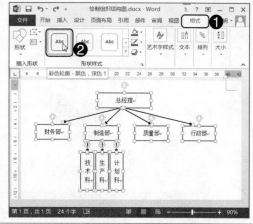

**Step07**：选中所有形状和连接符，右击，在弹出的快捷菜单中选择"组合"组合→命令，如下图所示。

**Step08**：此时，即可将选中的所有图形组合成一个整体，如下图所示。

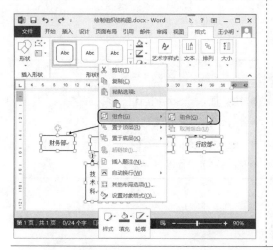

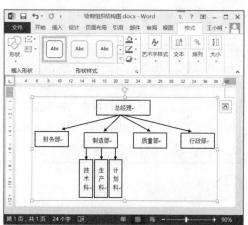

# 技能训练 2：使用 SmartArt 图形制作图示

## 训练介绍

SmartArt 图形是信息和观点的视觉表达形式。对 Word 文档进行排版时，使用 SmartArt 图形制作精美图示，可以快速、轻松、有效地传达有效信息。

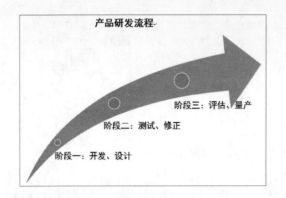

 **光盘同步文件**

素材文件：光盘\素材文件\第4章\制作图示.docx
结果文件：光盘\结果文件\第4章\制作图示.docx
视频文件：光盘\视频文件\第4章\技能训练2.mp4

 **操作提示**

| 制作关键 | 技能与知识要点 |
|---|---|
| 使用SmartArt图形制作图示，首先打开素材文件，执行插入"SmartArt图形"命令，选择SmartArt图形；其次，在"SmartArt工具"栏中设置大箭头的形状样式组；最后，在SmartArt图形中输入文本。 | ● 执行插入"SmartArt图形"命令<br>● 选择SmartArt图形<br>● 设置大箭头的样式效果<br>● 在SmartArt图形中输入文本 |

 **操作步骤**

本实例的具体制作步骤如下。

Step01：打开本实例的素材文件，❶ 单击"插入"选项卡；❷ 在"插图"组中单击"SmartArt"按钮，如下图所示。

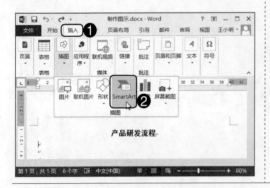

Step02：弹出"选择SmartArt图形"对话框；❶ 在左侧列表中单击"流程"选项卡；❷ 在右侧面板中选择"向上箭头"选项；❸ 单击"确定"按钮，如下图所示。

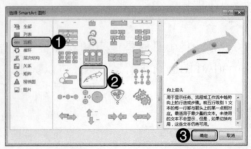

**Step03**：此时，即可在文档中插入一个组织结构图模板，如下图所示。

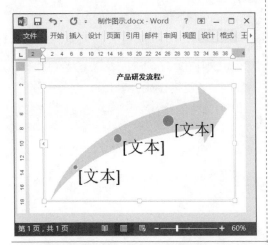

**Step04**：❶ 选中大箭头，在"SmartArt工具"栏中单击"格式"选项卡；❷ 在"形状样式"组中单击"其他"按钮，如下图所示。

**Step05**：在弹出的下拉列表中选择"浅色 1 轮廓，彩色填充 – 橙色，强调颜色 2"选项，如下图所示。

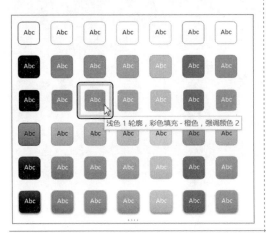

**Step06**：此时选中的大箭头就应用了选中的形状样式，如下图所示。

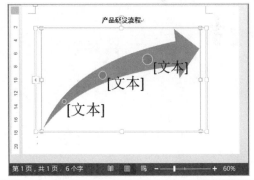

**Step07**：在文本框中输入文本，示意图的最终效果如右图所示。

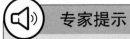

**专家提示**

　　选中 SmartArt 图形，单击图形左侧的三角按钮，即可展开文字对话框，在文字对话框中可以浏览修改文本。

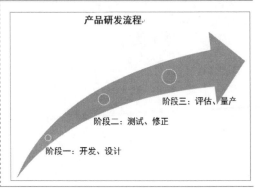

# 本章小结

    本章结合实例主要讲述了 Word 的图文混排功能，进一步强调图形、图片、文本框以及艺术字在文档编排中所发挥的重要作用。本章的重点是让读者掌握 SmartArt 模板的应用，使用形状和文本框绘制流程图的方法，以及艺术字的编排技巧等。通过本章的学习，让读者掌握 Word 的图文混排技能，轻松完成简单的图文编排任务。

# Chapter

# Word 中表格和图表应用

## 本章导读

  Word 文档提供了形式多样的表格和图表功能。使用表格和图表，可以清晰、简洁地展现和分析数据。本章以制作产品销售统计表、计算销售数据、创建销售分析图表为例，介绍表格和图表在 Word 文档中的应用。

## 学完本章后应该掌握的技能

- 创建表格的几种方法
- 表格的编辑操作
- 创建和美化图表
- 在表格中计算数据
- 制作斜线表头
- 制作三线表

## 本章相关实例效果展示

### 员工业绩考核表

| 一季度业绩 | 二季度业绩 | 三季度业绩 | 四季度业绩 |
| --- | --- | --- | --- |
| 78400 | 50000 | 67850 | 85000 |
| 65000 | 82000 | 69870 | 90200 |
| 59700 | 68700 | 58200 | 10500 |
| 77000 | 77800 | 62540 | 88000 |
| 91200 | 80230 | 71000 | 86000 |
| 371300 | 358730 | 329460 | 359700 |

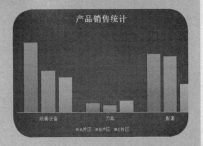

## 5.1 知识讲解————Word 创建表格的几种方法

在 Word 文档中创建表格的方法有多种，例如，可以通过指定行和列直接插入表格，通过绘制表格功能自定义各种表格，直接插入电子表格，以及使用内置样式插入快速表格。

### 5.1.1 插入表格

Word 文档提供了插入表格功能，通过指定行和列的方式直接插入表格。插入表格主要包括两种方式：一是使用鼠标拖选行数和列数；二是通过"插入表格"对话框插入指定行数和列数的表格。插入表格的具体操作如下。

### 光盘同步文件

视频文件：光盘\视频文件\第 5 章\5-1-1.mp4

**Step01**：打开 Word 文档，❶ 单击"插入"选项卡；❷ 单击"表格"组中的"表格"按钮；❸ 在弹出的表格面板中拖动鼠标选择行数和列数，例如选择 4 行、5 列，如下图所示。

**Step02**：释放鼠标，此时即可在文档中插入一个 4 行、5 列的表格，如下图所示。

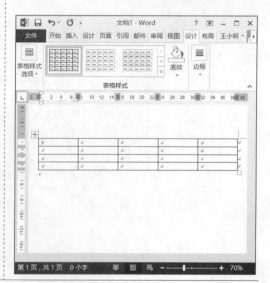

**Step03**: ❶ 单击"插入"选项卡；❷ 单击"表格"组中的"表格"按钮；❸ 在弹出的下拉列表中选择"插入表格"选项，如下图所示。

**Step04**：弹出"插入表格"对话框，❶ 在"列数"和"行数"微调框中设置表格的行数和列数，例如将列数设置为"7"，将行数设置为"10"；❷ 单击"确定"按钮，如下图所示。

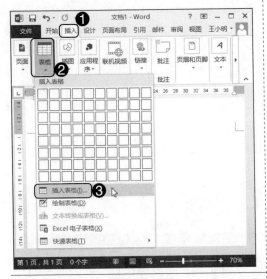

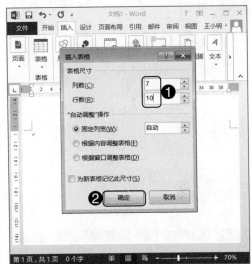

**Step05**：此时即可在文档中插入一张 7 列 10 行的表格，如右图所示。

 专家提示

　　默认情况下，在 Word 文档中插入的表格的宽度等于页面版心的宽度。

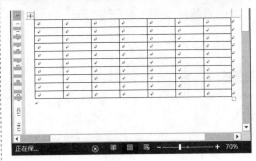

## 5.1.2　手动绘制表格

　　Word 2013 还提供了一种更方便、更随意的创建表格的方法，那就是使用画笔绘制表格。使用画笔工具，拖动鼠标可以在页面中任意画出横线、竖线和斜线，从而创建各种复杂的表格。手动绘制表格的具体操作步骤如下。

 光盘同步文件

　　视频文件：光盘 \ 视频文件 \ 第 5 章 \5-1-2.mp4

**Step01：** 打开 Word 文档，❶ 单击"插入"选项卡；❷ 单击"表格"组中的"表格"按钮；❸ 在弹出的下拉列表中选择"绘制表格"选项，如下图所示。

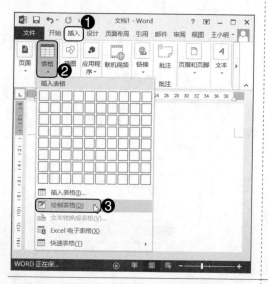

**Step02：** 此时，鼠标指针变成 形状，按住鼠标左键不放向右下角拖动，即可绘制出一个虚线框，如下图所示。

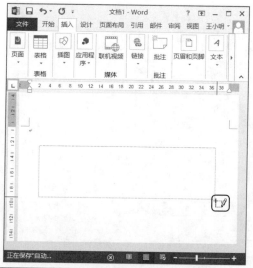

**Step03：** 释放鼠标左键，此时就绘制出了表格的外边框，如下图所示。

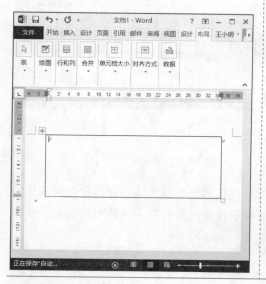

**Step04：** 将鼠标指针移动到表格的边框内，然后用鼠标左键依次在表格中绘制横线、竖线、斜线即可，如下图所示。

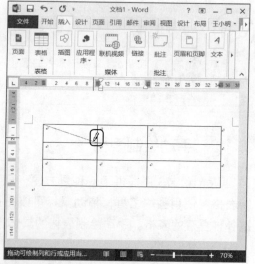

### 5.1.3　插入 Excel 电子表格

在 Word 2013 中制作和编辑表格时，可以直接插入 Excel 电子表格，并且可以在电子表格中进行数据运算。插入 Excel 电子表格的具体操作步骤如下。

## 光盘同步文件

视频文件：光盘 \ 视频文件 \ 第 5 章 \5-1-3.mp4

**Step01：** 打开 Word 文档，❶ 单击"插入"选项卡；❷ 单击"表格"组中的"表格"按钮；❸ 在弹出的下拉列表中选择"Excel电子表格"选项，如下图所示。

**Step02：** 此时即可将 Excel 电子表格插入到 Word 文档中，并自动进入编辑状态，如下图所示。

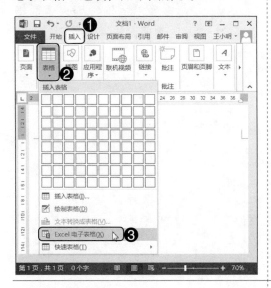

**Step03：** 按下 Esc 键即可退出电子表格编辑状态，如下图所示。

**Step04：** 如果要再次编辑电子表格，在 Word 中双击电子表格即可，如下图所示。

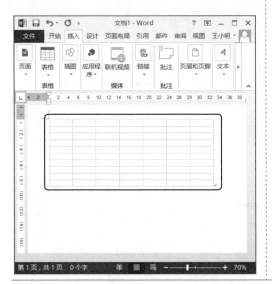

### 5.1.4 插入快速表格

Word 提供有"快速表格"功能，可以帮助用户快速选择一种内置的表格样式，轻松插入一张专业表格。插入快速表格的具体操作如下。

**光盘同步文件**

视频文件：光盘 \ 视频文件 \ 第 5 章 \5-1-4.mp4

Step01：打开 Word 文档，❶ 单击"插入"选项卡；❷ 单击"表格"组中的"表格"按钮；❸ 在弹出下拉列表中选择"快速表格"选项，如下图所示。

Step02：在弹出的下拉列表中选择"带副标题 1"选项，如下图所示。

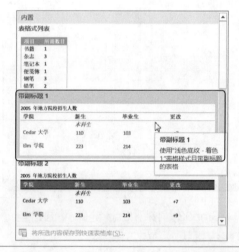

Step03：此时即可根据选择的"带副标题 1"样式，在文档中插入一张快速表格，如下图所示。

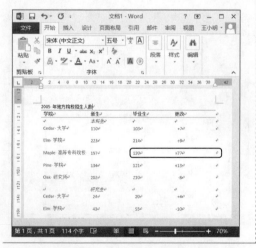

Step04：选中插入的快速表格，用户可以根据需要在"表格工具"栏中美化表格，如下图所示。

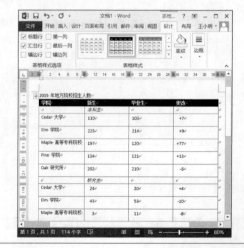

# 知识讲解——编辑 Word 中的表格

**5.2**

在 Word 文档中插入表格后，可以通过增加行和列。合并和拆分单元格、调整行高和列宽、填充单元格底色、应用表格样式等方式来编辑和美化表格。

## 5.2.1 增加行和列

在 Word 文档的表格中，用户可以根据实际需要插入行或者列。在准备插入行或者列的相邻单元格中右击，然后在弹出的快捷菜单中指向"插入"命令，并在打开的下一级菜单中选择"在左侧插入列"、"在右侧插入列"、"在上方插入行"或"在下方插入行"命令即可。插入行和列的具体操作如下。

### 光盘同步文件

素材文件：光盘\素材文件\第 5 章\计算机网络设备档案表 .docx
结果文件：光盘\结果文件\第 5 章\计算机网络设备档案表 01.docx
视频文件：光盘\视频文件\第 5 章\5-2-1.mp4

**Step01**：打开本实例的素材文件，❶ 选中要插入行的相邻行；❷ 右击，在弹出的快捷菜单中选择"插入→在下方插入行"命令，如下图所示。

**Step02**：此时，即可在选中行的下方插入一个新行，如下图所示。

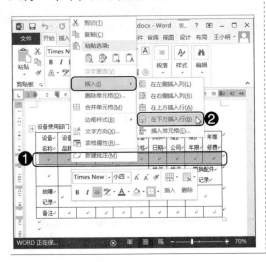

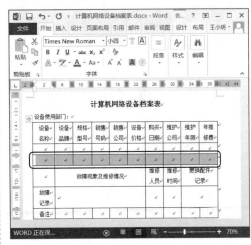

Step03：❶ 选中要插入列的相邻列；❷ 右击，在弹出的快捷菜单中选择"插入→在右侧插入列"命令，如下图所示。

Step04：此时，即可在选中列的右侧插入一个新列，然后输入列标题"其他"，如下图所示。

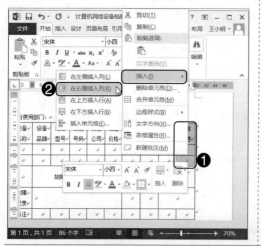 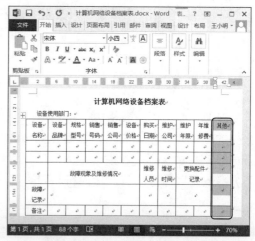

## 专家提示

　　用户还可以在"表格工具"栏中进行插入行或插入列的操作。将光标定位在准备插入行或列的相邻单元格中，然后在"表格工具"栏中，单击"布局"选项卡，在"行和列"组中根据实际需要单击"在上方插入"、"在下方插入"、"在左侧插入"或"在右侧插入"按钮插入行或列。

### 5.2.2 合并和拆分单元格

　　在 Word 文档中制作表格时，为达到理想的效果，可以对表格中的单元格进行合并或拆分操作。合并和拆分单元格的具体操作如下。

## 光盘同步文件

素材文件：光盘\素材文件\第 5 章\计算机网络设备档案表 01.docx
结果文件：光盘\结果文件\第 5 章\计算机网络设备档案表 02.docx
视频文件：光盘\视频文件\第 5 章\5-2-2.mp4

Step01：打开本实例的素材文件，❶ 选中要合并的单元格，❷ 右击，在弹出的快捷菜单中选择"合并单元格"命令，如下图所示。

Step02：此时，选中的单元格就合并成了一个单元格，如下图所示。

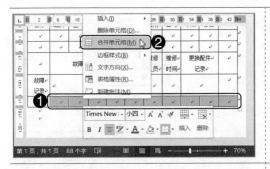

Step03：如果要拆分单元格，❶ 将光标定位在要拆分的单元格中；❷ 右击，在弹出的快捷菜单中选择"拆分单元格"命令，如下图所示。

Step04：弹出"拆分单元格"对话框，设置要拆分的行数和列数即可，本例中不再执行拆分操作，如下图所示。

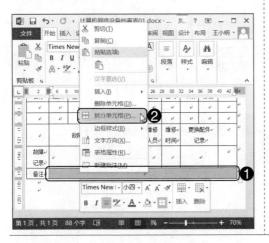

### 5.2.3 调整行高和列宽

插入表格后，用户可以根据实际需要，拖动鼠标调整行高或列宽。调整行高和列宽的具体操作步骤如下。

## 光盘同步文件

素材文件：光盘＼素材文件＼第 5 章＼计算机网络设备档案表 02.docx
结果文件：光盘＼结果文件＼第 5 章＼计算机网络设备档案表 03.docx.
视频文件：光盘＼视频文件＼第 5 章＼5-2-3.mp4

Step01：打开本实例的素材文件，将鼠标指针移动到该行的下边线上，此时鼠标指针变成双箭头形状，按下鼠标左键不放，上下拖动即可调整行高，如下图所示。

Step02：行高调整完毕，效果如下图所示。

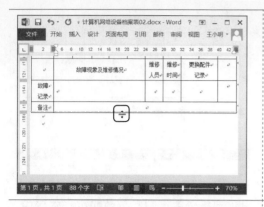
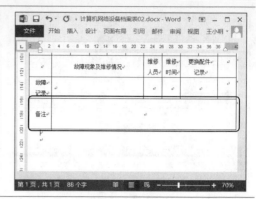

Step03：将鼠标指针移动到要调整的单元格的列边线上，此时鼠标指针变成双箭头形状，按下鼠标左键不放，左右拖动即可调整列宽，如下图所示。

Step04：列宽调整完毕，效果如下图所示。

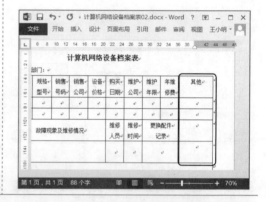

 **专家提示**

如果要精确设置表格中的行高和列宽，可以在"表格工具"栏中单击"布局"选项卡，在"单元格"组中根据实际需要设置单元格的"高度"和"宽度"数值。

### 5.2.4 填充单元格底纹

编辑文档中的表格时，为了突出显示表格标题，可以为单元格填充底纹，具体操作步骤如下。

**光盘同步文件**

素材文件：光盘 \ 素材文件 \ 第 5 章 \ 计算机网络设备档案表 03.docx
结果文件：光盘 \ 结果文件 \ 第 5 章 \ 计算机网络设备档案表 04.docx
视频文件：光盘 \ 视频文件 \ 第 5 章 \5-2-4.mp4

中文版 Office 2013 商务办公应用从入门到精通

Step01：打开本实例的素材文件，选中要填充底纹的标题行；❶ 在"表格工具"栏中单击"设计"选项卡；❷ 在"表格样式"组中单击"底纹"按钮；❸ 在弹出的下拉列表中选择"灰色 –25%，背景 2，深色 75%"选项，如下图所示。

Step02：设置完毕，标题行就会添加选中的底色，如下图所示。

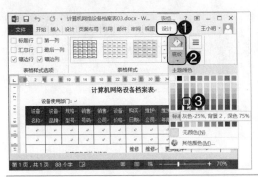

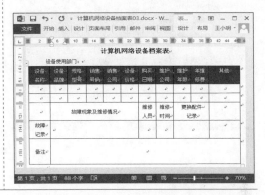

## 5.2.5　应用表格样式

Word 2013 提供了多种精美的表格样式，在制作和编辑表格时，可以使用表格样式快速制作出漂亮的表格。应用表格样式的具体操作步骤如下。

 **光盘同步文件**

素材文件：光盘\素材文件\第 5 章\计算机网络设备档案表 04.docx
结果文件：光盘\结果文件\第 5 章\计算机网络设备档案表 05.docx
视频文件：光盘\视频文件\第 5 章\5-2-5.mp4

Step01：打开本实例的素材文件，❶ 选中整张表格，在"表格工具"栏中单击"设计"选项卡；❷ 在"表格样式"组中选择一种表格样式，例如选择"网格表 5 深色"选项，如下图所示。

Step02：此时，即可看到应用所选表格样式后的效果，如下图所示。

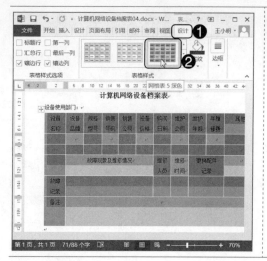

# 5.3 知识讲解——在 Word 中创建和美化图表

Word 2013 自带各种各样的图表，如柱形图、折线图、饼图、条形图、面积图、散点图等。本节主要介绍如何使用 Word 的图表功能制作月度销售统计图。

## 5.3.1 在 Word 中创建图表

在 Word 2013 文档中创建图表的方法非常简单，因为系统自带了很多图表类型，用户只需在文档中插入图表，然后编辑数据，此时图表会随着数据变化而变化。创建销售图表的具体操作如下。

## 光盘同步文件

素材文件：光盘\素材文件\第 5 章\月度销售统计 .docx
结果文件：光盘\结果文件\第 5 章\月度销售统计 01.docx
视频文件：光盘\视频文件\第 5 章\5-3-1.mp4

**Step01**：打开本实例的素材文件，将光标定位在要插入图表的位置；❶ 单击"插入"选项卡；❷ 单击"插图"组中的"图表"按钮，如下图所示。

**Step02**：弹出"插入图表"对话框，❶ 单击"柱形图"选项卡；❷ 在右侧面板中选择"簇状柱形图"选项；❸ 单击"确定"按钮，如下图所示。

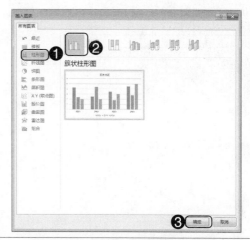

**Step03**：此时即可在文档中插入一幅簇状柱形图，并弹出电子表格，如下图所示。

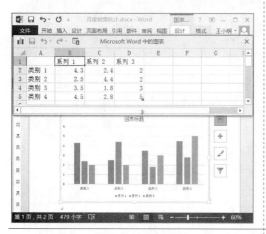

**Step04**：在电子表格中录入数据，然后删除多余行或列中的内容，如下图所示。

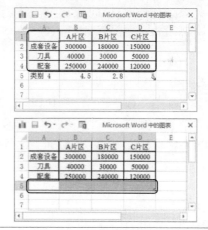

**Step05**：将光标定位到单元格 D5 的右下角，此时鼠标指针变成 ▧ 形状，如下图所示。

**Step06**：按住鼠标左键，向上拖动到有数据区域为止，此时就可以删除多余的数据系列，如下图所示。

**Step07：** 单击工作簿右上角的"关闭"按钮，即可关闭电子表格，如下图所示。

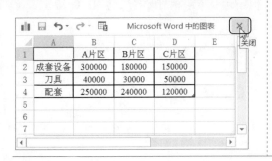

**Step08：** 将表格标题设置为"产品销售统计"，如下图所示。

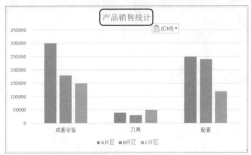

 **美化图表**

销售统计图创建完成后，可以通过应用图表样式来美化图表。美化图表的具体操作如下。

> ➡️ **光盘同步文件**
>
> 素材文件：光盘\素材文件\第5章\月度销售统计01.docx
> 结果文件：光盘\结果文件\第5章\月度销售统计02.docx
> 视频文件：光盘\视频文件\第5章\5-3-2.mp4

**Step01：** 打开本实例的素材文件，选中图表，❶ 在"图表工具"栏中，单击"设计"选项卡，❷ 单击"图表样式"组中的"快速样式"按钮，如下图所示。

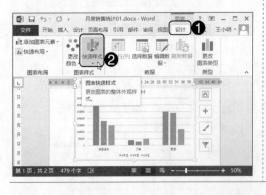

**Step02：** 在弹出的下拉列表中选择"样式8"选项，如下图所示。

> 🔊 **专家提示**
>
> 也可以通过调整图表大小、设置对齐方式、编辑图表标题、应用快速样式、更改图表类型、修改图表数据等方式美化图表。

**Step03：**此时，图表就应用了选中的"样式 8"，如右图所示。

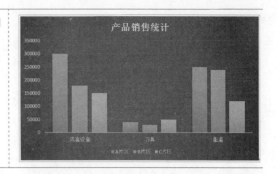

# 技高一筹——实用操作技巧

通过前面知识的学习，相信读者已经掌握了 Word 中表格和图表应用的基本技能。下面结合本章内容，给大家介绍一些实用技巧。

 **光盘同步文件**

素材文件：光盘\素材文件\第 5 章\技高一筹
结果文件：光盘\结果文件\第 5 章\技高一筹
视频文件：光盘\视频文件\第 5 章\技高一筹 .mp4

 **技巧 01** 一键增加表格行

在表格的制作过程中，经常会用到增加表格行的操作。除了右击，执行"插入"命令增加表格行，还可以使用键盘上的 Enter 键快速增加表格行，具体的操作如下。

**Step01：**打开素材文件，在 Word 文档中将光标定位在要增加行的行右侧，例如将光标定位在表格第二行的行右侧，如下图所示。

**Step02：**按下 Enter 键，随即在该行的下方增加了新的一行，如下图所示。

## 技巧 02 如何制作三线表

在表格使用过程中，尤其是在论文写作和编排中，经常用到三线表。三线表是指表格只能有上边框和下边框，以及标题行下面的细边框，这三条边线称为"三线"。在 Word 文档中设置三线表的具体操作方法如下。

**Step01**：打开素材文件，选中表格，❶ 单击"开始"选项卡；❷ 单击"段落"组中的"边框"按钮；❸ 在弹出的下拉列表中选择"边框和底纹"选项，如下图所示。

**Step02**：弹出"边框和底纹"对话框，❶ 单击"边框"选项卡；❷ 在"设置"组中选择"无"选项，此时，即可取消之前的表格边框，如下图所示。

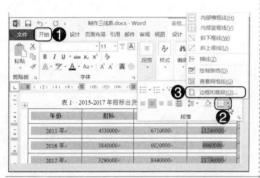

**Step03**：❶ 在"宽度"下拉列表中选择"1.5 磅"选项；❷ 在右侧的面板中直接单击上边线和下边线；❸ 单击"确定"按钮，如下图所示。

**Step04**：选中表格的标题行，❶ 单击"开始"选项卡；❷ 单击"段落"组中的"边框"按钮；❸ 在弹出的下拉列表中选择"边框和底纹"选项，如下图所示。

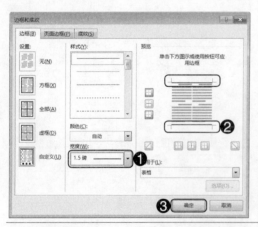

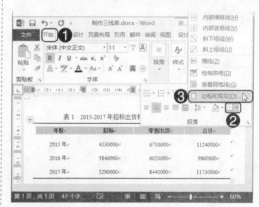

**Step05**：❶ 在"宽度"下拉列表中选择"0.5 磅"选项；❷ 在右侧的面板中直接单击上边线和下边线；❸ 单击"确定"按钮，如下图所示。

**Step06**：此时即可完成三线表的设置，如下图所示。

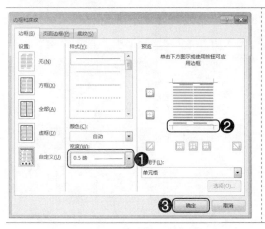

## 技巧 03 快速让你的表格一分为二

在编辑表格的过程中，如果表格行数较多，就会遇到表格跨页的情况。此时可以使用 Ctrl + Shift + Enter 组合键，将 Word 表格一分为二，也就是将一张表格拆分成两张表格。具体操作如下。

Step01：打开素材文件，选中要拆分表格的临界行，如下图所示。

Step02：按下 Ctrl + Shift + Enter 组合键，此时就以临界行为分隔行，把表格拆分成了两个，如下图所示。

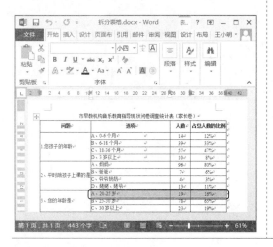
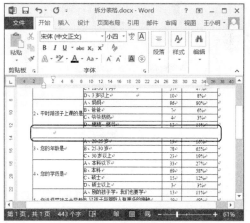

## 技巧 04 如何设置表格中的单元格边距

使用 Word 制作和修改表格时，往往需要设置单元格中文字与边框之间的距离。本篇经验就来介绍设置单元格边距的方法，具体操作如下。

Step01：打开素材文件，选中表格，❶ 在"表格工具"栏中，单击"布局"选项卡；❷ 单击"对齐方式"组中的"单元格边距"按钮，如下图所示。

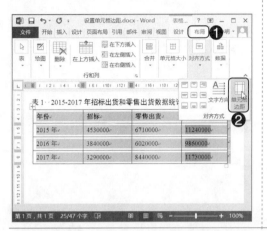

Step02：弹出"表格选项"对话框，默认情况下左右边距为"0.19 厘米"，如下图所示。

Step03：❶ 将左右边距设置为"0 厘米"；❷ 单击"确定"按钮，如下图所示。

Step04：设置完毕，表中单元格的边距数值就变成了"0"，如下图所示。

（👍）技巧 05　如何设置表中文字的对齐方式

在 Word 中插入表格，默认的对齐方式是文字在单元格的左上方。大多数情况下需要把表格的对齐方式设置为左右居中，同时上下居中。这就需要重新调整 Word 表格的对齐方式，具体操作步骤如下。

Step01：打开素材文件，选中表格，❶ 在"表格工具"栏中，单击"布局"选项卡；❷ 单击"对齐方式"组中的"居中"按钮，如下图所示。

Step02：此时表格中的文字就会上下左右都居中，效果如下图所示。

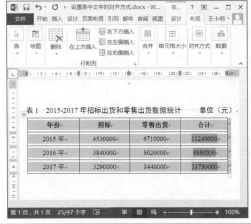

# 技能训练 1：在 Word 表格中计算数据

训练介绍

在 Word 2013 文档中，"表格工具"栏专门在"布局"选项卡的"数据"组中提供了插入公式功能，用户可以借助 Word 2013 提供的数学公式运算功能对表格中的数据进行数学运算，包括加、减、乘、除以及求和、求平均值等常见运算。接下来对员工的年度销售业绩进行汇总计算。

## 员工业绩考核表

| 姓名 | 一季度业绩 | 二季度业绩 | 三季度业绩 | 四季度业绩 | 合计 |
|---|---|---|---|---|---|
| 张三 | 78400 | 50000 | 67850 | 85000 | 281250 |
| 李四 | 65000 | 82000 | 69870 | 90200 | 307070 |
| 周五 | 59700 | 68700 | 58200 | 10500 | 197100 |
| 王六 | 77000 | 77800 | 62540 | 88000 | 305340 |
| 陈七 | 91200 | 80230 | 71000 | 86000 | 328430 |
| 合计 | 371300 | 358730 | 329460 | 359700 | 1419190 |

光盘同步文件

素材文件：光盘＼素材文件＼第 5 章＼员工业绩考核表 .docx
结果文件：光盘＼结果文件＼第 5 章＼员工业绩考核表 .docx
视频文件：光盘＼视频文件＼第 5 章＼技能训练 1.mp4

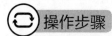 操作提示

| 制作关键 | 技能与知识要点 |
|---|---|
| 本实例计算表格中的数据。首先在单元格中执行插入"公式"命令，对单元格左侧数据进行求和，其次复制和粘贴公式；再次，对单元格上方数据进行求和，然后复制和粘贴公式；最后，使用"更新域"功能，更新数据，即可完成数据的计算。 | ● 执行插入"公式"命令，计算左侧合计<br>● 复制和粘贴公式<br>● 执行插入"公式"命令，计算上方合计<br>● 复制和粘贴公式<br>● 执行"更新域"功能 |

操作步骤

本实例的具体制作步骤如下。

**Step01**：打开素材文件，❶ 将光标定位在要插入公式的单元格中，❷ 在"表格工具"栏中，单击"布局"选项卡；❸ 在"数据"组中单击"公式"按钮，如下图所示。

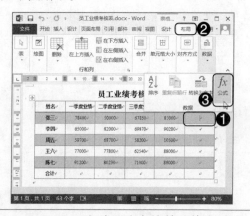

**Step02**：弹出"公式"对话框，此时，在"公式"文本框中自动显示公式"=SUM(LEFT)"，单击"确定"按钮。该公式表示对单元格左侧的数据进行求和，如下图所示。

**Step03**：此时，选中的单元格自动应用求和公式，如下图所示。

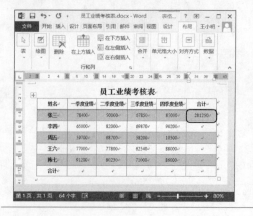

**Step04**：将求和公式复制并粘贴到下方的 4 个单元格中，如下图所示。

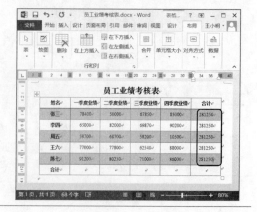

**Step05**：❶ 将光标定位在要插入公式的单元格中，❷ 在"表格工具"栏中，单击"布局"选项卡；❸ 在"数据"组中单击"公式"按钮，如下图所示。

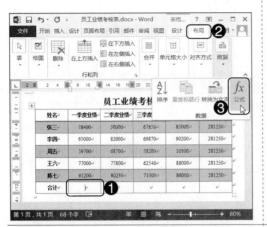

**Step06**：弹出"公式"对话框，此时，在"公式"文本框中自动显示公式"=SUM(ABOVE)"，单击"确定"按钮。该公式表示对单元格上方的数据进行求和，如下图所示。

**Step07**：此时，选中的单元格自动应用求和公式，如下图所示。

**Step08**：将求和公式复制并粘贴到右侧的 4 个单元格中，如下图所示。

**Step09**：按下 Ctrl+A 组合键，选中整篇文档，右击，在弹出的快捷菜单中选择"更新域"命令，如下图所示。

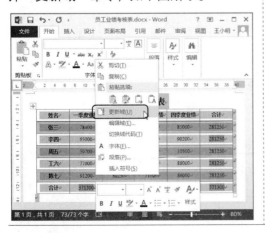

**Step10**：此时之前复制并粘贴的数据就自动更新了，如下图所示。

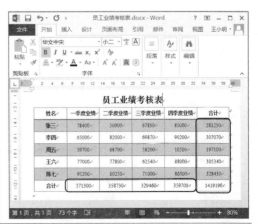

# 技能训练 2：制作斜线表头

 训练介绍

在编辑表格时，经常会遇到制作斜线表头的情况。通过设置表格的边框和底纹格式，可以轻松制作斜线表头，以便在斜线单元格中添加表格的各项目名称。

### 某产品上半年销量统计表

| 月份<br>网点 | 1 月 | 2 月 | 3 月 | 4 月 | 5 月 | 6 月 |
|---|---|---|---|---|---|---|
| 北京 | 1050 | 1500 | 800 | 1078 | 1850 | 1290 |
| 上海 | 1090 | 1050 | 2100 | 1550 | 1860 | 1190 |
| 广州 | 1300 | 1500 | 1700 | 1700 | 1000 | 1380 |
| 南京 | 1800 | 1400 | 1400 | 1000 | 1000 | 1950 |
| 山东 | 900 | 1010 | 1420 | 1800 | 1000 | 1320 |

 光盘同步文件

素材文件：光盘\素材文件\第 5 章\产品销量统计表 .docx
结果文件：光盘\结果文件\第 5 章\产品销量统计表 .docx
视频文件：光盘\视频文件\第 5 章\技能训练 2.mp4

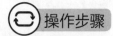 操作提示

| 制作关键 | 技能与知识要点 |
|---|---|
| 本实例制作斜线表头，首先选中要设置斜线表头的单元格；其次，执行"边框和底纹"命令；再次，设置斜线；最后，使用 Enter 键，输入各个项目名称，即可完成斜线表头的制作。 | ● 选中表格中的单元格<br>● 执行"边框和底纹"命令<br>● 设置斜线<br>● 使用 Enter 键，输入各个项目名称 |

 操作步骤

本实例的具体制作步骤如下。

Step01：打开本实例的素材文件，将鼠标指针移动到需要选中的单元格左侧，此时鼠标指针变成黑色箭头形状，如下图所示。

Step02：单击，此时就可以选中当前的单元格，如下图所示。

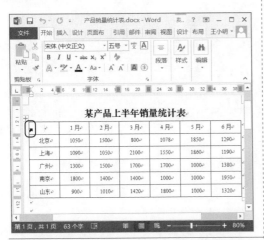

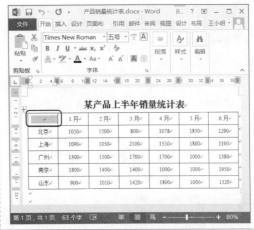

Step03：❶ 单击"开始"选项卡；❷ 在"段落"组中单击"边框"按钮；❸ 在弹出的下拉列表中选择"边框和底纹"选项，如下图所示。

Step04：弹出"边框和底纹"对话框，❶ 单击预览界面中的"斜线"按钮；❷ 单击"确定"按钮，如下图所示。

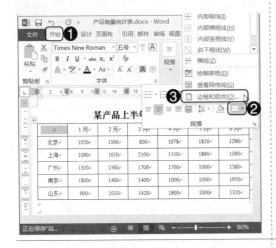

Step05：此时即可为选中的单元格添加斜线，如下图所示。

Step06：❶ 在单元格中输入文字"月份"；❷ 单击"开始"选项卡；❸ 在"段落"组中单击"右对齐"按钮，如下图所示。

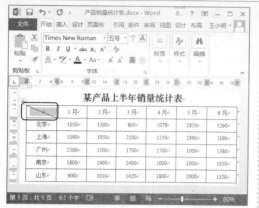

Step07：❶在"月份"后面按下Enter键，输入文字"网点"；❷在"段落"组中单击"左对齐"按钮，如下图所示。

Step08：此时即可完成斜线表头的设置，如下图所示。

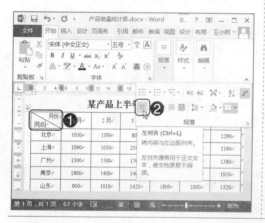

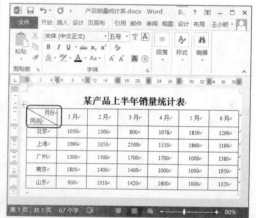

# 本章小结

本章结合实例主要讲述了 Word 中表格和图表的应用，进一步强调表格和图表在文档编辑中的重要作用。本章的重点是让读者掌握表格和图表的制作方法。通过本章的学习，让读者掌握 Word 的表格和图表编辑技能，能够轻松插入表格，能够熟练修饰和美化表格，能够在文档中插入图表。

# Chapter
# 06

## Word 文档的高效排版功能详解

### 本章导读

　　Word 文档提供了页面设置，应用样式设置段落格式，设置自动目录，添加页眉、页脚、页码，插入题注、脚注、尾注等高级排版功能，帮助用户编排页数较多的长文档。正确地使用这些功能，即使面对含有几万字，甚至更多字数的文档，编排起来也会得心应手。本章以编排长文档"员工绩效考核制度"、"年度总结报告"和"固定资产管理办法"为例，介绍文档的高效排版。

### 学完本章后应该掌握的技能

- 页面设置
- 使用样式设置标题
- 添加页眉、页脚和页码
- 添加脚注、尾注和题注
- 设置文档目录

### 本章相关实例效果展示

## 知识讲解————页面设置

创建文档后，Word 已经自动设置了文档的页边距、纸型、纸张方向等页面属性，用户也可以根据需要对页面属性进行设置。页面设置主要包括设置页边距、纸张大小和方向、页眉和页脚、文档网格等内容。

### 6.1.1 设置页边距

页边距通常是指页面四周的空白区域。设置页边距能够控制文本的宽度和长度，还可以留出装订边。设置页边距的具体如下。

### 光盘同步文件

素材文件：光盘\素材文件\第 6 章\员工绩效考核制度 .docx
结果文件：光盘\结果文件\第 6 章\员工绩效考核制度 01.docx
视频文件：光盘\视频文件\第 6 章\6-1-1.mp4

Step01：打开素材文件，❶ 单击"页面布局"选项卡；❷ 单击"页面设置"组中的"对话框启动器"按钮，如下图所示。

Step02：弹出"页面设置"对话框，❶ 单击"页边距"选项卡；❷ 在"页边距"组中依次将"上、下、左、右"的页边距设置为"2 厘米"；❸ 单击"确定"按钮，如下图所示。

## 6.1.2 设置纸张大小和方向

除了设置页边距，用户还可以在 Word 文档中非常方便地设置纸张大小和方向。设置纸张大小和方向的具体操作步骤如下。

### 光盘同步文件

素材文件：光盘 \ 素材文件 \ 第 6 章 \ 员工绩效考核制度 01.docx
结果文件：光盘 \ 结果文件 \ 第 6 章 \ 员工绩效考核制度 02.docx
视频文件：光盘 \ 视频文件 \ 第 6 章 \6-1-2.mp4

Step01：打开素材文件，在"页面设置"对话框中，❶ 单击"页边距"选项卡；❷ 在"纸张方向"组中选择"纵向"选项，如下图所示。

Step02：❶ 单击"纸张"选项卡；❷ 在"纸张大小"下拉列表中选择"A4"选项；❸ 单击"确定"按钮，如下图所示。

## 6.1.3 设置版式和文档网格

Word 2013 提供了设置版式和文档网格的功能，既可以设置有关页眉和页脚、页面垂直对齐方式以及行号等特殊的版式选项，还可以精确指定文档的每页所占行数以及每行所占字数。设置版式和文档网格的具体操作步骤如下。

## 光盘同步文件

素材文件：光盘 \ 素材文件 \ 第 6 章 \ 员工绩效考核制度 02.docx
结果文件：光盘 \ 结果文件 \ 第 6 章 \ 员工绩效考核制度 03.docx
视频文件：光盘 \ 视频文件 \ 第 6 章 \6-1-3.mp4

**Step01**：打开素材文件，在"页面设置"对话框中，❶ 单击"版式"选项卡；❷ 在"页眉"和"页脚"微调框中均输入"1 厘米"，如下图所示。

**Step02**：❶ 单击"文档网格"选项卡；❷ 在"网格"组中选中"只指定行网格"；❸ 在"行数"组中的"每页"微调框中输入"46"；❹ 单击"确定"按钮，如下图所示。

## 专家提示

默认情况下，Word 2013 纵向页面的默认编辑是"上、下：2.54 厘米，左、右：3.17 厘米"。页面设置完成后，可以通过"文件→打印"命令查看预览效果。

## 知识讲解——使用样式设置标题

**6.2**

Word 文档提供了样式功能，正确设置和使用样式，可以极大地提高工作效率。用户既可以直接套用系统内置样式，也可以根据需要更改样式，还可以使用格式刷快速复制格式。

### 6.2.1 套用系统内置样式

Word 2013 自带了一个形式多样的样式库，用户既可以套用内置样式设置文档格式，也可以应用"样式"任务窗格来设置样式，具体操作步骤如下：

**光盘同步文件**

素材文件：光盘 \ 素材文件 \ 第 6 章 \ 年度总结报告 .docx
结果文件：光盘 \ 结果文件 \ 第 6 章 \ 年度总结报告 01.docx
视频文件：光盘 \ 视频文件 \ 第 6 章 \6-2-1.mp4

#### 1. 使用"样式"库

Word 2013 提供了一个"样式"库，用户可以使用里面的样式设置文档格式。

Step01：打开本实例的素材文件，选中文档标题，如下图所示。

Step02：❶ 单击"开始"选项卡；❷ 在"样式"组中选择"标题"样式，文档标题就套用了所选样式，如下图所示。

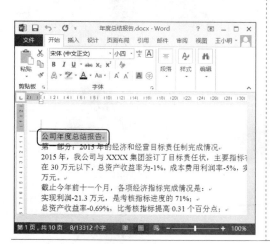

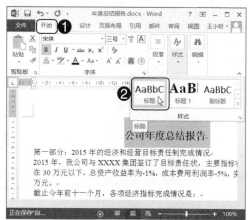

如果要清除样式，选中应用样式的文本或段落，单击"开始"选项卡；在"样式"组中单击"其他"按钮，在弹出的下拉列表中选择"清除格式"选项即可清除样式。

## 2. 利用"样式"任务窗格

除了利用"样式"库，用户还可以利用"样式"任务窗格应用内置样式，具体操作如下。

Step01：❶ 单击"开始"选项卡；❷ 在"样式"组中单击"对话框启动器"按钮，如下图所示。

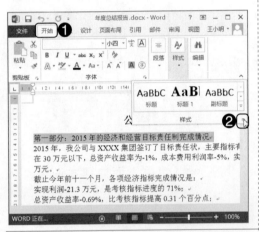

Step02：此时即可在文档的右侧弹出一个"样式"任务窗格，单击"选项"链接，如下图所示。

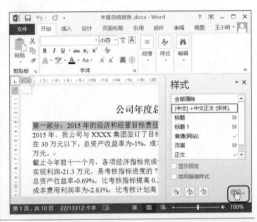

Step03：弹出"样式窗格选项"对话框，❶ 在"选择要显示的样式"下拉列表中选择"所有样式"选项；❷ 单击"确定"按钮，如下图所示。

Step04：此时所有样式即可显示在"样式"任务窗格中，如下图所示。

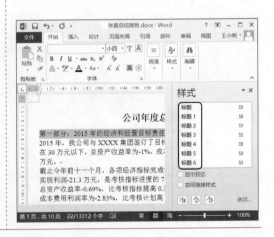

**Step05：❶** 选中要套用样式的标题；**❷** 在"样式"任务窗格中单击"标题 1"选项，如下图所示。

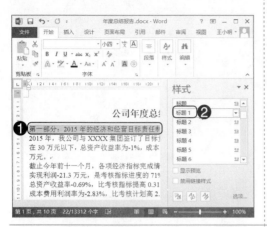

**Step06：** 此时选中的文本或段落就会应用"标题 1"的样式，如下图所示。

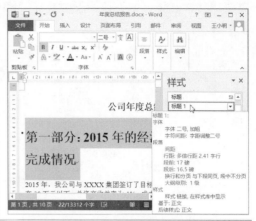

**Step07：❶** 选中要套用样式的标题；**❷** 在"样式"任务窗格中单击"标题 2"选项，如下图所示。

**Step08：** 此时选中的文本或段落就会应用"标题 2"的样式，如下图所示。

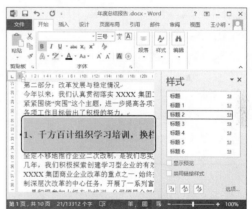

## 6.2.2 修改样式

无论是 Word 的内置样式，还是自定义样式，用户随时可以对其进行修改。在 Word 文档中修改样式的具体步骤如下。

### 光盘同步文件

素材文件：光盘＼素材文件＼第 6 章＼年度总结报告 01.docx
结果文件：光盘＼结果文件＼第 6 章＼年度总结报告 02.docx
视频文件：光盘＼视频文件＼第 6 章＼6-2-2.mp4

**Step01**：打开本实例的素材文件，将光标定位在"一级标题"上，❶ 在"样式"任务窗格中单击"标题1"样式右侧的下拉按钮，❷ 在弹出的下拉列表中选择"修改"选项，如下图所示。

**Step02**：弹出"修改样式"对话框，并在"格式"组中显示当前样式的字体和段落格式，如下图所示。

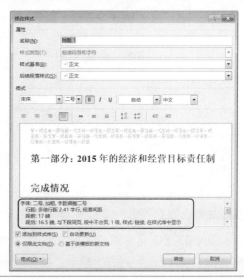

**Step03**：在"格式"组中将字体格式设置为"黑体、二号、加粗、居左"，如下图所示。

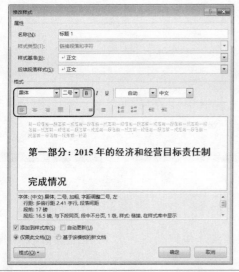

**Step04**：❶ 单击"格式"按钮；❷ 在弹出的列表中选择"段落"选项，如下图所示。

**Step05**：弹出"段落"对话框，❶ 单击"缩进和间距"选项卡；❷ 在"间距"组中的"行距"下拉列表中选择"1.5倍行距"；❸ 在"段前"和"段后"微调框中均输入"1行"；❹ 单击"确定"按钮，如下图所示。

**Step06**：返回"修改样式"对话框，❶ 此时在"格式"组中显示修改后的"标题1"样式的字体和段落格式；❷ 单击"确定"按钮，如下图所示。

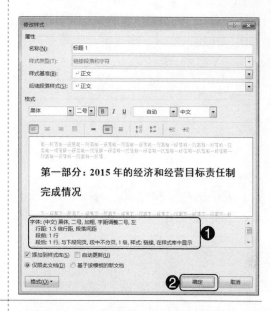

**Step07**：返回 Word 文档，此时即可完成对一级标题样式的修改，将鼠标移动到"样式"窗格中的"标题 1"上，即可查看样式的格式，如右图所示。

## 专家提示

　　"样式"通常是基于"正文"设置的，所以一般不会修改"正文"样式，避免连锁反应，造成其他段落和文本的格式变动。

### 6.2.3　使用格式化刷新设置

　　样式设置完成后，接下来可以使用格式刷快速刷新样式。刷新样式的具体操作如下。

## 光盘同步文件

　　素材文件：光盘\素材文件\第 6 章\年度总结报告 02.docx
　　结果文件：光盘\结果文件\第 6 章\年度总结报告 03.docx.
　　视频文件：光盘\视频文件\第 6 章\6-2-3.mp4

**Step01：** 打开本实例的素材文件，❶ 选中应用样式的一级标题；❷ 单击"开始"选项卡；❸ 双击"剪贴板"组中的"格式刷"按钮，此时，格式刷就会呈高亮显示，如下图所示。

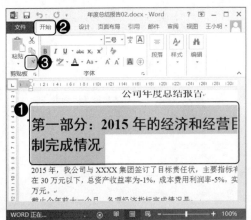

**Step02：** 将鼠标移动到文档中，此时鼠标变成刷子形状，效果如下图所示。

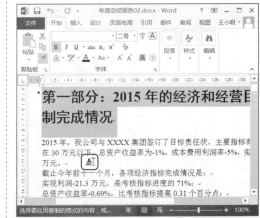

**Step03：** 拖动鼠标选中下一个一级标题，如下图所示。

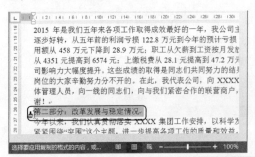

**Step04：** 释放鼠标，此时拖选的标题就会应用"标题 1"样式，效果如下图所示。

**Step05：** 使用格式刷，继续单击或拖选其他要应用"标题 1"样式的一级标题，即可刷新样式，如下图所示。

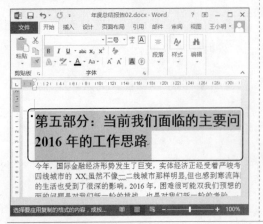

**Step06：** 刷新完成后，❶ 单击"开始"选项卡；❷ 单击"剪贴板"组中的"格式刷"按钮，即可退出格式刷状态，如下图所示。

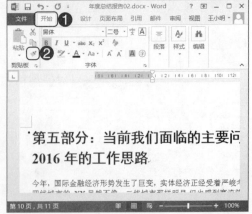

# 6.3 知识讲解——添加页眉、页脚和页码

为了使文档的整体显示效果更具专业水准，文档创建完成后，通常需要为文档添加页眉、页脚、页码。

## 6.3.1 插入分隔符

当文本或图形等内容填满一页时，Word 文档会自动插入一个分页符，并开始新的一页。另外，用户还可以根据需要进行强制分页或分节。接下来使用分页符和分节符，对公司年度培训计划文档进行分页和分节，具体操作步骤如下。

 光盘同步文件

素材文件：光盘 \ 素材文件 \ 第 6 章 \ 年度培训计划 .docx
结果文件：光盘 \ 结果文件 \ 第 6 章 \ 年度培训计划 01.docx
视频文件：光盘 \ 视频文件 \ 第 6 章 \6-3-1.mp4

Step01：打开本实例的素材文件，将光标定位在文本"目录"前方的插入位置，❶单击"页面布局"选项卡；❷单击"页面设置"组中的"分隔符"按钮，❸在弹出的下拉列表选择"分页符"选项，如下图所示。

Step02：此时即可完成分页，并在上一页的结尾显示添加的"分页符"，如下图所示。

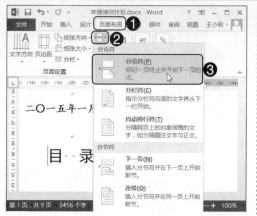

**Step03：**将光标定位在插入位置，❶ 单击"页面布局"选项卡；❷ 单击"页面设置"组中的"分隔符"按钮，❸ 在弹出的下拉列表选择"分节符→下一页选项，如下图所示。

**Step04：**此时即可完成分节，并在上一页的结尾显示添加的"分节符"，如下图所示。

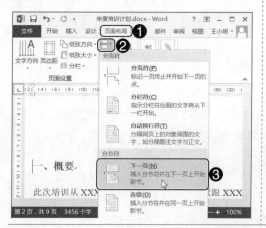

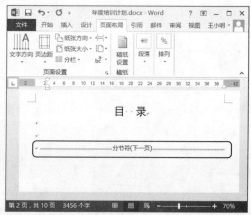

---

💡 **知识拓展　几种常用的分隔符**

　　分隔符包括分页符和分节符。分页符只有分页功能；分节符不但有分页功能，还可以在每个单独的节中设置页面格式和页眉页脚等。分节符的类型主要包括下一页、连续、奇数页、偶数页等。.

　　◆ 下一页：在插入此分节符的地方，Word 会强制分页，新的"节"从下一页开始。如果要在不同页面上分别应用不同的页码样式、页眉和页脚文字，以及想改变页面的纸张方向、纵向对齐方式或者纸型，应该使用这种分节符。

　　◆ 连续：插入"连续"分节符后，文档不会被强制分页。主要是帮助用户在同一页面上创建不同的分栏样式或不同的页边距大小。尤其是当我们要创建报纸、期刊样式的分栏时，更需要连续分节符的帮助。

## 知识拓展　几种常用的分隔符

◆ 奇数页：在插入"奇数页"分节符之后，新的一节会从其后的第一个奇数页面开始（以页码编号为准）。在编辑长篇文稿，尤其是书稿时，人们一般习惯将新的章节题目排在奇数页，此时即可使用"奇数页"分节符。注意：如果上一章节结束的位置是一个奇数页，则不必强制插入一个空白页。在插入"奇数页"分节符后，Word 会自动在相应位置留出空白页。

◆ 偶数页：偶数页分节符的功能与奇数页的类似，只不过后面的一节从偶数页开始，在此不再赘述。

## 6.3.2　插入页眉

为公司年度培训计划文档全文插入页眉"XXXXXX 有限公司"，字体格式设置为"宋体，五号"，具体操作步骤如下。

## 光盘同步文件

素材文件：光盘 \ 素材文件 \ 第 6 章 \ 年度培训计划 01.docx
结果文件：光盘 \ 结果文件 \ 第 6 章 \ 年度培训计划 02.docx
视频文件：光盘 \ 视频文件 \ 第 6 章 \6-3-2.mp4

Step01：打开本实例的素材文件，在页眉位置双击，此时即可进入页眉页脚设置状态，并在页眉下方出现一条横线，如下图所示。

Step02：❶ 输入页眉"XXXXXX 有限公司"，❷ 将字体格式设置为"宋体，五号"，如下图所示。

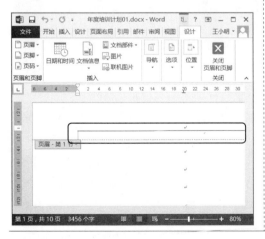

**Step03：**设置完毕，❶ 单击"页眉和页脚工具"栏中的"设计"选项卡；❷ 单击"关闭"组中的"关闭页眉和页脚"按钮，即可退出页眉页脚编辑状态，如下图所示。

**Step04：**此时即可为全文添加页眉，效果如下图所示：

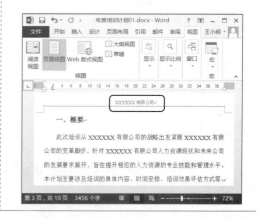

### 6.3.3 插入页码

为了使 Word 文档便于浏览和打印，用户可以在页脚处插入并编辑页码。默认情况下，Word 2013 文档都是从首页开始插入页码的。接下来为正文部分设置阿拉伯数字样式的页码，具体操作步骤如下。

## 光盘同步文件

素材文件：光盘 \ 素材文件 \ 第 6 章 \ 年度培训计划 02.docx
结果文件：光盘 \ 结果文件 \ 第 6 章 \ 年度培训计划 03.docx
视频文件：光盘 \ 视频文件 \ 第 6 章 \6-3-3.mp4

**Step01：**打开素材文件，在正文首页的页脚位置双击，此时即可进入页眉页脚设置状态，如下图所示。

**Step02：**❶ 在"页眉和页脚工具"栏中，单击"设计"选项卡，❷ 在"页眉和页脚"组中单击"页码"按钮，如下图所示。

**Step03**：在弹出的级联菜单中选择"页面底端→普通数字 2"选项，如下图所示。

**Step04**：此时即可在光标位置插入页码，但不是从第一页开始编号的，如下图所示。

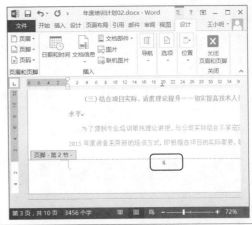

**Step05**：❶在"页眉和页脚工具"栏中，单击"设计"选项卡；❷然后在"页眉和页脚"组中单击"页码"按钮；❸在弹出的下拉列表中选择"设置页码格式"选项，如下图所示。

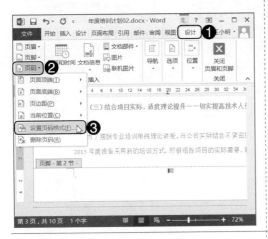

**Step06**：弹出"页码格式"对话框，❶在"编号格式"下拉列表中选择"1,2,3,…"选项；❷在"页码编号"中选中"起始页码"单选按钮，并将起始页码设置为"1"；❸单击"确定"按钮，如下图所示。

**Step07**：此时，页码格式变为"1"。设置完毕，单击"页眉和页脚工具"栏中的"关闭页眉和页脚"按钮，即可退出页眉页脚设置状态，如下图所示。

**Step08**：此时，即可完成从正文开始插入页码，如下图所示。

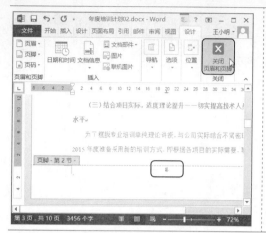 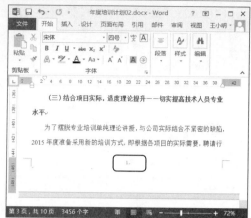

# 6.4 知识讲解——添加脚注、尾注和题注

在编辑文档的过程中，为了使读者便于阅读和理解文档内容，经常在文档中插入脚注、尾注和题注，用于对文档的对象进行解释说明。

## 6.4.1 插入脚注

　用户还可以在文档中的插入脚注，对文档中某个内容进行解释、说明或提供参考资料等。接下来以自定义"①，②，③…"形式的编号为例，在文档中插入脚注，具体的操作步骤如下。

 **光盘同步文件**

素材文件：光盘 \ 素材文件 \ 第 6 章 \ 固定资产管理办法 .docx
结果文件：光盘 \ 结果文件 \ 第 6 章 \ 固定资产管理办法 01.docx
视频文件：光盘 \ 视频文件 \ 第 6 章 \6-4-1.mp4

**Step01：**打开本实例的素材文件，❶ 将光标定位在要插入脚注的位置；❷ 单击"引用"选项卡；❸ 单击"脚注"组中的"对话框启动器"按钮，如下图所示。

**Step02：**弹出"脚注和尾注"对话框，❶ 选中"脚注"单选按钮，右侧默认显示"页面底端"选项；❷ 在"编号格式"下拉列表中选择"①，②，③…"选项；❸ 单击"确定"按钮，如下图所示。

**Step03：**此时即可在光标位置插入一个脚注编号"①"，同时在页面底端出现一条横线和一个脚注编号"①"，输入脚注内容，如下图所示。

**Step04：**双击页面底端的脚注编号，即可连接到正文中的脚注，如下图所示。

**Step05：**❶ 将光标定位在下一个要插入脚注的位置；❷ 单击"引用"选项卡；❸ 单击"脚注"组中的"插入脚注"按钮，如下图所示。

**Step06：**此时即可在光标位置插入脚注编号"②"，输入脚注内容，如下图所示。

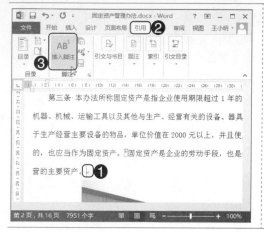
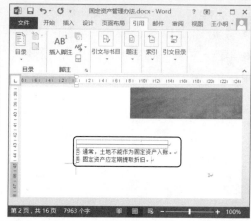

## 6.4.2 插入尾注

除了插入脚注，还可以在文档中插入尾注，对文档中的某个内容进行解释说明。尾注一般添加在节的结尾或文档结尾，多用于列示参考文献、注释等内容。接下来以自定义"[1],[2],[3],…"形式的编号为例，在文档中插入尾注，具体的操作步骤如下。

光盘同步文件

素材文件：光盘 \ 素材文件 \ 第 6 章 \ 固定资产管理办法 01.docx
结果文件：光盘 \ 结果文件 \ 第 6 章 \ 固定资产管理办法 02.docx
视频文件：光盘 \ 视频文件 \ 第 6 章 \6-4-2.mp4

Step01：打开本实例的素材文件，❶ 将光标定位在要插入尾注的位置；❷ 单击"引用"选项卡；❸ 在"脚注"组中单击"对话框启动器"按钮，如下图所示。

Step02：弹出"脚注和尾注"对话框，❶ 在"位置"组中选中"尾注"单选按钮；❷ 在"自定义标记"文本框中输入"[1]"；❸ 单击"插入"按钮，如下图所示。

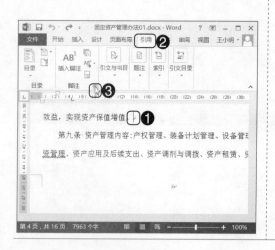

**Step03:** 此时即可在光标位置和文档节的结尾插入一个尾注编号"[1]"，在节的结尾输入尾注内容，如下图所示。

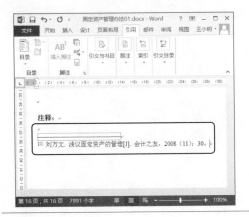

**Step04:** 双击，此时即可连接到文档中的尾注编号。将鼠标移动到文档中的尾注编号上也可以浏览尾注内容，如下图所示。

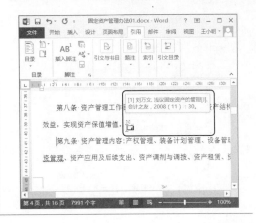

###  6.4.3  插入题注

在文档编排中经常遇到图文混排的情况，此时可以使用 Word 的插入题注功能来实现图表的自动编号。具体操作步骤如下。

**光盘同步文件**

素材文件：光盘\素材文件\第 6 章\固定资产管理办法 02.docx
结果文件：光盘\结果文件\第 6 章\固定资产管理办法 03.docx
视频文件：光盘\视频文件\第 6 章\6-3-2.mp4

**Step01:** 打开本实例的素材文件，选中要应用题注的图片，❶ 单击"引用"选项卡；❷ 在"题注"组中单击"插入题注"按钮，如下图所示。

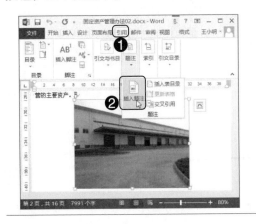

**Step02:** 弹出"题注"对话框，单击"新建标签"按钮，如下图所示。

**Step03：**弹出"新建标签"对话框；❶ 在"标签"文本框中输入"图"；❷ 单击"确定"按钮，如下图所示。

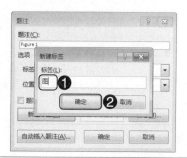

**Step04：**返回"题注"对话框，❶ 此时"题注"文本框中就会显示"图 1"；❷ 在"位置"下拉列表中选择"所选项目下方"选项；❸ 单击"确定"按钮，如下图所示。

**Step05：**此时选中的图片就会在下方添加编号"图 1"，如下图所示。

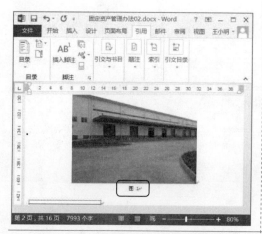

**Step06：**选中要应用题注的下一张图片，❶ 再次单击"引用"选项卡；❷ 在"题注"组中单击"插入题注"按钮，如下图所示。

**Step07：**弹出"题注"对话框，❶ 此时"题注"文本框中就会显示"图 2"；❷ 单击"确定"按钮，如下图所示。

**Step08：**此时，选中的图片就会在下方顺序添加编号"图 2"，如下图所示。

# 知识讲解——设置文档目录

**6.5**

文档创建完成后，为了便于浏览和阅读，我们可以为文档添加目录。使用目录可以使文档的结构更加清晰，便于阅读者对整个文档进行整体把控。

## 6.5.1 插入目录

生成目录之前，先要设置各级标题的大纲级别，或直接应用"样式"窗格中的标题样式。大纲级别设置完毕，才可在文档中插入自动目录。插入目录的具体操作步骤如下。

 **光盘同步文件**

素材文件：光盘\素材文件\第6章\年度培训计划03.docx
结果文件：光盘\结果文件\第6章\年度培训计划04.docx
视频文件：光盘\视频文件\第6章\6-5-1.mp4

**Step01：** 打开本实例的素材文件，选中一级标题，❶单击"开始"选项卡；❷单击"段落"组中的"对话框启动器"按钮，如下图所示。

**Step02：** 弹出"段落"对话框，❶单击"缩进和间距"选项卡；❷在"大纲级别"下拉列表中即可看到设置的大纲级别"1级"；❸单击"确定"按钮，如下图所示。

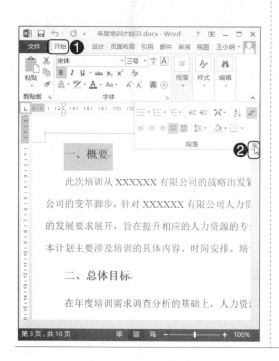

Step03：选中二级标题，❶ 单击"开始"选项卡；❷ 单击"段落"组中的"对话框启动器"按钮，如下图所示。

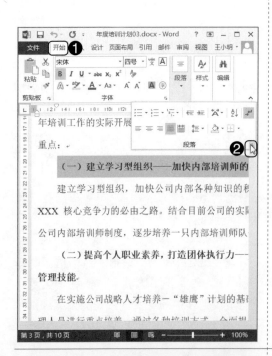

Step04：弹出"段落"对话框，❶ 单击"缩进和间距"选项卡；❷ 在"大纲级别"下拉列表中即可看到设置的大纲级别"2级"；❸ 单击"确定"按钮，如下图所示。

Step05：将光标定位在目录页中分节符的上方行中，❶ 单击"引用"选项卡；❷ 在"目录"组中单击"目录"按钮，如下图所示。

Step06：在弹出的"内置"列表中选择"自定义目录"选项，如下图所示。

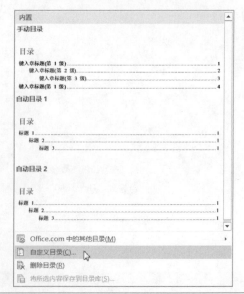

**Step07**：根据自己的需求来进行相关设置，如下图所示。

**Step08**：最终效果如下图所示。

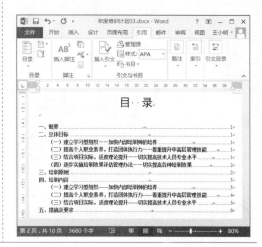

##  6.5.2　更新目录

在编辑或修改文档的过程中，如果文档内容或格式发生了变化，则需要更新目录。从本质上讲，生成的目录是一种域代码，因此可以通过"更新域"来更新目录。更新目录的具体操作步骤如下。

### 光盘同步文件

素材文件：光盘\素材文件\第6章\年度培训计划04.docx
结果文件：光盘\结果文件\第6章\年度培训计划05.docx
视频文件：光盘\视频文件\第6章\6-5-2.mp4

**Step01**：打开本实例的素材文件，在插入的目录中右击，在弹出的快捷菜单中选择"更新域"命令，如下图所示。

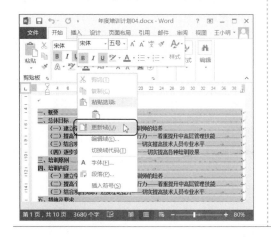

**Step02**：弹出"更新目录"对话框，❶ 选中"只更新页码"单选按钮；❷ 单击"确定"按钮，如下图所示。

## 专家提示

除了使用右键菜单更新目录，还可以通过单击"引用"选项卡，在"目录"组中单击"更新目录"按钮，来更新文档的目录。

# 技高一筹——实用操作技巧

通过前面知识的学习，相信读者已经掌握了 Word 文档的高效排版技能。下面结合本章内容，给大家介绍一些实用技巧。

## 光盘同步文件

素材文件：光盘 \ 素材文件 \ 第 6 章 \ 技高一筹
结果文件：光盘 \ 结果文件 \ 第 6 章 \ 技高一筹
视频文件：光盘 \ 视频文件 \ 第 6 章 \ 技高一筹 .mp4

## 技巧 01　教你删除页眉中的横线

默认情况下，在 Word 文档中插入页眉后会自动在页眉下方添加一条横线。如果不需要，可以通过设置边框，快速删除这条横线。删除页眉中横线的具体操作如下。

Step01：打开素材文件，双击页眉，拖动鼠标选择页眉所在行，如下图所示。

Step02：❶ 单击"开始"选项卡；❷ 单击"段落"组中的"边框"按钮⊞▾，❸ 在弹出的下拉列表中选择"无框线"选项即可删除横线，如下图所示。

## 技巧 02　快速删除尾注中的横线

在文档中插入尾注后，会在尾注的上方出现一条横线，也叫尾注分隔符。在论文或期刊等文档编排中通常会通过"草稿"视图删除这条横线，具体操作步骤如下。

**Step01：** 打开素材文件，选中尾注上方的横线，❶ 单击"视图"选项卡；❷ 在"视图"组中单击"草稿"按钮，如下图所示。

**Step02：** 进入草稿视图状态，❶ 单击"引用"选项卡；❷ 在"脚注"组中单击"显示备注"按钮，如下图所示。

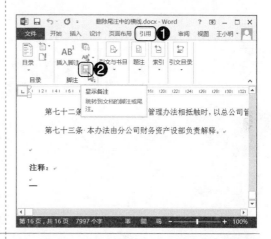

**Step03：** 由于文档中既有脚注也有尾注，弹出"显示备注"对话框，❶ 选中"查看尾注区"单选按钮；❷ 单击"确定"按钮，如下图所示。

**Step04：** 此时即可在文档中的下方区域显示"尾注区"，在"尾注"下拉列表中选择"尾注分隔符"选项，如下图所示。

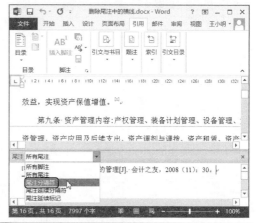

**Step05：** 此时即可在"尾注区"显示一条长横线，如下图所示。

**Step06：** 拖动鼠标选中长横线，按下Delete 键，即可将其删除，如下图所示。

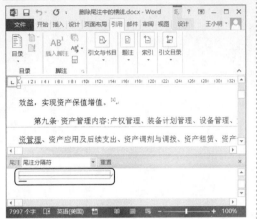 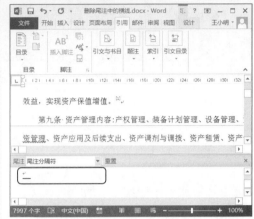

**Step07**：❶ 单击"视图"选项卡；❷ 在"视图"组中单击"页面视图"按钮，如下图所示。

**Step08**：返回页面视图，此时尾注上方的横线就被删除了，如下图所示。

 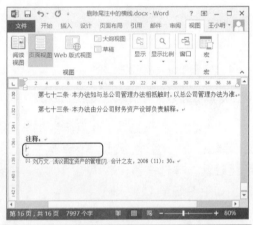

**专家提示**

　　在 Word 文档中插入脚注和尾注后，都会在其上方自带一条分隔线。如果脚注和尾注跨页，还会出现延续分隔线。都可以在"草稿"视图中将横线删除。

👍 **技巧 03** 为 Word 文档添加水印

　　在编辑公司文档资料时，想要让浏览者意识到这篇文档的重要性或者原创性，可以为文档添加水印，如"公司内部资料"、"公司机密文件"等。添加水印的具体操作步骤如下。

**Step01：**打开素材文件，❶ 单击"设计"选项卡；❷ 单击"文档格式"组中的"水印"按钮；❸ 在弹出的下拉列表中选择"自定义水印"选项，如下图所示。

**Step02：**打开"水印"对话框，❶ 选中"文字水印"单选按钮；❷ 将"文字"设置为"公司内部资料"；将"字体"、字号设置为"宋体、36"；将"颜色"设置为"红色"；将"版式"设置为"斜式"；❸ 单击"确定"按钮，如下图所示。

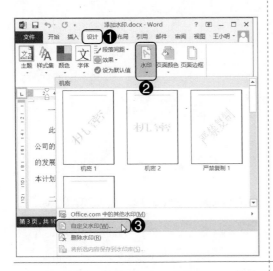

**Step03：**返回 Word 文档，即可看到水印效果，如下图所示。

**Step04：**如果要删除水印，再次执行"水印"命令，在弹出的下拉列表中选择"删除水印"选项即可，如下图所示。

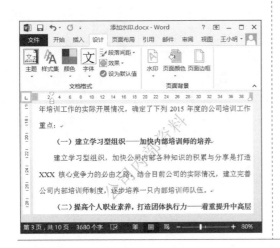

## 👍 技巧 04　如何快速统计文档字数和页数

Word 2013 具有统计字数的功能，使用该功能可以方便地获取整个文档或部分文档的字数统计信息。统计文档字数的具体操作如下。

Step01：打开素材文件，❶ 单击"审阅"选项卡；❷ 在"校对"组中单击"字数统计"按钮，如下图所示。

Step02：弹出"字数统计"对话框，此时即可显示整篇文档的字数、行数、页数等详细信息，然后单击"关闭"按钮即可，如下图所示。

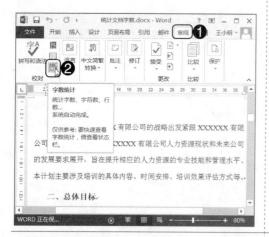

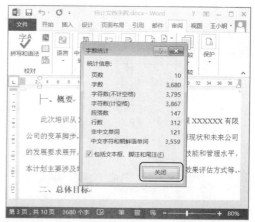

Step03：选中文本中的部分内容，❶ 单击"审阅"选项卡；❷ 在"校对"组中单击"字数统计"按钮，如下图所示。

Step04：弹出"字数统计"对话框，此时即可显示选中部分内容的字数、行数、页数等详细信息，然后单击"关闭"按钮即可，如下图所示。

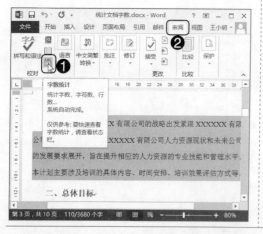

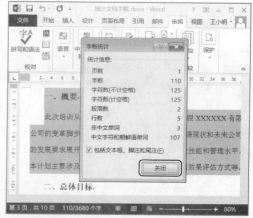

🔊 专家提示

　　除了在"审阅"选项卡中进行字数统计，还可以在 Word 文档的状态栏的左下角查看当前页数、总页数、字数等信息；单击该部分即可打开"字数统计"对话框，此时即可显示整篇文档的字数、行数、页数等详细信息。

## 技巧 05　如何在文档中添加批注

Word 2013 提供了"批注"功能，可以帮助用户对文档中的重要部分和难以理解的内容进行解释说明。在文档中添加批注的具体操作步骤如下。

Step01：打开素材文件，选中要添加批注的文本或段落，❶ 单击"审阅"选项卡；❷ 在"批注"组中单击"新建批注"按钮，如下图所示。

Step02：此时选中的文本或段落呈红色显示，并在文档的右侧用一条红色直线引出批注框，输入批注内容即可，如下图所示。

### 专家提示

Word 2013 不仅提供了直接添加批注的功能，还可以对其他用户的批注进行答复。Word 2013 提供的全新批注互动功能，可以帮助用户通过批注答复功能进行互动交流。

# 技能训练 1：在尾注后设置大纲级别

## 训练介绍

在文档编排工作中，尤其是在论文排版中，"参考文献"通常采用尾注的方式进行列示，如果继续在"参考文献"的下方添加"致谢"、"附录"等内容，则不能设置大纲级别。此时，可以通常插入"连续分节符"和"下一页分节符"，继续为后面的标题设置大纲级别，此时即可将尾注后的标题列入目录。

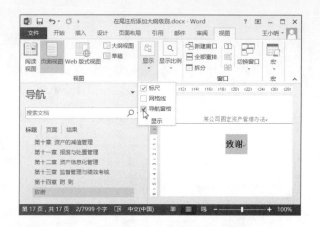

## 光盘同步文件

素材文件：光盘＼素材文件＼第 6 章＼在尾注后添加大纲级别 .docx
结果文件：光盘＼结果文件＼第 6 章＼在尾注后添加大纲级别 .docx
视频文件：光盘＼视频文件＼第 6 章＼技能训练 1.mp4

| 制作关键行了 | 技能与知识要点 |
| --- | --- |
| 本实例在尾注后设置大纲级别。首先，在尾注前插入"连续分节符"；其次，设置尾注的便笺选项，将尾注设置为"节的结尾"并应用于"整篇文档"；最后，在尾注后插入"下一页分节符"，并设置标题的大纲级别即可。 | ● 在尾注前插入"连续分节符"<br>● 执行设置"便笺选项"命令<br>● 将尾注设置为"节的结尾"，并应用于"整篇文档"<br>● 在尾注后插入"下一页分节符"<br>● 设置标题的大纲级别 |

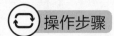

本实例的具体制作步骤如下。

**Step01：**打开素材文件，❶ 将光标定位在文字"注释："的右侧；❷ 单击"页面布局"选项卡；❸ 在"页面设置"组中单击"分隔符"按钮；❹ 在弹出的下拉列表中选择"分节符→连续"选项，如下图所示。

**Step02：**此时即可在文字"注释："的右侧插入一个连续分节符，如下图所示。

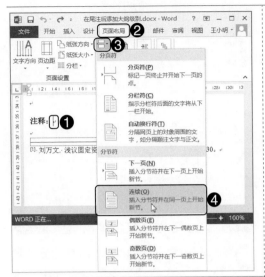

Step03：将光标定位在尾注中，❶ 右击，在弹出的快捷菜单中选择"便笺选项"命令，如下图所示。

Step04：弹出"脚注和尾注"对话框，❶ 在"尾注"下拉列表中选择"节的结尾"选项；❷ 在"将更改应用于"下拉列表中选择"整篇文档"选项；❸ 单击"应用"按钮，如下图所示。

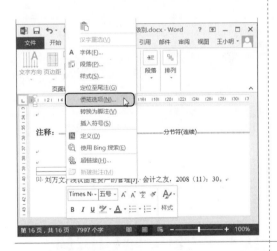

Step05：❶ 将光标定位在尾注后面的空行中；❷ 单击"页面布局"选项卡；❸ 在"页面设置"组中单击"分隔符"按钮；❹ 在弹出的下拉列表中选择"分节符→下一页"选项，如下图所示。

Step06：此时即可在光标位置插入一个分节符，并开始新的一页；在新页中输入文字"致谢"，并做"居中"设置，如下图所示。

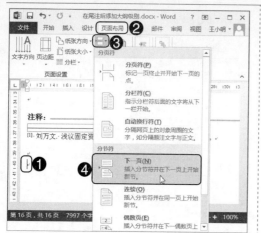

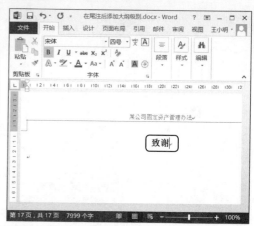

Step07：选中文字"致谢"，打开"段落"对话框，❶ 在"大纲级别"下拉列表中选择"1级"选项；❷ 单击"确定"按钮，如下图所示。

Step08：返回 Word 文档，❶ 单击"视图"选项卡；❷ 在"显示"组中选中"导航窗格"复选框；❸ 弹出"导航"窗格，此时即可在"导航"窗格中看到1级标题"致谢"，如下图所示。

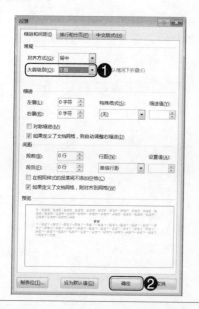

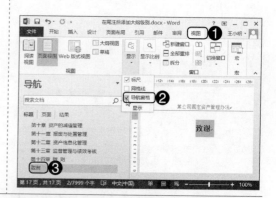

# 技能训练 2：设置奇偶页不同的页眉和页脚

 训练介绍

在编辑文档时，可能会遇到设置奇偶页不同的页眉和页脚的情况。在页面设置中，单击"设计"选项卡，在"选项"组中选中"奇偶页不同"复选框，即可设置奇偶页不同的页眉和页脚。

## 光盘同步文件

素材文件：光盘＼素材文件＼第 6 章＼设置奇偶页不同的页眉页脚 .docx
结果文件：光盘＼结果文件＼第 6 章＼设置奇偶页不同的页眉页脚 .docx
视频文件：光盘＼视频文件＼第 6 章＼技能训练 2.mp4

## 操作提示

| 制作关键 | 技能与知识要点 |
| --- | --- |
| 本实例设置奇偶页不同的页眉的页脚。首先双击页眉，进入"页眉和页脚"设置状态，选中"奇偶页不同"复选框；其次，分别设置奇偶页页眉；再次，分别设置奇偶页页脚；最后，退出"页眉和页脚"设置状态。 | ● 选中"奇偶页不同"复选框<br>● 分别设置奇偶页页眉<br>● 分别设置奇偶页页脚<br>● 退出"页眉页脚"设置状态 |

## 操作步骤

本实例的具体制作步骤如下。

**Step01**：打开本实例的素材文件，双击页眉，❶ 单击"页眉和页脚"工具栏中的"设计"选项卡；❷ 在"选项"组中选中"奇偶页不同"复选框，如下图所示。

**Step02**：在奇数页页眉中输入文字"员工绩效考核制度"，并设置下框线，如下图所示。

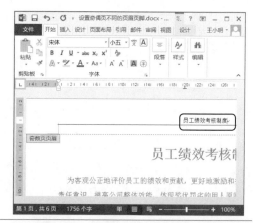

**Step03**：将光标定位在奇数页页脚，❶ 单击"页眉和页脚"工具栏中的"设计"选项卡；❷ 在"页眉和页脚"组中单击"页码"按钮，如下图所示。

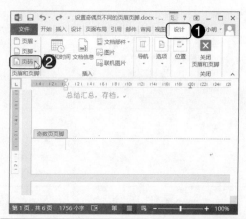

**Step04**：在弹出的级联菜单中选择"页面底端→普通数字 3"选项，如下图所示。

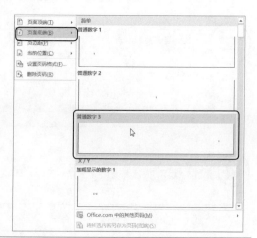

**Step05**：此时即可在奇数页页脚的右侧位置插入页码，如下图所示。

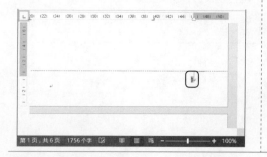

**Step06**：将鼠标移动到偶数页页眉中，然后输入文字"XXXXXX 有限责任公司，并设置下框线，如下图所示。

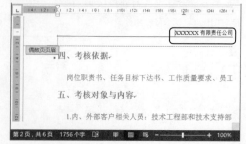

**Step07：** 执行插入"页码"命令，在弹出的级联菜单中选择"页面底端→普通数字 1"选项，如下图所示。

**Step08：** ❶ 此时即可在偶数页页脚的左侧位置插入页码；❷ 设置完毕，在"关闭"组中单击"关闭页眉和页脚"按钮，如下图所示。

# 本章小结

本章结合实例主要讲述了 Word 文档中的页面设置，应用样式设置段落格式，设置自动目录，添加页眉、页脚、页码，插入题注、脚注、尾注等高级排版功能。本章的重点是让读者学会设置文档的页面、页眉、页脚、页码和目录。让读者掌握设置页眉、页脚和页码的技巧，能够轻松完成各种类型设置，能够根据文档标题熟练插入文档目录。

# Chapter

# 07

# Excel 2013 基础入门操作

## 本章导读

Excel 2013 是 Office 2013 的一个重要组件，其工作界面更平易近人，让使用者能轻松地将庞大的数字图像化。本章主要介绍 Excel 2013 的启动和退出方法，工作簿和工作表的基本操作，帮助大家初步学会使用电子表格。

## 学完本章后应该掌握的技能

- Excel 2013 的启动与退出
- 工作簿的基本操作
- 插入和删除工作表
- 隐藏和显示工作表
- 移动或复制工作表
- 重命名工作表
- 保护工作表

## 本章相关实例效果展示

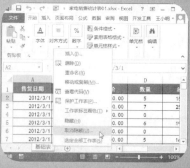

# 知识讲解———Excel 2013 的启动与退出

**7.1**

在制作电子表格之前，必须首先启动 Excel 2013。编辑完成后，就可以将其关闭。

## 7.1.1 启动 Excel 2013

启动 Excel 2013 的具体操作步骤如下。

### 光盘同步文件

视频文件：光盘 \ 视频文件 \ 第 7 章 \7-1-1.mp4

**Step01：** 在桌面上双击"Excel 2013"图标，如下图所示。

**Step02：** 此时，即可启动 Excel 2013，并生成一个名为"工作簿 1"的工作簿，如下图所示。

## 7.1.2 退出 Excel 2013

退出 Excel 2013 的方法有以下几种。

### 光盘同步文件

视频文件：光盘 \ 视频文件 \ 第 7 章 \7-1-2.mp4

**方法 1**：在工作簿窗口中，单击右上角的"关闭"按钮，即可关闭工作簿，如下图所示。

**方法 2**：在工作簿窗口的标题栏上右击，在弹出的快捷菜单中选择"关闭"命令，也能关闭工作簿，如下图所示。

# 7.2 知识讲解——工作簿的基本操作

工作簿是 Excel 工作区中多张工作表的组合。Excel 2013 对工作簿的基本操作包括新建、保存、打开、关闭、保护等。

## 7.2.1 新建工作簿

启动 Excel 2013 程序即可进入 Excel 模板界面，既可以新建一个空白工作簿，也可以创建一个基于模板的工作簿，此处不再赘述。除此之外，还可以在已有的 Excel 文件中创建工作簿，具体操作步骤如下。

### 光盘同步文件

素材文件：光盘 \ 素材文件 \ 第 7 章 \ 费用报销明细 .xlsx
结果文件：光盘 \ 结果文件 \ 第 7 章 \ 无
视频文件：光盘 \ 视频文件 \ 第 7 章 \7-2-1.mp4

**Step01**：打开本实例的素材文件"费用报销明细 .xlsx"，单击"文件"按钮 ，如下图所示。

**Step02**：❶ 单击"新建"选项卡，进入 Excel 模板界面；❷ 选择一种模板即可，例如选择"基本销售报表"模板，如下图所示。

Step03：弹出预览窗口，此时即可看到"基本销售报表"模板的预览效果，单击"创建"按钮，如下图所示：

Step04：下载完毕，即可创建一个基于"基本销售报表"模板的新文件，如下图所示。

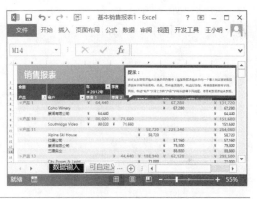

## 7.2.2 保存工作簿

创建或编辑工作簿后，用户可以将其保存起来，以供日后查阅。续上一小节，创建了基于模板的文件后，接下来将其保存，具体操作步骤如下：

### 光盘同步文件

素材文件：光盘\素材文件\第 7 章\无
结果文件：光盘\结果文件\第 7 章\1 月销售报表 .xlsx
视频文件：光盘\视频文件\第 7 章\7-2-2.mp4

Step01：续上一小节，创建了基于模板的文件后，在新建的空白工作簿中，单击"保存"按钮■，如下图所示。

Step02：进入保存界面，❶ 单击"计算机"选项；❷ 单击"浏览"按钮，如下图所示。

**Step03：**弹出"另存为"对话框，❶ 在左侧的"保存位置"列表框中选择保存位置；❷ 在"文件名"文本框中输入文件名"1 月销售报表 .xlsx"；❸ 单击"保存"按钮，如下图所示。

**Step04：**此时即可将新建的工作簿保存到指定位置，文件名变成了"1 月销售报表 .xlsx"，如下图所示。

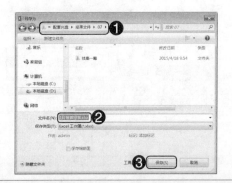

 专家提示

保存已有的工作簿，方法非常简单，直接单击"保存"按钮 🔲 即可。

## 7.2.3 保护工作簿

在日常办公中，为了保护公司机密，用户可以对相关的工作簿设置密码保护。使用密码保护工作簿的具体操作如下。

光盘同步文件

素材文件：光盘 \ 素材文件 \ 第 7 章 \ 费用报销明细 .xlsx
结果文件：光盘 \ 结果文件 \ 第 7 章 \ 费用报销明细 01.xlsx
视频文件：光盘 \ 视频文件 \ 第 7 章 \7-2-3.mp4

Step01：打开本实例的素材文件，❶ 单击"审阅"选项卡；❷ 在"更改"组中单击"保护工作簿"按钮，如下图所示。

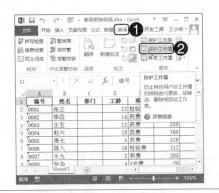

Step02：弹出"保护结构和窗口"对话框，❶ 选中"结构"复选框；❷ 在"密码"文本框中输入密码"123"；❸ 单击"确定"按钮，如下图所示。

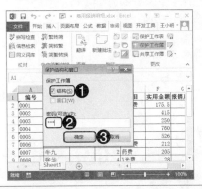

Step03：弹出"确认密码"对话框，❶ 在"重新输入密码"文本框中输入密码"123"；❷ 单击"确定"按钮，如下图所示。

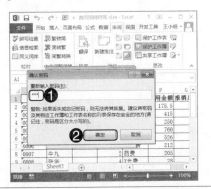

Step04：此时就为工作簿的结构设置了保护，不能对其中的工作表进行移动、删除或添加操作，这些菜单命令都灰度显示，如下图所示。

Step05：如果要取消工作簿的保护，❶ 单击"审阅"选项卡；❷ 在"更改"组中再次单击"保护工作簿"按钮，如下图所示。

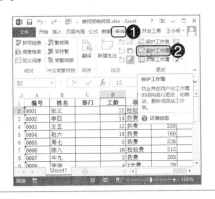

Step06：弹出"撤销工作簿保护"对话框，❶ 在"密码"文本框中输入设置的密码"123"；❷ 单击"确定"按钮即可，如下图所示。

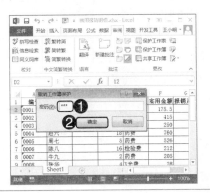

## 专家提示

　　保护工作簿是对工作簿的结构和窗口大小进行保护。如果一个工作簿被设置了"保护"，就不能对该工作簿内的工作表进行插入、删除、移动、隐藏、取消隐藏和重命名操作，也不能对窗口进行移动和调整大小的操作。

# 7.3 知识讲解——工作表的基本操作

　　工作表是电子表格的主要组成部分。用户可以根据需要对其进行各种操作，如插入或删除工作表、隐藏或显示工作表、移动或复制工作表、重命名工作表、设置工作表标签颜色以及保护工作表等。

## 7.3.1　插入和删除工作表

　　与之前的版本不同，Excel 2013 默认只有一张工作表，即"Sheet1"。用户可以根据工作需要插入或删除工作表，具体操作步骤如下。

## 光盘同步文件

　　素材文件：光盘\素材文件\第 7 章\家电销售统计表 .xlsx
　　结果文件：光盘\结果文件\第 7 章\家电销售统计表 01.xlsx
　　视频文件：光盘\视频文件\第 7 章 \7-3-1.mp4

　　**Step01：**打开本实例的素材文件，❶ 选中工作表标签"基础表"；❷ 右击，从弹出的快捷菜单中选择"插入"命令，如下图所示。

　　**Step02：**弹出"插入"对话框，❶ 单击"常用"选项卡；❷ 选择"工作表"选项；❸ 单击"确定"按钮，如下图所示。

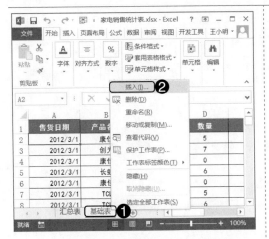

**Step03:** 此时即可在工作表"基础表"的左侧插入一张工作表"Sheet1"，如下图所示。

**Step04:** 删除工作表的操作非常简单，❶选中要删除的工作表标签，❷然后右击，在弹出的快捷菜单中选择"删除"命令即可，如下图所示。

### 7.3.2 隐藏和显示工作表

为了防止别人查看工作表中的数据，用户可以将工作表隐藏起来，当需要时再将其显示出来。隐藏和显示工作表的具体操作步骤如下。

## 光盘同步文件

素材文件：光盘\素材文件\第 7 章\家电销售统计表 01.xlsx
结果文件：光盘\结果文件\第 7 章\家电销售统计表 02.xlsx
视频文件：光盘\视频文件\第 7 章\7-3-2.mp4

Step01：打开本实例的素材文件，
❶ 选中工作表标签"汇总表"；❷ 右击，
从弹出的快捷菜单中选择"隐藏"命令，
如下图所示。

Step02：此时工作表"汇总表"就被
隐藏了，如下图所示。

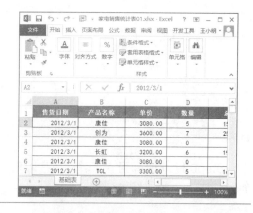

Step03：如果要显示隐藏的工作表，
❶ 在工作簿中选中任意一张工作表；❷ 右
击，从弹出的快捷菜单中选择"取消隐藏"
命令，如下图所示。

Step04：弹出"取消隐藏"对话框，
❶ 在"取消隐藏工作表"列表中选中"汇
总表"；❷ 单击"确定"按钮，即可重新
显示工作表"汇总表"，如下图所示。

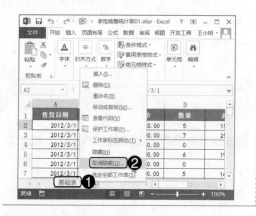

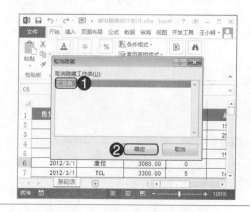

### 7.3.3 移动或复制工作表

移动或复制工作表是日常办公中常用的操作。用户既可以在同一个工作簿中移动
或复制工作表，也可以在不同工作簿中移动或复制工作表，具体操作步骤如下。

### 光盘同步文件

素材文件：光盘\素材文件\第 7 章\家电销售统计表 02.xlsx
结果文件：光盘\结果文件\第 7 章\家电销售统计表 03.xlsx
视频文件：光盘\视频文件\第 7 章\7-3-3.mp4

Step01：打开素材文件，❶ 选中工作表标签"汇总表"；❷ 右击，从弹出的快捷菜单中选择"移动或复制"命令，如下图所示。

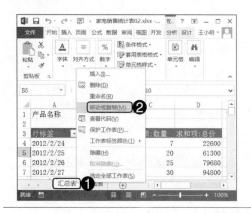

Step02：弹出"移动或复制工作表"对话框，❶ 在"下列选定工作表之前"列表中选择"移至最后"选项；❷ 选中"建立副本"复选框；❸ 单击"确定"按钮，如下图所示。

Step03：此时工作表"汇总表"就被复制到了最后，并建立了副本"汇总表（2）"，如右图所示。

 专家提示

也可以在不同工作簿中移动或复制工作表：打开"移动或复制工作表"对话框，在"工作簿"下拉列表中选择已经打开的其他活动工作簿，然后执行移动或复制命令即可。

### 7.3.4 重命名工作表

默认情况下，工作簿中的工作表名称为 Sheet1、Sheet2 等。在日常办公中，用户可以根据实际需要为工作表重新命名，具体的操作步骤如下。

 光盘同步文件

素材文件：光盘 \ 素材文件 \ 第 7 章 \ 家电销售统计表 03.xlsx
结果文件：光盘 \ 结果文件 \ 第 7 章 \ 家电销售统计表 04.xlsx
视频文件：光盘 \ 视频文件 \ 第 7 章 \7-3-4.mp4

Step01：打开本实例的素材文件，❶ 选中工作表标签"汇总表（2）"；❷ 右击，从弹出的快捷菜单中选择"重命名"命令，如下图所示。

Step02：此时工作表标签处于可编辑状态，将工作表名修改为"每日汇总表"，按下 Enter 键即可，如下图所示。

### 7.3.5 设置工作表标签颜色

当一个工作簿中有多张工作表时，为了提高观感效果，同时也为了方便对工作表的快速浏览，用户可以将工作表标签设置成不同的颜色，具体的操作步骤如下。

 光盘同步文件

素材文件：光盘 \ 素材文件 \ 第 7 章 \ 家电销售统计表 04.xlsx
结果文件：光盘 \ 结果文件 \ 第 7 章 \ 家电销售统计表 05.xlsx
视频文件：光盘 \ 视频文件 \ 第 7 章 \7-3-5.mp4

Step01：打开本实例的素材文件，❶ 选中工作表标签"汇总表"，❷ 右击，从弹出的快捷菜单中选择"工作表标签颜色"命令；❸ 在弹出的下级菜单中选择"红色"选项，即可将当前工作表标签的颜色设置为红色，如下图所示。

Step02：选中其他工作表，此时工作表标签底色会更加艳丽，如下图所示。

## 7.3.6　保护工作表

为了防止他人随意更改工作表，用户也可以对工作表设置密码保护，具体操作步骤如下。

### 光盘同步文件

素材文件：光盘\素材文件\第 7 章\家电销售统计表 05.xlsx
结果文件：光盘\结果文件\第 7 章\家电销售统计表 06.xlsx
视频文件：光盘\视频文件\第 7 章\7-3-6.mp4

**Step01**：打开本实例的素材文件，❶ 单击"审阅"选项卡；❷ 在"更改"组中单击"保护工作表"按钮，如下图所示。

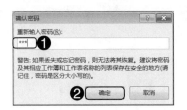

**Step02**：弹出"保护工作表"对话框，❶ 选中"保护工作表及锁定的单元格内容"复选框；❷ 在"密码"文本框中输入密码"123"；❸ 单击"确定"按钮，如下图所示。

**Step03**：弹出"确认密码"对话框，❶ 在"重新输入密码"文本框中输入密码"123"；❷ 单击"确定"按钮，如下图所示。

**Step04**：此时就为工作表设置了密码保护；如果要修改某个单元格中的内容，则会弹出"Microsoft Excel"对话框，直接单击"确定"按钮即可，如下图所示。

**Step05**：如果要取消工作表的保护，❶ 单击"审阅"选项卡；❷ 在"更改"组中单击"撤销工作表保护"按钮，如下图所示。

**Step06**：弹出"撤销工作表保护"对话框，❶ 在"密码"文本框中输入密码"123"；❷ 单击"确定"按钮，即可撤销工作表保护，如下图所示。

# 技高一筹——实用操作技巧

通过前面知识的学习，相信读者已经掌握了 Excel 2013 工作簿和工作表的基本操作。下面结合本章内容，给大家介绍一些实用技巧。

 **光盘同步文件**

素材文件：光盘 \ 素材文件 \ 第 7 章 \ 技高一筹
结果文件：光盘 \ 结果文件 \ 第 7 章 \ 技高一筹
视频文件：光盘 \ 视频文件 \ 第 7 章 \ 技高一筹 .mp4

## 技巧 01 如何快速插入工作表

在 Excel 2013 中，直接单击工作表标签右侧的"新工作表"按钮，即可插入一张新的工作表，具体操作如下。

Step01：打开 Excel 文件，直接单击工作表标签右侧的"新工作表"按钮，如下图所示。

Step02：此时即可插入一张新的工作表，如下图所示。

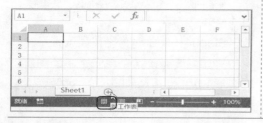

## 技巧 02 快速移动工作表

在工作簿中，拖动鼠标左键可以快速移动工作表，具体操作步骤如下。

Step01：打开 Excel 文件，使用鼠标左键按住要移动的工作表标签，鼠标指针变成移动状态，且工作表标签的左上角出现黑色下箭头，如下图所示。

Step02：此时拖动鼠标，即可移动黑色下箭头的位置，如下图所示。

**Step03**：释放鼠标，即可完成工作表
的快速移动，如右图所示。

 **专家提示**

移动工作表后得到的工作表内容与原工
作表相同，只是位置发生了变化。

👍 **技巧 03** 让低版本 Excel 也能打开 Excel 2013 格式的表格

要让高版本的表格在 Excel 低版本中打开，那么在保存工作簿时，应将工作簿的
保存类型设置为 Excel 97–2003 兼容的版本格式，具体操作步骤如下。

**Step01**：打开素材文件，单击"文件"
按钮，如下图所示。

**Step02**：进入"文件"界面，❶ 单
击"另存为"选项卡；❷ 单击"计算机"
选项；❸ 单击"浏览"按钮，如下图所示。

**Step03**：弹出"另存为"对话框，
❶ 在左侧的"保存位置"列表框中选择保
存位置；❷ 在"保存类型"下拉列表中选
择"Excel 97–2003 工作簿（ *.xls ）"选项；
❸ 单击"保存"按钮，如下图所示。

**Step04**：弹出"Microsoft Excel– 兼
容性检查器"对话框，直接单击"继续"
按钮，如下图所示。

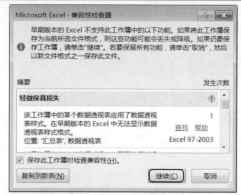

## 技巧 04　如何快速查看工作表中的统计结果

在工作表的状态栏中提供了快速统计数据功能。用户可以通过拖选数值区域的方式，快速查看统计结果，具体操作如下。

Step01：打开素材文件，拖动鼠标左键，选择要统计的数值区域，此时即可统计出选中区域数值的平均值、计数值和求和值，如下图所示。

Step02：如果状态栏中没有显示统计结果，右击状态栏，在弹出的快捷菜单中选中统计选项即可，如下图所示。

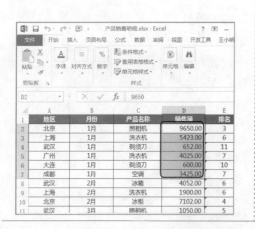

## 技巧 05　选择数据有妙招（Ctrl+Shift+ 方向键）

面对密密麻麻的数据，使用"Ctrl+Shift+ 方向键"，可以让你在瞬间完成数据区域的选择，具体操作步骤如下。

Step01：打开素材文件，选中单元格A1，如下图所示。

Step02：按下"Ctrl+Shift+ 右方向键"，即可选中单元格 A1 右侧所有带数据的单元格，如下图所示。

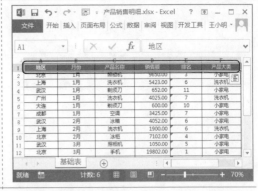

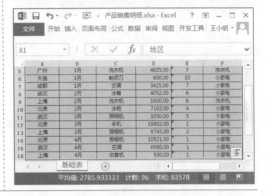

**Step03：** 再次按下"Ctrl+Shift+ 下方向键"，即可选中单元格区域 A1:F1 下方所有带数据的单元格区域，如右图所示。

 **专家提示**

按下"Ctr+Shift+ 方向键"，此时，不管数据有多少行或多少列，都在瞬间被选中。

# 技能训练 1：以只读的方式打开工作簿

## 训练介绍

在日常工作中，为了避免无意间对工作簿造成错误修改，可以用只读方式打开工作簿。还可以在保存工作簿时，设置"建议只读"选项，当用户打开工作簿时，系统自动提醒是否以只读方式打开。

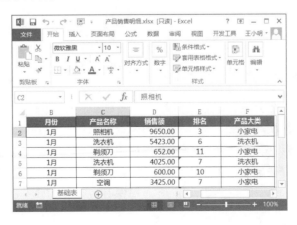

## 光盘同步文件

素材文件：光盘\素材文件\第7章\产品销售明细.xlsx
结果文件：光盘\结果文件\第7章\无
视频文件：光盘\视频文件\第7章\技能训练1.mp4

## 操作提示

| 制作关键行了 | 技能与知识要点 |
|---|---|
| 本实例以只读的方式打开工作簿。首先单击"文件"按钮，进入文件界面，执行"打开"命令；其次，找到要打开的工作簿；最后，设置打开方式，以只读的方式打开选中的工作簿。 | ● 单击"文件"按钮<br>● 执行"打开"命令<br>● 找到要打开的工作簿<br>● 设置打开方式 |

## 操作步骤

本实例的具体制作步骤如下。

Step01：打开任意 Excel 文件，单击"文件"按钮，如下图所示。

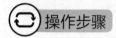

Step02：进入"文件"界面，❶ 单击"打开"选项卡；❷ 单击"计算机"选项；❸ 单击"浏览"按钮，如下图所示。

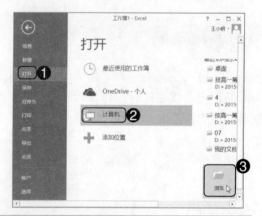

Step03：弹出"打开"对话框，❶ 选中要打开的工作簿；❷ 单击"打开"按钮右侧的下拉按钮；❸ 在弹出的下拉列表中选择"以只读方式打开"选项，如下图所示。

Step04：此时即可打开选中的工作簿，并且在标题栏中显示"只读"字样，如下图所示。以只读方式打开工作簿后，如果对工作簿进行了更改，可以将工作簿保存在其他位置。

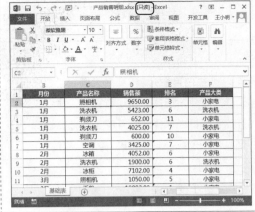

# 技能训练 2：跨工作簿移动和复制工作表

## 训练介绍

在日常工作中，经常会遇到在不同工作簿中移动工作表的情况，此时，使用跨工作簿移动和复制工作表功能，可以快速实现表格数据的复制和移动，大大提高工作效率。

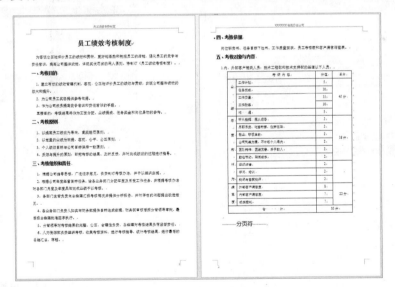

## 光盘同步文件

素材文件：光盘\素材文件\第 7 章\员工信息表 .xlsx、工资表 .xlsx
结果文件：光盘\结果文件\第 7 章\员工信息表 .xlsx、工资表 .xlsx
视频文件：光盘\视频文件\第 7 章\技能训练 2.mp4

## 操作提示

| 制作关键 | 技能与知识要点 |
|---|---|
| 本实例跨工作簿移动和复制工作表。首先右击工作表检查，选择"移动或复制"命令，在打开的对话框中选择已打开的工作簿，选择"移至最后"选项，选中"建立副本"复选框。 | ● 选择"移动或复制"命令<br>● 选择打开的活动工作簿<br>● 选择"（移至最后）"选项<br>● 选中"建立副本"复选框 |

## 操作步骤

本实例的具体制作步骤如下。

Step01：打开本实例的两个素材文件，在"员工信息表.xlsx"工作簿中，❶ 选中工作表标签"员工信息表"；❷ 右击，从弹出的快捷菜单中选择"移动或复制"命令，如下图所示。

Step02：弹出"移动或复制工作表"对话框，❶ 在"工作簿"下拉列表中选择已经打开的活动工作簿"工资表.xlsx"；❷ 在"下列选定工作表之前"列表中选择"（移至最后）"选项；❸ 选中"建立副本"复选框；❹ 单击"确定"按钮，如下图所示。

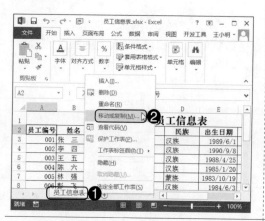

Step03：此时，工作簿"员工信息表.xlsx"中的工作表"员工信息表"就被移动和复制到工作簿"工资表.xlsx"中，如右图所示。

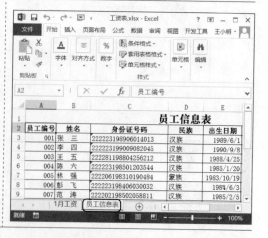

# 本章小结

　　本章结合实例主要讲述了 Excel 2013 的入门知识，包括 Excel 2013 的启动和退出方法，工作簿和工作表的基本操作，帮助大家初步学会使用电子表格。让读者掌握新建、保存和保护工作簿的方法，学会插入或删除工作表、隐藏或显示工作表、移动或复制工作表、重命名工作表、设置工作表标签颜色以及保护工作表等基本操作。

**Chapter**

# 08

# Excel 表格数据的输入与编辑

## 本章导读

　　创建 Excel 工作簿后，就可以输入和编辑数据了。本章主要从不同类型数据的输入方法、数据的输入技巧、单元格的验证规则、数据的填充方法、查找或替换数据等方面，详细介绍数据的输入与编辑技巧。

## 学完本章后应该掌握的技能

- 数据的输入与编辑
- 填充数据的方法
- 设置单元格的输入验证规则
- 查找或替换数据
- 使用自动更正功能输入长文本

## 本章相关实例效果展示

# 知识讲解——数据的输入方法和技巧

**8.1**

在单元格中可以输入各种类型的数据，如文本、数值、时间和日期、特殊字符等。本节分别介绍不同类型数据的输入方法，并详细介绍数据输入实用技巧，如记忆式输入、从下拉列表中选择、在多个单元格中输入相同数据、输入指数上标等。

## 8.1.1 输入销售数据

数据输入是许多工作人员不得不面对的实际问题。针对不同规律的数据，采用不同的输入方法，不仅能减少数据输入的工作量，还能保证输入数据的正确性。接下来以输入销售数据为例，分别介绍不同类型数据的输入方法。

> ### 光盘同步文件
>
> 素材文件：光盘\素材文件\第8章\销售数据表.xlsx
> 结果文件：光盘\结果文件\第8章\销售数据表.xlsx
> 视频文件：光盘\视频文件\第8章\8-1-1.mp4

### 1. 文本的输入

文本型数据是最常见的数据类型，输入方法最简单，直接单击单元格输入即可。字符文本应逐字输入，具体操作步骤如下。

**Step01**：打开本实例的素材文件"销售数据表.xlsx"，选择合适的输入法，❶ 单击单元格 D2；❷ 在键盘上敲击拼音字母"danjia"，如下图所示。

**Step02**：在键盘中拼音字母的上方，按下数字键选择正确的词组即可输入想要的文本，例如按下"1"键，即可输入文本"单价"，文本自动左对齐，如下图所示。

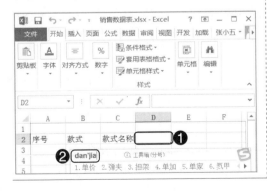

### 2. 数字的输入

数字表现形式多样,通常包括货币、小数、百分数、科学计数法、各种编号、邮政编码、电话号码等。数字的输入包括三种情况:一是普通数字的输入;二是文本格式数字的输入;三是序号的输入。输入数字的具体操作如下。

**Step01**:单击单元格 D3,在数字键盘上敲击数字"195",如下图所示。

**Step02**:按下 Enter 键即可完成普通数字的输入,数字自动右对齐,如下图所示。

**Step03**:如果要输入文本格式的数字,首先将输入法切换到"英文状态",在单元格 B3 中输入一个单引号"'",如下图所示。

**Step04**:紧接着单引号"'"输入数字"12345",如下图所示。

**Step05**:按下 Enter 键即可完成数字的输入,数字文本自动左对齐,如下图所示。

**Step06**:如果要输入连续编号,在单元格 A3 中输入一个数字"1",将鼠标指针移动到单元格的右下角,出现一个十字按钮,如下图所示。

**Step07**:按住十字按钮不放,向下拖动到单元格 A10,在单元格 A10 的右下角出现一个"自动填充选项"按钮,如下图所示。

**Step08**:单击"自动填充选项"按钮,在弹出的下拉列表中选择"填充序列"单选按钮,如下图所示。

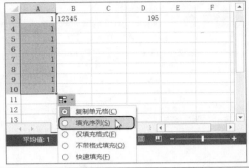

**Step09**：此时即可在选中的单元格区域中填充连续编号"1,2,3,4,5,6,7,8"，如下图所示。

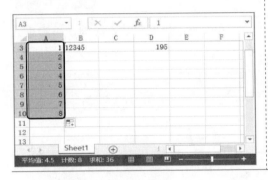

**专家提示**

　　执行"填充序列"命令时，默认填充步长是"1"。如果要设置具体的填充选项，单击"开始"选项卡；在"编辑"组中单击"填充"按钮，在弹出的下拉列表中选择"序列"选项，然后在弹出的"序列"对话框中设置填充选项即可。

### 3. 时间和日期的输入

　　在使用 Excel 的过程中，常常会输入各种日期或时间。接下来介绍几种输入日期和时间的方法，具体操作步骤如下。

**Step01**：如果要输入日期，单击单元格 C1，直接输入日期"2016-9-1"，如下图所示。

**Step02**：按下 Enter 键即可完成日期输入，日期显示为"2016/9/1"，如下图所示。

**Step03**：如果要更改日期格式，选中单元格 C1，❶ 单击"开始"选项卡；❷ 在"数字"组中单击"对话框启动器"按钮，如下图所示。

**Step04**：弹出"设置单元格格式"对话框，❶ 单击"数字"选项卡；❷ 在"分类"列表框中选择"日期"选项；❸ 在"类型"列表框中选择"2012年3月14"选项；❹ 单击"确定"按钮，如下图所示。

**Step05:** 返回工作表，日期的显示方式变成了"2016年9月1日"，如下图所示。

**Step06:** 如果要输入时间，单击单元格D1，输入时间"9:09:09 p"，如下图所示。

**Step07:** 如果要更改时间格式，选中单元格D1，❶ 单击"开始"选项卡；❷ 在"数字"组中单击"对话框启动器"按钮，如下图所示。

**Step08:** 弹出"设置单元格格式"对话框，❶ 单击"数字"选项卡；❷ 在"分类"列表框中选择"时间"选项；❸ 在"类型"列表框中选择"1:30:55PM"选项；❹ 单击"确定"按钮，如下图所示。

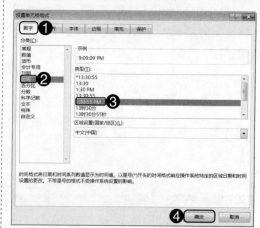

**Step09:** 返回工作表中，时间的显示方式变成了"9:09:09 PM"，如右图所示。

## 专家提示

如果要快速输入当前日期，只需在 Excel 的单元格中按下 Ctrl+; 组合键即可，注意分号必须是半角英文的；如果要输入当前时间，只需在 Excel 的单元格中按下 Ctrl+Shift+: 组合键即可，注意冒号也是半角英文的；如果要输入当前日期和时间，选取一个单元格，按下 Ctrl+; 组合键，然后按空格键，最后按 Ctrl+Shift+: 组合键即可。

### 4. 特殊字符的输入

在编辑表格时，可能会用到特殊符号或特殊字符，此时在 Excel 窗口的"插入"选项卡中选择特殊字符插入单元格中即可。插入特殊字符的具体操作步骤如下。

Step01：如果要输入特殊字符，单击单元格 C3，输入文本"牛仔裤"，如下图所示。

Step02：❶ 单击"插入"选项卡；❷ 在"符号"组中单击"符号"按钮，如下图所示。

Step03：弹出"符号"对话框，❶ 单击"特殊字符"选项卡；❷ 在"字符"列表框中选择"® 注册"选项；❸ 单击"插入"按钮，如下图所示。

Step04：直接单击"关闭"按钮，如下图所示。

**Step05：** 返回工作表，此时特殊字符"®"就插入到了单元格 C3 中，如右图所示。

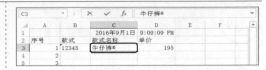

##  8.1.2 输入数据的技巧

在 Excel 中输入数据时，掌握一定的输入技巧，不但能够保证输入数据的正确性，还可以大大提高工作效率。接下来介绍几种常用的数据输入技巧，如记忆式输入、从下拉列表中选择、在多个单元格中输入相同数据、输入指数上标等。

### 1. 记忆式输入

默认情况下，Excel 自动开启"为单元格值启动记忆式键入"功能，将输入过的数据记录下来，在其下方单元格中再次输入相同的数据时，只需输入第一个汉字或第一个字符即可自动弹出之前输入的数据。使用记忆式输入功能输入数据的具体操作如下：

**Step01：** 打开本实例的素材文件，在单元格 A1 中输入词组"数据录入"，然后在其下方的单元格 A2 中输入文字"数"，如下图所示。

**Step02：** 此时，单元格 A2 中就会显示之前输入的词组"数据录入"，按下 Enter 键即可输入该词组，如下图所示。

### ◁))) 专家提示

单击"文件"按钮，选择"选项"命令，在弹出的"Excel 选项"对话框中，单击"高级"选项卡，在"编辑选项"组中取消选中"为单元格值启动记忆式键入"复选框，即可取消"记忆式输入"功能。

## 2. 从下拉列表中选择

Excel提供了"序列"功能，可以通过设置数据来源，把常用数据选项组成下拉列表，在下拉列表中选择数据记录完成输入。使用下拉列表输入数据的具体操作步骤如下。

**Step01**：选中单元格A1，❶ 单击"数据"选项卡；❷ 在"数据工具"组中单击"数据验证"按钮；❸ 在弹出的下拉列表中选择"数据验证"选项，如下图所示。

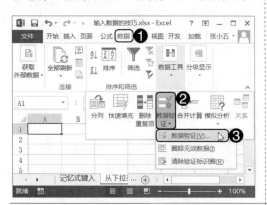

**Step02**：弹出"数据验证"对话框，❶ 单击"设置"选项卡；❷ 在"允许"下拉列表中选择"序列"选项，如下图所示。

**Step03**：❶ 在下方的"来源"文本框中输入文本"车间一,车间二,车间三"；❷ 单击"确定"按钮，如下图所示。

**Step04**：此时单元格A1的右侧出现一个下拉按钮，❶ 单击下拉按钮；❷ 在弹出的下拉列表中选择要输入的数据即可。例如选择"车间二"选项，此时即可输入文本"车间二"，如下图所示。

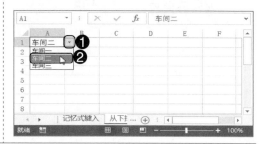

◁)) **专家提示**

设置下拉列表的数据来源时，不但可以直接输入数据选项，还可以单击"来源"文本框右侧的"折叠"按钮，在工作表中拖动鼠标选取"数据列"作为数据来源。

### 3. 在多个单元格中输入相同数据

在多个单元格中输入相同数据主要分为两种情况：一是在连续单元格中输入相同数据；二是在不连续单元格中输入相同数据。在多个单元格中输入相同数据的具体操作步骤如下：

**Step01**：在单元格 A1 中输入文本"电子表格"，将鼠标指针移动到单元格的右下角，此时鼠标指针变成十字形状的填充柄，如下图所示。

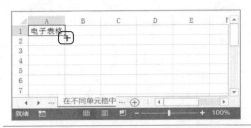

**Step02**：按住填充柄不放，向下拖动鼠标，如下图所示。

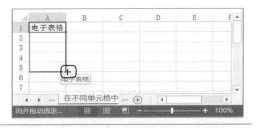

**Step03**：释放鼠标即可将相同数据填充到选中的单元格区域中，如下图所示。

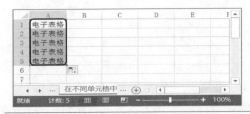

**Step04**：同样，也可以在同行的连续单元格中快速填充相同数据，如下图所示。

**Step05**：也可以在不连续的单元格输入相同数据，按下 Ctrl 键不放，同时选中多个不连续的单元格，如下图所示。

**Step06**：在"编辑栏"中输入文字"文本"，如下图所示。

**Step07**：按下 Ctrl+Enter 组合键，即可同时在选中的不连续单元格中输入相同的文本，如右图所示。

 专家提示

按下 Ctrl 键不放，可以同时选中不连续的单元格或单元格区域。

# 8.2 知识讲解——填充数据的方法

在 Excel 表格中编辑数据时，经常会遇到一些在结构上有规律的数据，例如编号、日期、星期几等。使用填充功能，通过"填充柄"或"填充序列对话框"可以快速实现这些有规律数据的输入。

## 8.2.1 通过"序列"对话框填充数据

数据的填充有 4 种方式可供选择：等差序列、等比序列、日期和自动填充。使用"序列"对话框，设置填充方式、步长和终止值，即可快速填充数据，具体操作如下。

### 光盘同步文件

素材文件：光盘\素材文件\第 8 章\填充数据.xlsx
结果文件：光盘\结果文件\第 8 章\填充数据 01.xlsx
视频文件：光盘\视频文件\第 8 章\8-2-1.mp4

Step01：打开素材文件，在单元格 A2 中输入"1"，如下图所示。

Step02：❶ 单击"开始"选项卡；❷ 在"编辑"组中单击"填充"按钮；❸ 在弹出的下拉列表中选择"序列"选项，如下图所示。

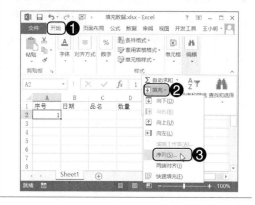

Step03：弹出"序列"对话框，❶ 在"序列产生在"组中选中"列"单选按钮；❷ 在"类型"组中选中"等差序列"单选钮；❸ 在"步长值"文本框中输入"1"，在"终止值"文本框中输入"5"；❹ 单击"确定"按钮，如下图所示。

Step04：返回工作表，此时即可完成序号的填充，如下图所示。

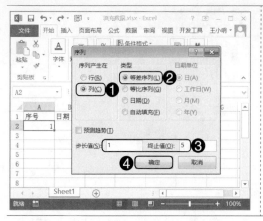
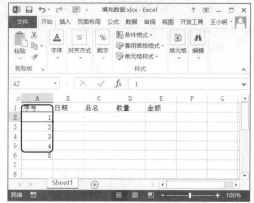

使用填充柄填充数据

　　将鼠标指针移动到选中单元格的右下角，出现一个十字形状的符号，这个符号就是填充柄。按住填充柄向上、下、左、右 4 个方向拖动，可以快速填充数据。通过填充柄填充数据的具体操作步骤如下。

 **光盘同步文件**

素材文件：光盘 \ 素材文件 \ 第 8 章 \ 填充数据 01.xlsx
结果文件：光盘 \ 结果文件 \ 第 8 章 \ 填充数据 02.xlsx
视频文件：光盘 \ 视频文件 \ 第 8 章 \8-2-2.mp4

　　**Step01**：在单元格 B2 中输入"2016年 2 月 1 日"，将鼠标指针移动到单元格的右下角，此时鼠标指针变成十字形状的填充柄，如下图所示。

　　**Step02**：按住鼠标左键不放，向下拖动到单元格 B6，如下图所示。

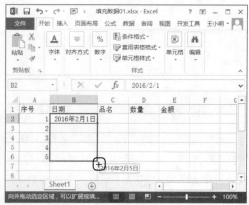

Step03：释放鼠标，此时即可在选中的单元格区域中按日步长为 1 的等差序列进行日期填充，如右图所示。

 **专家提示**

在日常工作中，等差序列和日期的填充序列应用最为广泛。

### 8.2.3 通过右键菜单填充数据

通过右键菜单填充数据，也可以填充数据或单元格格式，具体操作如下。

 **光盘同步文件**

素材文件：光盘 \ 素材文件 \ 第 8 章 \ 填充数据 02.xlsx
结果文件：光盘 \ 结果文件 \ 第 8 章 \ 填充数据 03.xlsx
视频文件：光盘 \ 视频文件 \ 第 8 章 \8-2-3.mp4

Step01：打开本实例的素材文件，在单元格 C2 中输入"龙井茶"，将鼠标指针移动到单元格的右下角，此时鼠标指针变成十字形状的填充柄，按鼠标右键不放，向下拖动到单元格 C6，如下图所示。

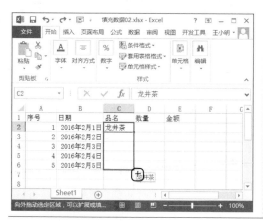

Step02：释放右键，此时选中的单元格区域就会填充相同的数据"龙井茶"，如下图所示。

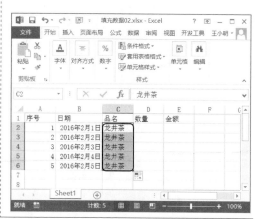

# 8.3 知识讲解——设置单元格的输入验证规则

除了使用下拉列表录入各种数据，还可以使用 Excel 2013 的数据验证功能，快速、准确地录入数据，并验证数据的有效性，还可以圈释无效数据。

## 8.3.1 设置数值验证规则

在编辑电子表格时，经常遇到一些特殊的数值，例如比例、分数等，此时可以为单元格设置数值验证规则，来检验数值录入的有效性，并设置出错警告，具体操作步骤如下。

### 光盘同步文件

素材文件：光盘\素材文件\第 8 章\费用报销明细 .xlsx
结果文件：光盘\结果文件\第 8 章\费用报销明细 01.xlsx
视频文件：光盘\视频文件\第 8 章\8-3-1.mp4

**Step01**：打开本实例的素材文件，选中单元格区域 G2:G11，❶ 单击"数据"选项卡；❷ 在"数据工具"组中单击"数据验证"按钮；❸ 在弹出的下拉列表中选择"数据验证"选项，如下图所示。

**Step02**：弹出"数据验证"对话框，❶ 在"允许"下拉列表中选择"小数"选项；❷ 将验证条件设置为"介于 0 和 1 之间"，如下图所示。

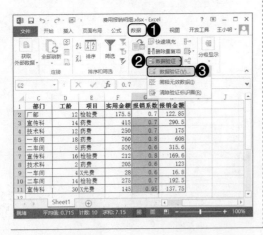

**Step03**：❶ 单击"出错警告"选项卡；❷ 在"样式"下拉列表中选择"警告"选项；❸ 在"标题"文本框中输入文字"输入错误"，在"错误信息"文本框中输入文字"报销系数应为 0-1 之间的小数"；❹ 单击"确定"按钮，如右图所示。

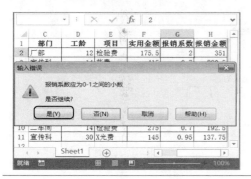

**Step04**：在单元格 G2 中输入"2"，如下图所示。

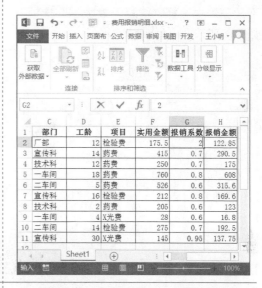

**Step05**：按下 Enter 键，弹出"输入错误"对话框，提示用户输入错误，此处暂不修改，直接单击"是"按钮，如下图所示。

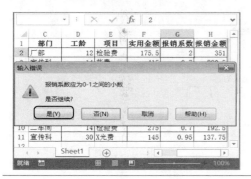

**Step06**：此时，录入的错误数据就显示在了单元格 G2 中，如下图所示。

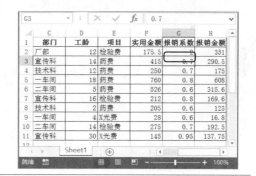

## 8.3.2 圈释无效数据

数据输入完毕后，为了保证数据的准确性，快速找到表格中的无效数据，可以通过 Excel 中的圈释无效数据功能，实现数据的快速检测和修改。圈释无效数据的具体操作如下。

**光盘同步文件**

素材文件：光盘 \ 素材文件 \ 第 8 章 \ 费用报销明细 01.xlsx
结果文件：光盘 \ 结果文件 \ 第 8 章 \ 费用报销明细 02.xlsx
视频文件：光盘 \ 视频文件 \ 第 8 章 \8-3-2.mp4

Step01：打开本实例的素材文件，❶ 单击"数据"选项卡；❷ 在"数据工具"组中单击"数据验证"按钮；❸ 在弹出的下拉列表中选择"圈释无效数据"选项，如下图所示。

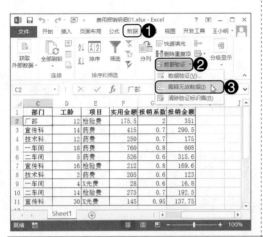

Step02：此时无效数据就被红色的椭圆醒目地圈释出来，如下图所示。

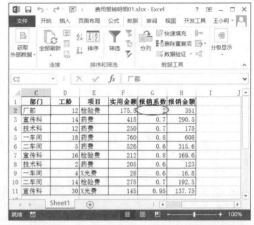

Step03：在圈释的无效单元格中直接更改无效数据即可，例如在单元格 G2 中输入"0.5"，如下图所示。

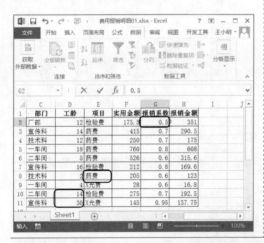

Step04：按下 Enter 键，红色的椭圆就自动消失，如下图所示。

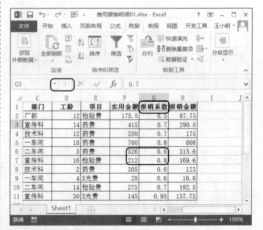

### 专家提示

如果要取消圈释，在"数据工具"组中单击"数据验证"按钮，然后在弹出的下拉列表中选择"清除验证标识圈"选项，即可删除验证标识圈。

# 知识讲解——查找或替换数据

## 8.4

Excel 提供了"查找和替换"功能，不仅可以查找各种类型的数据，还可以将查找的内容替换为所需的数据，大大提高工作效率。

 查找普通字符

查找普通字符的具体操作步骤如下。

### 光盘同步文件

素材文件：光盘\素材文件\第 8 章\员工销售业绩统计表 .xlsx
结果文件：光盘\结果文件\第 8 章\员工销售业绩统计表 01.xlsx
视频文件：光盘\视频文件\第 8 章\8-4-1.mp4

Step01：打开素材文件，❶ 单击"开始"选项卡；❷ 在"编辑"组中单击"查找和选择"按钮；❸ 在弹出的下拉列表中选择"查找"选项，如下图所示。

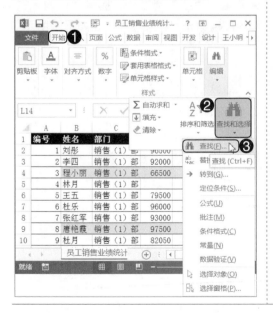

Step02：弹出"查找和替换"对话框，❶ 在"查找内容"文本框中输入"李四"；❷ 单击"查找全部"按钮，如下图所示。

Step03：❶ 此时即可在"查找和替换"对话框的下方查找出所有单元格值为"李四"的单元格；❷ 查找完毕，单击"关闭"按钮，如右图所示。

### 专家提示

按下 Ctrl+F 或 Ctrl+H 组合键，即可打开"查找和替换"对话框。

## 8.4.2 条件查找

在 Excel 表格中不仅可以查找普通字符，还可以使用"条件查找"功能，按照单元格格式查找各种数值和文本，具体的操作步骤如下。

### 光盘同步文件

素材文件：光盘 \ 素材文件 \ 第 8 章 \ 员工销售业绩统计表 01.xlsx
结果文件：光盘 \ 结果文件 \ 第 8 章 \ 员工销售业绩统计表 02.xlsx
视频文件：光盘 \ 视频文件 \ 第 8 章 \8-4-2.mp4

Step01：打开本实例的素材文件，❶ 单击"开始"选项卡；❷ 在"编辑"组中单击"查找和选择"按钮；❸ 在弹出的下拉列表中选择"查找"选项，如下图所示。

Step02：弹出"查找和替换"对话框，❶ 单击"查找"选项卡，删除之前输入的内容；❷ 单击"选项"按钮，如下图所示。

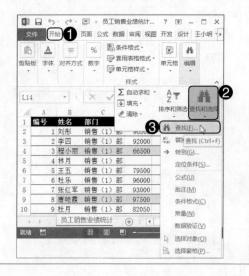

**Step03：❶** 在"查找内容"文本框的右侧单击"格式"按钮；**❷** 在弹出的下拉列表中选择"格式"选项，如下图所示。

**Step04：** 弹出"查找格式"对话框，**❶** 单击"填充"选项卡；**❷** 在"背景色"面板中选择"黄色"；**❸** 单击"确定"按钮，如下图所示。

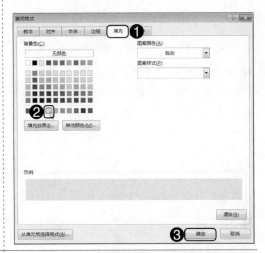

**Step05：** 返回"查找和替换"对话框，单击"查找全部"按钮，如下图所示。

**Step06：❶** 此时即可在"查找和替换"对话框的下方查找出所有单元格填充为"黄色"的单元格；**❷** 查找完毕，单击"关闭"按钮，如下图所示。

### 8.4.3　替换单元格数据

Excel 提供的替换功能，可以替换其单元格数据，具体操作步骤如下。

## 光盘同步文件

素材文件：光盘\素材文件\第8章\员工销售业绩统计表02.xlsx
结果文件：光盘\结果文件\第8章\员工销售业绩统计表03.xlsx
视频文件：光盘\视频文件\第8章\8-4-3.mp4

**Step01：** 打开本实例的素材文件，❶单击"开始"选项卡；❷在"编辑"组中单击"查找和选择"按钮；❸在弹出的下拉列表中选择"替换"选项，如下图所示。

**Step02：** 弹出"查找和替换"对话框，❶在"查找内容"文本框中输入"张红军"，在"替换为"文本框中输入"张宏军"；❷单击"全部替换"按钮，如下图所示。

**Step03：** 弹出"Microsoft Excel"对话框，提示用户"全部完成。完成1处替换"，直接单击"确定"按钮，如下图所示。

**Step04：** 返回"查找和替换"对话框，直接单击"关闭"按钮，即可完成替换，如下图所示。

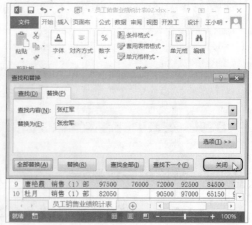

## 8.4.4 替换单元格格式

除了直接进行数据替换，还可以连同格式一并替换。替换单元格格式的具体操作如下。

### 光盘同步文件

素材文件：光盘\素材文件\第8章\员工销售业绩统计表03.xlsx
结果文件：光盘\结果文件\第8章\员工销售业绩统计表04.xlsx
视频文件：光盘\视频文件\第8章\8-4-4.mp4

**Step01：**打开本实例的素材文件，执行"替换"命令，打开"查找和替换"对话框，单击"选项"按钮，如下图所示。

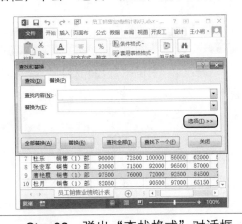

**Step02：**❶在"查找内容"文本框的右侧单击"格式"按钮；❷在弹出的下拉列表中选择"格式"选项，如下图所示。

**Step03：**弹出"查找格式"对话框，❶单击"字体"选项卡；❷在"颜色"下拉列表中选择"红色"；❸单击"确定"按钮，如下图所示。

**Step04：**返回"查找和替换"对话框，❶在"替换为"文本框的右侧单击"格式"按钮；❷在弹出的下拉列表中选择"格式"选项，如下图所示。

Step05：弹出"替换格式"对话框，❶ 单击"字体"选项卡；❷ 在"字形"列表框中选择"加粗"选项；❸ 在"颜色"下拉列表中选择"绿色"选项；❹ 单击"确定"按钮，如下图所示。

Step06：返回"查找和替换"对话框，直接单击"全部替换"按钮，如下图所示。

Step07：弹出"Microsoft Excel"对话框，提示用户"全部完成。完成44处替换"，直接单击"确定"按钮，如下图所示。

Step08：返回"查找和替换"对话框，直接单击"关闭"按钮，如下图所示。

Step09：返回工作表，此时单元格中字体颜色为"红色"的数据都被替换成字体颜色为"绿色"并加粗的数据，如右图所示。

# 技高一筹——实用操作技巧

通过前面知识的学习，相信读者已经掌握了数据输入与编辑的基本技能。下面结合本章内容，给大家介绍一些实用技巧。

## 光盘同步文件

素材文件：光盘 \ 素材文件 \ 第 8 章 \ 技高一筹 \
结果文件：光盘 \ 结果文件 \ 第 8 章 \ 技高一筹 \
视频文件：光盘 \ 视频文件 \ 第 8 章 \ 技高一筹 .mp4

## 👍 技巧 01　如何把"0"值显示成小横线

在编辑电子表格时，尤其是在财务报表中，经常会出现"0"值，使用千位分隔符按钮"，"，可以一键将"0"值显示成小横线"–"，具体操作步骤如下。

**Step01**：打开素材文件，选中单元格区域 A3:E7，❶ 单击"开始"选项卡；❷ 在"数字"组中单击"千位分隔样式"按钮，如下图所示。

**Step02**：此时选中区域中的"0"值就变成了小横线"–"，如下图所示。

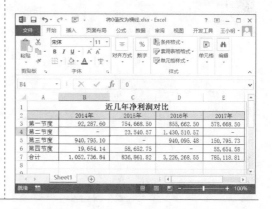

## 👍 技巧 02　如何输入以"0"开头的编号

在 Excel 表格中输入以"0"开头的数字，系统会自动将"0"过滤掉。例如输入"0001"，则会自动显示成"1"。那么如何输入以"0"开头的数字呢？通过设置单元格格式，自定义数字类型，即可解决这个问题，具体操作步骤如下。

**Step01**：打开素材文件，❶ 选中要输入编号的单元格 A1；❷ 单击"开始"选项卡；❸ 在"数字"组中单击"对话框启动器"按钮，如下图所示。

**Step02**：弹出"设置单元格格式"对话框，❶ 单击"数字"选项卡；❷ 在"分类"列表框中选择"自定义"选项；❸ 在"类型"文本框中输入"0000"；❹ 单击"确定"按钮，如下图所示。

**Step03：** 在单元格 A1 中输入"0001"，如下图所示。

**Step04：** 按下 Enter 键，此时即可看到单元格 A1 显示数字"0001"，如下图所示。

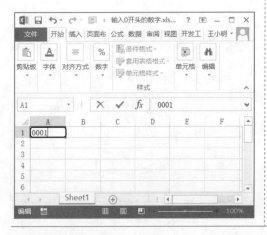

## 👍 技巧 03　如何以"万元"为单位来显示金额

在使用 Excel 记录金额的时候，如果金额较大，使用万元等来显示金额就会更直观明了。通过设置单元格格式，自定义数字类型，可以轻松实现以"万元"为单位来显示金额。接下来将金额设置为以"万元"为单位来显示，并保留两位小数，具体操作步骤如下。

**Step01：** 打开素材文件，选中单元格区域 A3:E7，❶ 单击"开始"选项卡；❷ 在"数字"组中单击"对话框启动器"按钮，如下图所示。

**Step02：** 弹出"设置单元格格式"对话框，❶ 单击"数字"选项卡；❷ 在"分类"列表框中选择"自定义"选项；❸ 在"类型"文本框中输入"0.00,万元"或"0!.00,万元"；❹ 单击"确定"按钮，如下图所示。

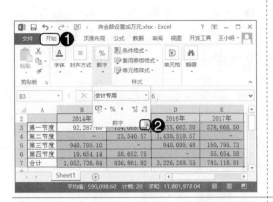

**Step03：** 返回工作表，此时选中区域的金额就变成以"万元"为单位来显示，如右图所示。

**技巧 04** 使用自动更正功能输入长文本

在编辑电子表格时，经常用到一些产品名称、公司全名、地址、邮箱、联系电话等数据，这些数据较长，输入起来通常比较麻烦。使用 Excel 的"自动更正"功能，可以将这些长文本替换为简短的字符或代码。只需在单元格中输入替换的字符或代码，即可快速实现长文本的录入。具体操作步骤如下。

**Step01：** 打开素材文件，在电子表格窗口中单击"文件"按钮 文件 ，如下图所示。

**Step02：** 进入"文件"界面，选择"选项"命令，如下图所示。

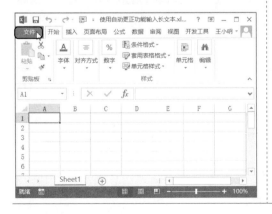

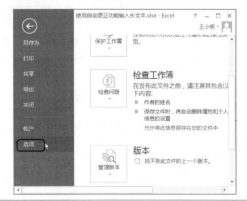

**Step03**：弹出"Excel 选项"对话框，❶ 单击"校对"选项卡；❷ 在"自动更正选项"组中单击"自动更正选项"按钮，如下图所示。

**Step04**：弹出"自动更正"对话框，❶ 在"替换"文本框中输入"gsm"；❷ 在"为"文本框中输入"北京某某科技有限公司"；❸ 单击"添加"按钮，如下图所示。

**Step05**：此时即可将这一设置保存到下方的列表中，然后单击"确定"按钮，如下图所示。

**Step06**：返回工作表，在任意单元格中输入"gsm"，如下图所示。

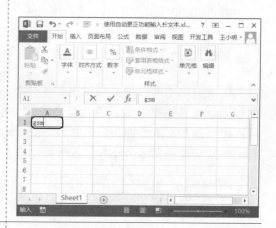

**Step07**：按下 Enter 键，即可快速输入长文本"北京某某科技有限公司"，如右图所示。

 专家提示

使用几个简单的拼音字母来代替常用的特定文本，可以准确、统一、快速地输入这些特定文本。

技巧 05  教您快速填充数据

Excel 2013新增了"快速填充"功能,使用该功能不仅可以实现数据的复制和填充,还能实现日期拆分、字符串分列和合并等以前需要借助公式或"分列"功能才能实现的功能。接下来使用"快速填充"功能,从"品名"中提取"产品编号",具体操作步骤如下。

**Step01**:打开素材文件,在单元格区域 C2:C8 中输入了拼音加数字组成的"品名",如下图所示。

**Step02**:在单元格 D2 中输入单元格 C2 中含有的数字"2077",将鼠标指针移动到单元格 D2 的右下角,此时鼠标指针变成十字形状的填充柄,按住鼠标左键不放,向下拖动到单元格 D8,如下图所示。

**Step03**:释放鼠标,此时即可将数字"2077"的等差序列填充到选中的单元格区域中,并在右下角出现一个"自动填充选项"按钮,❶ 单击"自动填充选项"按钮;❷ 在弹出的下拉列表中选择"快速填充"单选按钮,如下图所示。

**Step04**:此时即可在 D 列中根据 C 列中的"品名"填充相应的数字,如下图所示。

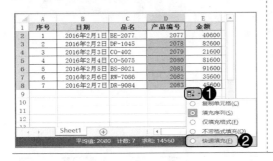

 专家提示

要使用"快速填充"功能,必须在所选内容的旁边拥有填充数据的模式,也就是说已经拥有类似的示例数据,并确保在填充的列中有单元格处于活动状态。

# 技能训练 1：在"员工信息表"中输入数据

 训练介绍

　　员工信息表通常包括姓名、员工编号、身份证号码、出生日期、年龄等信息。接下来以"员工信息表"为例，讲解在工作表中输入数据的方法。在 Excel 中输入身份证号码时，由于数位较多，经常会出现科学计数形式。要想显示完整的身份证号码，可以首先输入英文状态下的单引号"'"，然后输入身份证号码；接下来可以应用公式和函数从身份证号码中提取出生日期和年龄等信息。

| 员工编号 | 姓名 | 身份证号码 | 民族 | 出生日期 | 年龄 | 学历 | 入职日期 |
|---|---|---|---|---|---|---|---|
| | | | **员工信息表** | | | | |
| 001 | 张　三 | 222223198906014013 | 汉族 | 1989/6/1 | 26 | 硕士 | 2011/2/10 |
| 002 | 李　四 | 222223199009082045 | 汉族 | 1990/9/8 | 25 | 本科 | 2010/3/5 |
| 003 | 王　五 | 222281198804256212 | 汉族 | 1988/4/25 | 27 | 本科 | 2011/11/1 |
| 004 | 陈　六 | 222223198501203544 | 汉族 | 1985/1/20 | 30 | 本科 | 2012/6/1 |
| 005 | 林　强 | 222206198310190484 | 蒙族 | 1983/10/19 | 32 | 本科 | 2012/9/1 |
| 006 | 彭　飞 | 222223198406030032 | 汉族 | 1984/6/3 | 31 | 硕士 | 2012/11/1 |
| 007 | 范　涛 | 222202198502058811 | 汉族 | 1985/2/5 | 30 | 本科 | 2012/2/1 |
| 008 | 郭　亮 | 222224198601180101 | 汉族 | 1986/1/18 | 29 | 本科 | 2009/5/1 |
| 009 | 黄　云 | 222223198809105077 | 汉族 | 1988/9/10 | 27 | 本科 | 2011/7/1 |
| 010 | 张　浩 | 222217198608090022 | 汉族 | 1986/8/9 | 29 | 本科 | 2012/11/1 |

光盘同步文件

　　素材文件：光盘 \ 素材文件 \ 第 8 章 \ 员工信息表 .xlsx
　　结果文件：光盘 \ 结果文件 \ 第 8 章 \ 员工信息表 .xlsx
　　视频文件：光盘 \ 视频文件 \ 第 8 章 \ 技能训练 1.mp4

操作提示

| 制作关键 | 技能与知识要点 |
|---|---|
| 本实例在"员工信息表"中输入数据。首先输入英文状态下的单引号"'"，其次输入身份证号码；再次，输入公式提取日期，设置日期格式；最后，输入公式提取年龄。 | ● 使用单引号"'"输入身份证号码<br>● 输入公式提取日期<br>● 设置日期格式<br>● 输入公式提取年龄 |

操作步骤

本实例的具体制作步骤如下。

**Step01**：打开素材文件，首先将输入法切换到"英文状态"，在单元格 C3 中输入一个单引号"'"，如下图所示。

**Step02**：紧接着单引号"'"输入身份证号码，如下图所示。

**Step03**：按下 Enter 键即可完成身份证号码的录入，如下图所示。

**Step04**：❶ 在单元格 E3 中输入公式"=IF(C3<>""，TEXT((LEN(C3)=15)*19&MID(C3,7,6+(LEN(C3) =18)*2),"#‐00‐00")+0,)"，按下 Enter 键即可；❷ 此时显示日期代码，如下图所示。

**Step05**：❶ 单击"开始"选项卡；❷ 在"数字"组的"数字格式"下拉列表中选择"日期"选项；❸ 此时即可显示出生日期，如下图所示。

**Step06**：使用同样的方法，在单元格 F3 中输入公式"=YEAR(NOW())‐MID(C3,7,4)"，按下 Enter 键即可提取年龄，如下图所示。

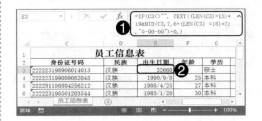

# 技能训练 2：使用定位条件查找并替换数据

 训练介绍

Excel 具有"定位条件"功能，可以快速定位电子表格中的空值、公式、批注、区域等。接下来在工作表定位空值，然后在空值单元格中输入"—"。

 光盘同步文件

素材文件：光盘 \ 素材文件 \ 第 8 章 \ 销售业绩统计表 .xlsx
结果文件：光盘 \ 结果文件 \ 第 8 章 \ 销售业绩统计表 .xlsx
视频文件：光盘 \ 视频文件 \ 第 8 章 \ 技能训练 2.mp4

操作提示

| 制作关键 | 技能与知识要点 |
| --- | --- |
| 本实例使用定位条件查找并替换数据。首先执行"定位条件"命令；其次，查找并定位"空单元格"；再次，在"编辑栏"中输入短横线"—"；最后，按下 Ctrl+ Enter 组合键完成批量替换。 | ● 执行"定位条件"命令<br>● 查找并定位"空单元格"<br>● 在"编辑栏"中输入短横线"—"<br>● 按下 Ctrl+ Enter 组合键完成批量替换 |

 操作步骤

本实例的具体制作步骤如下。

Step01：打开本实例的两个素材文件，❶ 单击"开始"选项卡；❷ 在"编辑"组中单击"查找和选择"按钮；❸ 在弹出的下拉列表中选择"定位条件"选项，如下图所示。

Step02：弹出"定位条件"对话框，❶ 选中"空值"单选按钮；❷ 单击"确定"按钮，如下图所示。

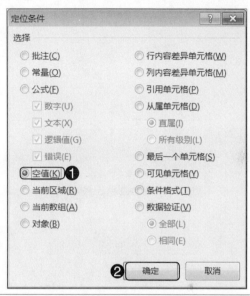

Step03：此时即可查找出所有空单元格，在"编辑栏"中输入短横线"—"，如下图所示。

Step04：按下 Ctrl+Enter 组合键，此时即可在全部空单元格中输入短横线"—"，如下图所示。

# 本章小结

本章结合实例主要讲述了数据的输入与编辑方法，包括不同类型数据的输入方法、数据的输入技巧、单元格的验证规则、数据的填充方法、查找或替换数据等内容，让读者轻松掌握数据的输入和编辑技巧。

# Chapter

# 09

# Excel 工作表的格式设置

## 本章导读

数据输入完成后，接下来就可以设置工作表的格式了。工作表的格式设置主要包括设置单元格格式、使用单元格样式、使用表格样式、设置工作表背景等。本章将结合实例进行详细讲解，让读者快速掌握工作表的格式设置方法和设置技巧。

## 学完本章后应该掌握的技能

● 设置单元格格式
● 使用单元格样式修饰工作表
● 使用表格样式修饰工作表
● 美化电子表格
● 设置工作表背景

## 本章相关实例效果展示

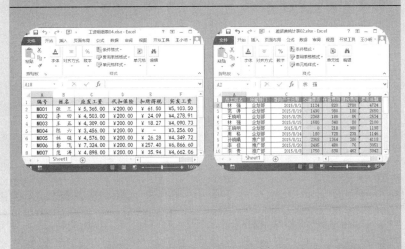

# 知识讲解——设置单元格格式

在单元格中输入数据后，下一步就可以设置单元格格式了。设置单元格格式主要包括设置字体格式、设置数字显示方式、设置对齐方式、设置边框和底纹等内容。

## 9.1.1 设置字体格式

在 Excel 表格中，既可以通过"设置单元格格式"对话框来设置字体格式，也可以单击"字体"组中的按钮来设置字形、字号、加粗和字体颜色等。设置字体格式的具体操作如下。

### 光盘同步文件

素材文件：光盘 \ 素材文件 \ 第 9 章 \ 工资明细表 .xlsx
结果文件：光盘 \ 结果文件 \ 第 9 章 \ 工资明细表 01.xlsx
视频文件：光盘 \ 视频文件 \ 第 9 章 \9-1-1.mp4

**Step01**：打开本素材文件，选中单元格区域 A1:F11，❶ 单击"开始"选项卡；❷ 在"字体"下拉列表中选择"楷体"选项，如下图所示。

**Step02**：在"字号"下拉列表中选择"12"选项，如下图所示。

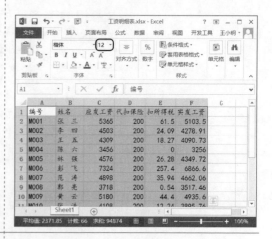

**Step03**：选中单元格区域 A1:F1，❶ 单击"开始"选项卡；❷ 在"字体"组中单击"加粗"按钮，如下图所示。

**Step04**：在"字体颜色"下拉列表中选择"深蓝"选项，如下图所示。

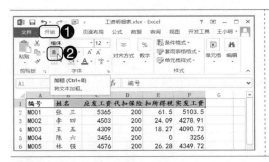
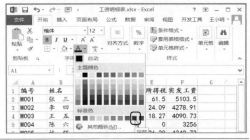

设置金额显示格式

默认情况下，在 Excel 中输入金额，显示为常规数字，用户可以根据需要更改金额的显示方式，如设置为会计专用格式，具体操作如下。

 **光盘同步文件**

素材文件：光盘 \ 素材文件 \ 第 9 章 \ 工资明细表 01.xlsx
结果文件：光盘 \ 结果文件 \ 第 9 章 \ 工资明细表 02.xlsx
视频文件：光盘 \ 视频文件 \ 第 9 章 \9-1-2.mp4

**Step01**：打开本实例的素材文件，选中单元格区域 C2:F11，❶ 单击"开始"选项卡；❷ 在"数字格式"下拉列表中选择"会计专用"选项，如下图所示。

**Step02**：此时即可应用选中的数字格式，如下图所示。

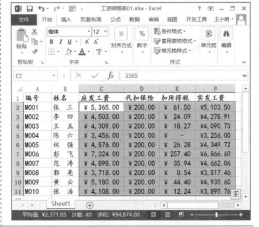

🔊 **专家提示**

通过更改数字显示方式，可将数字显示为百分比、日期、货币等格式。例如，如果您在进行利润预算，则可以使用"会计专用"或"货币"格式来显示货币值。

### 9.1.3　设置单元格的对齐方式

单元格的对齐方式包括左对齐、居中、右对齐、顶端对齐、垂直居中、底端对齐等多种方式，用户可以在"开始"功能区或"设置单元格格式"对话框中进行设置。设置单元格的对齐方式的具体操作如下。

### 光盘同步文件

素材文件：光盘 \ 素材文件 \ 第 9 章 \ 工资明细表 02.xlsx
结果文件：光盘 \ 结果文件 \ 第 9 章 \ 工资明细表 03.xlsx
视频文件：光盘 \ 视频文件 \ 第 9 章 \9-1-3.mp4

**Step01**：打开本实例的素材文件，选中单元格区域 A1:E30，❶ 单击"开始"选项卡；❷ 在"对齐方式"组中单击"居中"按钮 ，如下图所示。

**Step02**：此时即可将选中区域的文本和数字水平居中对齐，如下图所示。

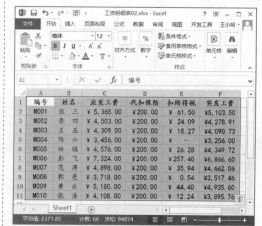

### 专家提示

在默认情况下，有如下几种数据的对齐方式。

（1）数值型数据——水平方向靠右对齐（常规），垂直方向居中对齐。如日期、时间、用于计算的数字等，都是数值型数据，靠右对齐。

（2）文本型数据——水平方向靠左对齐（常规），垂直方向居中对齐。如汉字、字母、前面带一个英文单引号的数字等，都是文本型数据，不能用来进行计算，靠左对齐。

## 9.1.4 设置单元格的边框与底纹

在编辑表格时，可以为单元格或单元格区域添加边框和底纹，让表格看起来更加直观、更加精美。

### 光盘同步文件

素材文件：光盘\素材文件\第9章\工资明细表03.xlsx
结果文件：光盘\结果文件\第9章\工资明细表04.xlsx
视频文件：光盘\视频文件\第9章\9-1-4.mp4

**Step01：**打开本实例的素材文件，选中单元格区域 A1:F11，❶ 单击"开始"选项卡；❷ 在"对齐方式"组中单击"对话框启动器"按钮 ，如下图所示。

**Step02：**弹出"设置单元格格式"对话框，❶ 单击"边框"选项卡；❷ 在"样式"列表框中选择"细实线"；❸ 单击"外边框"和"内部"按钮；❹ 单击"确定"按钮，如下图所示。

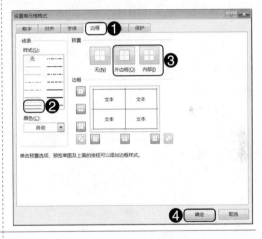

**Step03：**设置完毕，即可为选中区域添加边框，如下图所示。

**Step04：**选中单元格区域 A1:F1，❶ 单击"开始"选项卡；❷ 在"字体"组中单击"填充颜色"按钮；❸ 在弹出的下拉列表中选择"黄色"选项，如下图所示。

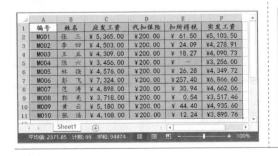

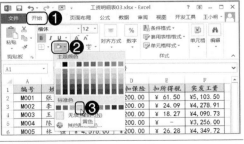

# 9.2 知识讲解——使用单元格样式修饰工作表

Excel 2013 中含有多种内置的单元格样式，以帮助用户快速格式化表格。单元格样式的作用范围仅限于被选中的单元格区域，对于未被选中的单元格则不会被应用单元格样式。

## 9.2.1 快速应用单元格样式

使用 Excel 提供的单元格样式可以快速美化表格，具体操作步骤如下。

### 光盘同步文件

素材文件：光盘\素材文件\第 9 章\差旅费统计表 .xlsx
结果文件：光盘\结果文件\第 9 章\差旅费统计表 01.xlsx
视频文件：光盘\视频文件\第 9 章\9-2-1.mp4

**Step01**：打开素材文件，选中单元格区域 A1:G1，❶ 单击"开始"选项卡；❷ 在"样式"组中单击"单元格样式"按钮，如下图所示。

**Step02**：弹出"内置样式"下拉列表，在"主题单元格样式"组中选择"着色 2"选项，如下图所示。

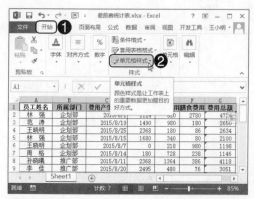

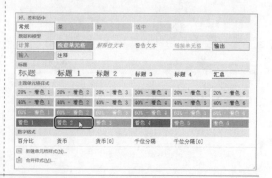

**Step03**：返回工作表，选中的单元格区域就会应用主题单元格样式"着色 2"，如图所示。

### 专家提示

在填充单元格底色时，要注意底纹颜色与字体颜色的搭配，以文字显示清晰为准。

## 9.2.2 自定义单元格样式

除了直接使用单元格内置样式美化表格，还可以自定义单元格样式，具体操作步骤如下。

### 光盘同步文件

素材文件：光盘\素材文件\第9章\差旅费统计表 01.xlsx
结果文件：光盘\结果文件\第9章\差旅费统计表 02.xlsx
视频文件：光盘\视频文件\第9章\9-2-2.mp4

**Step01**：打开本实例的素材文件，选中单元格 D2，执行"单元格样式"命令，打开"内置样式"下拉列表，选择"新建单元格样式"选项，如下图所示。

**Step02**：弹出"样式"对话框，❶ 在"样式名"文本框中自动显示名称"样式 1"；❷ 单击"格式"按钮，如下图所示。

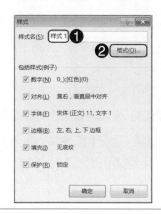

**Step03**：弹出"设置单元格格式"对话框，❶ 单击"填充"选项卡；❷ 在"背景色"组中选择"黄色"选项；❸ 单击"确定"按钮，如下图所示。

**Step04**：返回"样式"对话框，直接单击"确定"按钮，如下图所示。

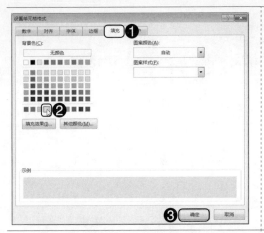

Step05：选中单元格区域 D2:G31，❶ 单击"开始"选项卡；❷ 在"样式"组中再次单击"单元格样式"按钮，如下图所示。

Step06：弹出"内置样式"下拉列表，在"自定义"组中选择"样式 1"选项，如下图所示。

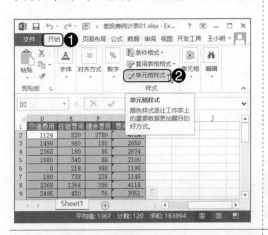

Step07：此时选中的单元格区域 D2:G31 就会应用自定义的"样式 1"效果，如右图所示。

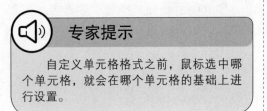 专家提示

自定义单元格格式之前，鼠标选中哪个单元格，就会在哪个单元格的基础上进行设置。

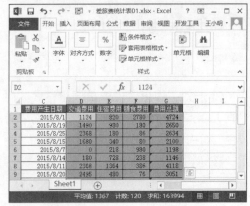

### 9.2.3 修改样式

如果用户对内置样式中的效果不满意，还可以修改样式，具体操作步骤如下。

## 光盘同步文件

素材文件：光盘 \ 素材文件 \ 第 9 章 \ 差旅费统计表 02.xlsx
结果文件：光盘 \ 结果文件 \ 第 9 章 \ 差旅费统计表 03.xlsx
视频文件：光盘 \ 视频文件 \ 第 9 章 \9-2-3.mp4

**Step01**：打开素材文件，执行"单元格样式"命令，打开"内置样式"下拉列表，❶ 在"主题单元格样式"组中的"着色 2"选项上右击；❷ 在弹出的快捷菜单中选择"修改"命令，如下图所示。

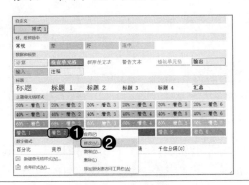

**Step02**：弹出"样式"对话框，直接单击"格式"按钮，如下图所示。

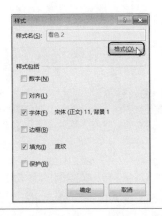

**Step03**：弹出"设置单元格格式"对话框，❶ 单击"填充"选项卡；❷ 在"背景色"组中选择"绿色"选项；❸ 单击"确定"按钮，如下图所示。

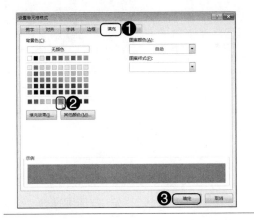

**Step04**：再次单击"确定"按钮返回工作表，此时工作表中应用主题单元格样式"着色 2"的单元格区域中的样式效果也会随之更改，如下图所示。

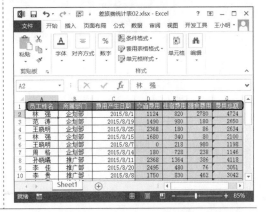

## 专家提示

修改单元格样式包括修改数字格式、对齐方式、边框格式、填充颜色等内容。

# 知识讲解——使用表格样式修饰工作表

## 9.3

Excel 提供了表格自动格式化的功能，它可以根据预设的表格样式，快速将制作的表格格式化，生成美观的表格，也就是表格的自动套用。自动套用表格样式，既可以节省许多时间，又可以制作出精美的表格。

### 9.3.1 自动套用表格样式

自动套用表格样式的具体操作如下。

### 光盘同步文件

素材文件：光盘 \ 素材文件 \ 第 9 章 \ 企业信息统计表 .xlsx
结果文件：光盘 \ 结果文件 \ 第 9 章 \ 企业信息统计表 01.xlsx
视频文件：光盘 \ 视频文件 \ 第 9 章 \9-3-1.mp4

**Step01**：打开本实例的素材文件，选中单元格区域 A1:G8，❶ 单击"开始"选项卡；❷ 在"样式"组中单击"套用表格格式"按钮，如下图所示。

**Step02**：弹出"内置表格样式"下拉列表，在"中等深浅"组中选择"表样式中等深浅 3"选项，如下图所示。

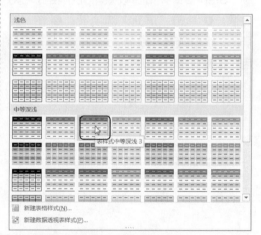

**Step03**：弹出"套用表格式"对话框，❶ 在"表数据的来源"文本框中显示了选中的单元格区域；❷ 选中"表包含标题"复选框；❸ 单击"确定"按钮，如下图所示。

**Step04**：返回工作表，应用表格样式"表样式中等深浅 3"，如下图所示。

## 9.3.2 自定义表格样式

除了直接套用表格样式，还可以自定义表格样式，具体操作步骤如下。

 光盘同步文件

素材文件：光盘\素材文件\第 9 章\企业信息统计表 01.xlsx
结果文件：光盘\结果文件\第 9 章\企业信息统计表 02.xlsx
视频文件：光盘\视频文件\第 9 章\9-3-2.mp4

Step01：打开本实例的素材文件，执行"套用表格格式"命令，打开"内置表格样式"下拉列表，选择"新建表格样式"选项，如下图所示。

Step02：弹出"新建表样式"对话框，❶ 在"名称"文本框显示名称"表样式 1"；❷ 在"表元素"列表框中选择"整个表"选项；❸ 单击"格式"按钮，如下图所示。

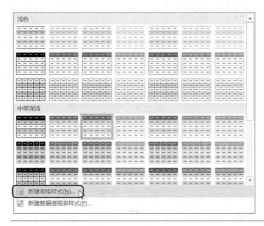

Step03：弹出"设置单元格格式"对话框，❶ 单击"边框"选项卡；❷ 在"样式"列表框中选择"细实线"；❸ 在"颜色"下拉列表中选择"红色"；❹ 单击"外边框"和"内部"按钮；❺ 单击"确定"按钮，如下图所示。

Step04：返回"新建表样式"对话框，❶ 在"表元素"列表框中选择"标题行"选项；❷ 单击"格式"按钮，如下图所示。

Chapter 09

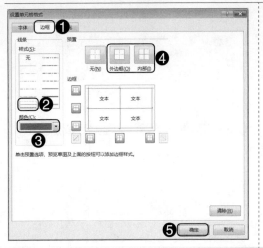

Step05：弹出"设置单元格格式"对话框，❶ 单击"字体"选项卡；❷ 在"字形"列表框中选择"加粗"选项；❸ 在"颜色"下拉列表中选择"白色，背景1"选项，如下图所示。

Step06：❶ 单击"填充"选项卡；❷ 在"背景色"列表框中选择"蓝色"选项；❸ 单击"确定"按钮，如下图所示。

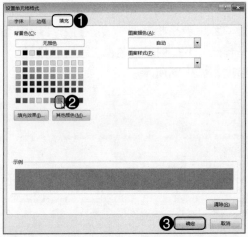

Step07：返回"新建表样式"对话框，❶ 在"表元素"列表框中选择"第一行条纹"选项；❷ 单击"格式"按钮，如下图所示。

Step08：弹出"设置单元格格式"对话框，❶ 单击"填充"选项卡；❷ 在"背景色"列表框中选择"橙色，着色6，淡色80%"选项；❸ 单击"确定"按钮，如下图所示。

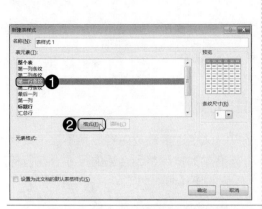

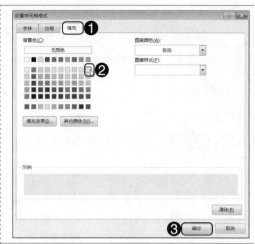

Step09：返回"新建表样式"对话框，❶ 在"预览"组中即可查看预览效果；❷ 设置完毕，单击"确定"按钮，如下图所示。

Step10：再次执行"套用表格格式"命令，打开"内置表格样式"下拉列表，在"自定义"组中选择"表样式 1"选项，如下图所示。

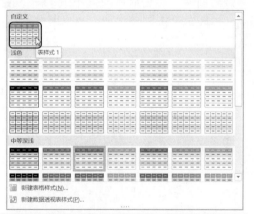

Step11：此时，表格就会应用自定义的"表样式 1"，效果如右图所示。

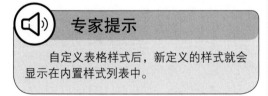

专家提示

自定义表格样式后，新定义的样式就会显示在内置样式列表中。

# 技高一筹——实用操作技巧

通过前面知识的学习，相信读者已经掌握了设置工作表格式的基本技能。下面结合本章内容，给大家介绍一些实用技巧。

## 光盘同步文件

素材文件：光盘 \ 素材文件 \ 第 9 章 \ 技高一筹
结果文件：光盘 \ 结果文件 \ 第 9 章 \ 技高一筹
视频文件：光盘 \ 视频文件 \ 第 9 章 \ 技高一筹 .mp4

### 👍 技巧 01　快速调整单元格的行高和列宽

在整理 Excel 表格时，常常会碰到单元格中的文字过多造成内容显示不全，或者文字过少造成多余空白，这时候我们就需要将行高或列宽调整到合适的尺寸。在行标或列标上拖动鼠标可以快速调整行高和列宽。具体的操作步骤如下。

**Step01**：打开素材文件，将鼠标定位在行标的上边线或下边线位置，上下拖动鼠标左键，即可调整行高。例如将鼠标指针移动到行标 1 与 2 之间，此时鼠标指针变成双箭头，按住鼠标左键不放，向下拖动鼠标即可拉大行的高度，如下图所示。

**Step02**：调整完毕，释放鼠标，即可看到行高的变化，如下图所示。

**Step03**：将鼠标定位到列标的左边线或右边线位置，左右拖动鼠标左键，即可调整列宽。例如将鼠标指针移动到列标 D 与 E 之间，此时鼠标指针变成双箭头，按住鼠标左键不放，向右拖动鼠标即可拉大列的宽度，如下图所示。

**Step04**：调整完毕，释放鼠标，即可看到列宽的变化，如下图所示。

# 技巧 02　制作斜线表头

　　斜线表头是指在表格单元格中绘制斜线，以便在斜线单元格中添加项目名称。既可以直接插入直线，也可以通过设置单元格格式来制作斜线表头，具体操作步骤如下。

**Step01：** 打开素材文件，选中单元格A2，❶ 单击"开始"选项卡；❷ 在"对齐方式"组中单击"左对齐"按钮，如下图所示。

**Step02：** 在"对齐方式"组中单击"自动换行"按钮，如下图所示。

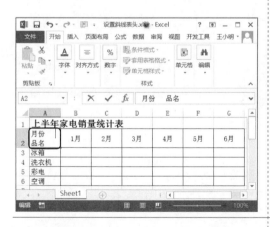

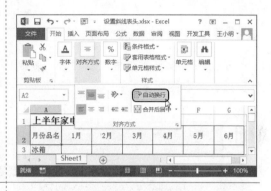

**Step03：** 将光标定位在两个项目名称"月份"和"品名"之间，使用空格键将项目名称调整为两行，如下图所示。

**Step04：** 将光标定位在第一个项目名称"月份"前，使用空格键将第一个项目名称"月份"调整为右对齐，如下图所示。

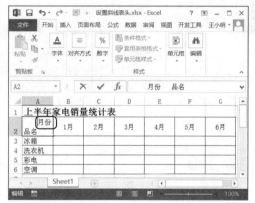

**Step05：** ❶ 单击"开始"选项卡；❷ 在"对齐方式"组中单击"对话框启动器"按钮，如下图所示。

**Step06：** 弹出"设置单元格格式"对话框，❶ 单击"边框"选项卡；❷ 单击"斜线"按钮；❸ 单击"确定"按钮，如下图所示。

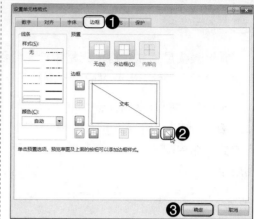

**Step07**：操作到这里，斜线表头就制作完成，如右图所示。

 专家提示

　　自定义表格样式后，新定义的样式就会显示在内置样式列表中。

## 技巧03　教您合并单元格

　　通常情况下，用于打印的表格文件都有表格标题，此时可以使用合并单元格功能，将标题行的单元格进行合并，具体操作步骤如下。

**Step01**：打开素材文件，选中单元格区域 A1:G1，❶ 单击"开始"选项卡；❷ 在"对齐方式"组中单击"合并后居中"按钮，如下图所示。

**Step02**：此时，选中的单元格区域就合并成一个单元格，单元格中的数据居中显示，如下图所示。

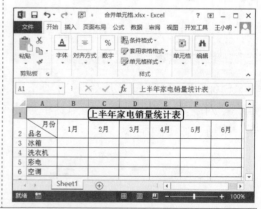

## 技巧 04　如何设置水平和垂直居中

在设置表格标题时，由于标题单元格的高度较大，此时就用到单元格的水平和垂直方向上同时居中，具体操作步骤如下。

**Step01**：打开素材文件，选中单元格区域 A1:F1，❶ 单击"开始"选项卡；❷ 在"对齐方式"组中单击"居中"和"垂直居中"按钮，如下图所示。

**Step02**：此时，选中的标题行中的文字就会在水平和垂直方向上同时居中，如下图所示。

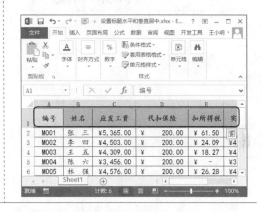

## 技巧 05　教您为表格添加虚线框

默认情况下，Excel 电子表格中的每个单元格都是灰色框线，用户可以根据需要设置框线的样式，如双线、虚线、上粗下细文武线等。接下来为表格外侧设置绿色虚线框，具体操作步骤如下。

**Step01**：打开本实例的素材文件，选中单元格区域 B2:F7，❶ 单击"开始"选项卡；❷ 在"对齐方式"组中单击"对话框启动器"按钮 ，如下图所示。

**Step02**：弹出"设置单元格格式"对话框，❶ 单击"边框"选项卡；❷ 在"样式"列表框中选择"虚线"；❸ 在"颜色"下拉列表中选择"绿色"；❹ 单击"外边框"按钮；❺ 单击"确定"按钮，如下图所示。

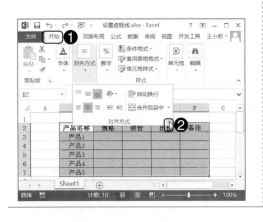

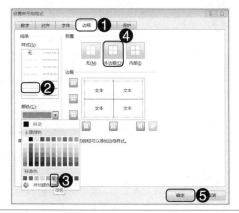

**Step03：**此时即可为选中的表格区域添加绿色的虚线外边框，如右图所示。

# 技能训练 1：美化电子表格

 训练介绍

在工作表中输入数据后，下一步的工作就是美化和修饰表格。可以通过合并单元格、设置字体格式、添加边框、设置对齐方式、设置自动换行、调整行高和列宽等方法，来美化电子表格。

| 基础设施建设费估算表 | | | |
|---|---|---|---|
| 序号 | 项目 | 金额（万元） | 估算说明 |
| 1 | 景观、绿化 | 260 | |
| 2 | 小区智能化系统、监控系统 | 55 | |
| 3 | 临时水电 | 6 | |
| | 合计 | 321 | |

 光盘同步文件

素材文件：光盘\素材文件\第9章\项目费用预算表.xlsx
结果文件：光盘\结果文件\第9章\项目费用预算表.xlsx
视频文件：光盘\视频文件\第9章\技能训练1.mp4

 操作提示

| 制作关键 | 技能与知识要点 |
|---|---|
| 本实例美化电子表格。首先使用合并单元格、设置字体格式等方式设置表格标题；其次，添加表格边框；再次，设置表中数据的对齐方式；最后，通过设置自动换行、调整行高和列宽等方法，来微调电子表格。 | ● 设置表格标题<br>● 添加表格边框<br>● 设置表中数据的对齐方式<br>● 微调电子表格 |

**操作步骤**

本实例的具体制作步骤如下。

Step01：打开素材文件，选中单元格区域 A1:D1，❶ 单击"开始"选项卡；❷ 在"对齐方式"组中单击"合并后居中"按钮，如下图所示。

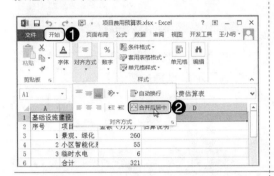

Step02：此时选中的单元格区域就合并成了一个单元格，如下图所示。

Step03：在"字体"组中将标题的字体格式设置为"宋体，14号，加粗"，如下图所示。

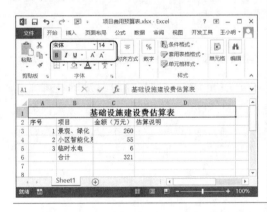

Step04：选中单元格区域 A2:D6，❶ 在"字体"组中单击"边框"按钮；❷ 在弹出的下拉列表中选择"所有框线"选项，如下图所示。

Step05：此时即可为选中的单元格区域添加框线，如下图所示。

Step06：选中单元格区域 A2:D6，在"对齐方式"组中单击"居中"和"垂直居中"按钮，即可将单元格区域中的数据设置为上、下、左、右都居中对齐，如下图所示。

**Step07**：选中单元格 B4，在"对齐方式"组中单击"自动换行"按钮，如下图所示。

**Step08**：此时即可将显示不全的数据完整地显示出来，如下图所示。

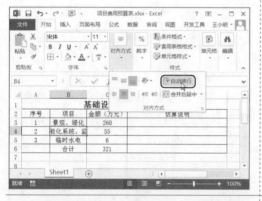

**Step09**：将鼠标指针移动到列标 B 与 C 之间，此时鼠标指针变成双箭头，按住鼠标左键不放，向右拖动鼠标即可拉大列的宽度，如下图所示。

**Step10**：将鼠标指针移动到行标 1 与 2 之间，此时鼠标指针变成双箭头，如下图所示，按住鼠标左键不放，向下拖动鼠标即可拉大行的高度。

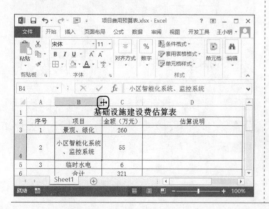

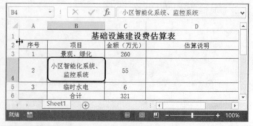

# 技能训练 2：设置工作表背景

训练介绍

Excel 工作表的默认背景颜色是白色的，用户可以根据需要更改背景颜色，也可以将图片设置为工作表的背景。

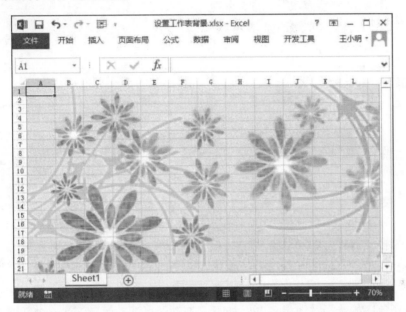

## 光盘同步文件

素材文件：光盘\素材文件\第9章\设置工作表背景 .xlsx，图 01.jpg
结果文件：光盘\结果文件\第9章\设置工作表背景 .xlsx
视频文件：光盘\视频文件\第9章\技能训练 2.mp4

操作提示

| 制作关键 | 技能与知识要点 |
| --- | --- |
| 本实例设置工作表背景。首先选中全部工作表区域，执行"填充颜色"命令；其次，选择背景颜色或自定义背景颜色；最后，在"页面设置"组中单击"背景"按钮，设置图片背景。 | ● 选中全部工作表区域<br>● 执行"填充颜色"命令<br>● 选择背景颜色或自定义背景颜色<br>● 设置图片背景 |

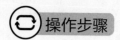 

本实例的具体制作步骤如下。

**Step01：** 打开本实例的素材文件，按下 Ctrl+A 组合键，选中全部工作表区域，❶ 单击"开始"选项卡；❷ 在"字体"组中单击"填充颜色"按钮；❸ 在弹出的下拉列表中选择"橄榄色，着色3，淡色80%"选项，此时即可将工作表背景设置为"橄榄色，着色3，淡色80%"，如下图所示。

**Step02：** 如果对主题颜色中的颜色不满意，可以自定义颜色，在弹出的"填充颜色"下拉列表中选择"其他颜色"选项，如下图所示。

**Step03：** 弹出"颜色"对话框，❶ 单击"标准"选项卡；❷ 在"颜色"面板中选择一种颜色，如选择"淡绿色"，如下图所示。

**Step04：** ❶ 单击"自定义"选项卡；❷ 用鼠标拖动"颜色条"中的箭头，上下拖动即可调整颜色深浅；❸ 调整完成，单击"确定"按钮，如下图所示。

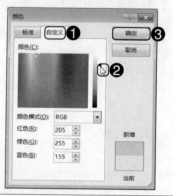

**Step05：** 此时即可完成自定义工作表背景的操作，如下图所示。

**Step06：** 选中全部工作表区域，❶ 单击"开始"选项卡；❷ 在"字体"组中单击"填充颜色"按钮；❸ 在弹出的下拉列表中选择"无填充颜色"选项，此时即可取消之前的背景设置，如下图所示。

**Step07**：如果要设置图片背景，❶ 单击"页面布局"选项卡；❷ 在"页面设置"组中单击"背景"按钮，如下图所示。

**Step08**：弹出"插入图片"界面，单击"浏览"按钮，如下图所示。

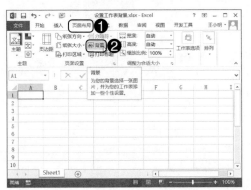

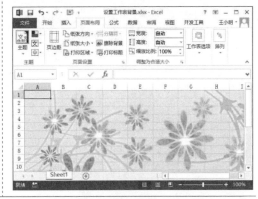

**Step09**：弹出"工作表背景"对话框，❶ 在素材文件中找到图片"图 01.jpg"；❷ 单击"插入"按钮，如下图所示。

**Step10**：此时即可将图片作为背景，插入到整个工作表区域，如下图所示。

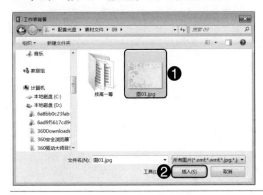

---

🔊 **专家提示**

　　为工作表设置背景颜色或图片背景通常是不能进行打印的。除非先将带有背景颜色的数据区域转化成图片，然后再进行打印。

# 本章小结

　　本章结合实例主要讲述了工作表的格式设置方法。主要从设置单元格格式、使用单元格样式、使用表格样式、设置工作表背景等方面，详细介绍了工作表的格式设置方法和技巧。通过本章的学习，让读者快速掌握单元格的格式设置方法，能够应用单元格样式快速美化表格内的数据，能够熟练运用表格样式来美化整个表格。

# Chapter 10

# Excel 表格数据的计算处理

## 本章导读

Excel 2013 是一款功能强大的电子表格软件，不仅具有表格编辑功能，还可以在表格中进行数据计算。本章以使用公式计算销售合计、引用单元格计算数据、使用函数统计和分析员工考核成绩为例，介绍使用 Excel 公式和函数计算数据的方法与技巧。

## 学完本章后应该掌握的技能

- 使用公式进行计算
- 引用单元格进行计算
- 审核公式
- 使用函数进行计算

## 本章相关实例效果展示

# 知识讲解——使用公式进行计算

## 10.1

使用公式进行数据计算是 Excel 的一项重要功能。本节结合实例"销售数据统计表",介绍 Excel 中公式的用法、输入和编辑公式的方法,以及复制公式的方法。

### 10.1.1 输入和编辑公式

公式是 Excel 工作表中进行数值计算和分析的等式。公式输入是以"="开始的。简单的公式有加、减、乘、除等,复杂的公式可能包含函数、引用、运算符和常量等。接下来输入和编辑公式来计算销售数据,具体操作步骤如下:

### 光盘同步文件

素材文件:光盘\素材文件\第 10 章\销售数据统计表 .xlsx
结果文件:光盘\结果文件\第 10 章\销售数据统计表 01.xlsx
视频文件:光盘\视频文件\第 10 章\10-1-1.mp4

**Step01:**打开本素材文件,选中单元格 F2,首先输入"="号,如下图所示。

**Step02:**依次输入公式元素"B2+C2+D2+E2",如下图所示。

**Step03:**输入公式后,按下 Enter 键即可得到计算结果,如下图所示。

**Step04:**选中单元格 B10,输入公式起始符号"=",再输入"sum()",如下图所示。

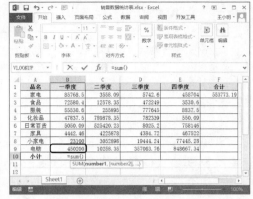

**Step05：**将光标定位在公式中的括号内，拖动鼠标选中单元格区域 B2:B9，释放鼠标，即可在单元格 B10 中看到完整的求和公式"=sum( B2:B9 )"，如下图所示。

**Step06：**此时即可完成公式的输入，按下 Enter 键即可得到计算结果，如下图所示。

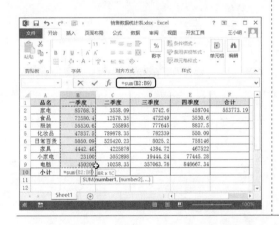

### 专家提示

在单元格中输入的公式会自动显示在公式编辑栏中，因此也可以在选中要返回值的目标单元格之后，在公式编辑栏中单击进入编辑状态，然后直接输入公式。

## 10.1.2 复制公式

在单元格中输入公式后，用户既可以对公式进行单个复制，还可以进行快速填充，具体操作如下。

## 光盘同步文件

素材文件：光盘\素材文件\第 10 章\销售数据统计表 01.xlsx
结果文件：光盘\结果文件\第 10 章\销售数据统计表 02.xlsx
视频文件：光盘\视频文件\第 10 章\10-1-2.mp4

**Step01**：打开本实例的素材文件，选中要复制公式的单元格 F2，然后按下 Ctrl+C 组合键，此时单元格的四周出现绿色虚线边框，说明单元格处于复制状态，如下图所示。

**Step02**：选中要粘贴公式的单元格 F3，然后按下 Ctrl+V 组合键，此时即可将单元格 F2 中的公式复制到单元格 F3 中，并自动根据行列的变化调整公式，得出计算结果，如下图所示。

**Step03**：选中要填充公式的单元格 F4，然后将鼠标移动到单元格的右下角，此时鼠标指针变成十字形状，如下图所示。

**Step04**：双击，即可将公式填充到单元格 F9，如下图所示。

**Step05**：选中要填充公式的单元格 B10，然后将鼠标移动到单元格的右下角，此时鼠标指针变成十字形状，如下图所示。

**Step06**：按住鼠标左键不放，向右拖动到单元格 F10，释放鼠标左键，此时公式就填充到选中的单元格区域，如下图所示。

## 知识拓展　公式的输入原则

Excel 中的公式必须遵循规定的语法：
- ◆ 所有公式通常以等号 "=" 开始，等号 "=" 后跟要计算的元素。
- ◆ 参与计算单元格的地址表示方法：列标 + 行号，例如 A1、B1 等。
- ◆ 参与计算单元格区域的地址表示方法：左上角的单元格地址 : 右下角的单元格地址，例如 A1:D10、B1:F15 等。

# 10.2 知识讲解——引用单元格进行计算

在 Excel 中，无论是简单数值计算还是函数计算，无论是图表分析还是高级的数据分析，单元格的引用功能或多或少地起着重要作用。

## 10.2.1　单元格的引用方法

单元格的引用方法包括相对引用、绝对引用和混合引用 3 种。

### 光盘同步文件

素材文件：光盘 \ 素材文件 \ 第 10 章 \ 单元格的引用 .xlsx
结果文件：光盘 \ 结果文件 \ 第 10 章 \ 单元格的引用 .xlsx
视频文件：光盘 \ 视频文件 \ 第 10 章 \10-2-1.mp4

### 1. 相对引用和绝对引用

单元格的相对引用是基于包含公式和引用的单元格的相对位置而言的。如果公式所在单元格的位置改变，引用也将随之改变；如果多行或多列地复制公式，引用会自动调整。默认情况下，新公式使用相对引用。

单元格中的绝对引用则总是在指定位置引用单元格（例如 $A$1）。如果公式所在单元格的位置改变，绝对引用的单元格也始终保持不变；如果多行或多列地复制公式，绝对引用将不做调整。

接下来使用相对引用单元格的方法计算销售额，使用绝对引用单元格的方法计算员工销售提成，具体操作步骤如下。

---

**Step01**：打开素材文件，在"相对和绝对引用"工作表中，选中单元格 E3，输入公式"=C3*D3"，此时相对引用了公式中的单元格 C3 和 D3，如下图所示。

**Step02**：输入完毕，按下 Enter 键，选中单元格 E3，将鼠标移动到单元格的右下角，此时鼠标指针变成十字形状，然后双击，将公式填充到本列其他单元格中，如下图所示。

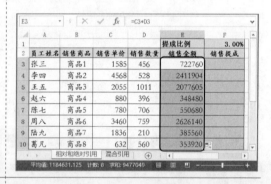

**Step03**：多行或多列地复制公式，引用会自动调整；随着公式所在单元格的位置改变，引用也随之改变。例如单元格 E4 中的公式变成了"=C4*D4"，如下图所示。

**Step04**：选中单元格 F3，输入公式"=E3*F1"，即可计算出员工"张三"的销售提成，如下图所示。

Step05：在编辑栏中选中公式中的 F1，按下 F4 键，公式变成"=E3*$F$1"，此时绝对引用了公式中的单元格 F1，如下图所示。

Step06：输入完毕，按下 Enter 键，选中单元格 F3，将鼠标移动到单元格的右下角，此时鼠标指针变成十字形状，双击，将公式填充到本列其他单元格中，如下图所示。

Step07：如果多行或多列地复制公式，绝对引用将不做调整；如果公式所在单元格的位置改变，绝对引用的单元格 F1 始终保持不变，如右图所示。

---

**专家提示**

在英文状态下，按下 Shift 键的同时，按主键盘区的数字键"4"，也可输入"$"符号。

---

## 2. 混合引用

混合引用包括绝对列和相对行（例如 $A1），或是绝对行和相对列（例如 A$1）两种形式。如果公式所在单元格的位置改变，则相对引用改变，而绝对引用不变。如果多行或多列地复制公式，相对引用自动调整，而绝对引用不做调整。

例如，某公司准备在今后 10 年内，每年年末从利润留成中提取 100 000 元存入银行，计划 10 年后将这笔存款用于建造员工福利性宿舍，假设年利率为 4.50%，问 10 年后一共可以积累多少资金？如果年利率为 5.00%、5.50%、6.00%，可积累多少资金呢？接下来使用混合引用单元格的方法计算年金终值，具体操作步骤如下。

**Step01**：切换到"混合引用"工作表，选中单元格 C4，输入公式"=$A$3*(1+ C$3)^$B4"，此时绝对引用公式中的单元格 A3，混合引用公式中的单元格 C3 和 B4，如下图所示。

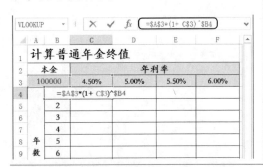

**Step02**：输入完毕，按下 Enter 键，此时即可计算出年利率为 4.50% 时，第一年的本息合计，如下图所示。

**Step03**：选中单元格 C4，将鼠标移动到单元格的右下角，此时鼠标指针变成十字形状，双击，将公式填充到本列其他单元格中，如下图所示。

**Step04**：多列地复制公式，引用会自动调整，随着公式所在单元格的位置改变而改变，混合引用中的列标也随之改变。例如单元格 C5 中的公式变成"=$A$3*(1+C$3)^$B5"，如下图所示。

**Step05**：选中单元格 C4，将鼠标移动到单元格的右下角，此时鼠标指针变成十字形状，然后按住鼠标左键不放，向右拖动到单元格 F4，释放鼠标左键，此时公式就填充到选中的单元格区域中，如下图所示。

**Step06**：多行地复制公式，引用会自动调整，随着公式所在单元格的位置改变而改变，混合引用中的行标也随之改变，例如单元格 D4 中的公式变成"=$A$3*(1+D$3)^$B4"，如下图所示。

**Step07**：使用步骤 3 中类似的方法将公式填充到空白单元格中即可。因为之前设置了求和公式，此时即可在第 14 行中得出各年利率下，10 年后的年金终值，如右图所示。

| | 本金 | | 年利率 | | |
|---|---|---|---|---|---|
| 2 | | | | | |
| 3 | 100000 | 4.50% | 5.00% | 5.50% | 6.00% |
| 4 | 1 | 104500.00 | 105000.00 | 105500.00 | 106000.00 |
| 5 | 2 | 109202.50 | 110250.00 | 111302.50 | 112360.00 |
| 6 | 3 | 114116.61 | 115762.50 | 117424.14 | 119101.60 |
| 7 | 4 | 119251.86 | 121550.63 | 123882.47 | 126247.70 |
| 8 年 | 5 | 124618.19 | 127628.16 | 130696.00 | 133822.56 |
| 9 数 | 6 | 130226.01 | 134009.56 | 137884.28 | 141851.91 |
| 10 | 7 | 136086.18 | 140710.04 | 145467.92 | 150363.03 |
| 11 | 8 | 142210.06 | 147745.54 | 153468.65 | 159384.81 |
| 12 | 9 | 148609.51 | 155132.82 | 161909.43 | 168947.90 |
| 13 | 10 | 155296.94 | 162889.46 | 170814.45 | 179084.77 |
| 14 | 10年后的年金终值 | 1284117.88 | 1320678.72 | 1358349.82 | 1397164.26 |

混合引用

平均值: 135873.09　计数: 30　求和: 4076192.80

 **专家提示**

普通年金终值是指最后一次支付时的本利和，它是每次支付的复利终值之和。设每年的支付金额为 $A$，利率为 $i$，期数为 $n$，则按复利计算的普通年金终值 $S$ 为：

$$S=A+A(1+i)+A(1+i)^2+\cdots+A(1+i)^{n-1}$$

## 10.2.2 使用名称固定引用单元格

Excel 提供了"定义名称"的功能，引用单元格名称参与数据计算，能够达到事半功倍的效果。接下来为单元格区域定义名称，并引用名称计算各地区销售额排名情况，具体操作步骤如下。

 **光盘同步文件**

素材文件：光盘 \ 素材文件 \ 第 10 章 \ 名称的引用 .xlsx.xlsx
结果文件：光盘 \ 结果文件 \ 第 10 章 \ 名称的引用 .xlsx.xlsx
视频文件：光盘 \ 视频文件 \ 第 10 章 \ 10-2-2.mp4

Chapter 10

**Step01:** 打开本实例的素材文件，选中要定义名称的单元格区域 D2:D7，❶ 单击"公式"选项卡；❷ 在"定义的名称"组中单击"定义名称"按钮；❸ 在弹出的下拉列表中选择"定义名称"选项，如下图所示。

**Step02:** 弹出"新建名称"对话框，❶ 此时在"名称"文本框中自动显示字段名称"销售额"；❷ 在"引用位置"文本框中显示"=Sheet1!\$D\$2:\$D\$7"；❸ 单击"确定"按钮，如下图所示。

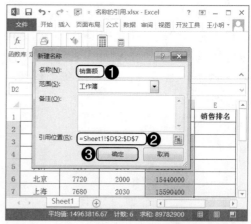

**Step03:** 返回工作表，此时单元格区域 D2:D7 的名称就被定义成"销售额"，如下图所示。

**Step04:** 选中单元格 E2，然后在其中输入公式"= RANK(D2, 销售额)"，此时就引用了名称"销售额"，如下图所示。

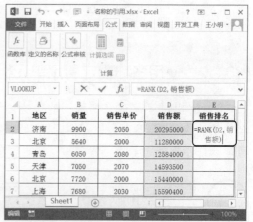

**Step05:** 按下 Enter 键，此时即可计算出单元格 D2 中的数值在单元格区域 D2:D7 中所有单元格数值中的排名，如下图所示。

**Step06:** 选中单元格 E3，将鼠标移动到单元格的右下角，此时鼠标指针变成十字形状，双击，将公式填充到本列其他单元格中，此时即可计算出所有地区销售额的排名，如下图所示。

## 知识讲解——审核公式

### 10.3

审核公式对公式的正确性来说至关重要，它包括检查并校对数据，查找选定公式引用的单元格以及查找公式错误、显示公式等。

### 10.3.1 检查公式错误

检查公式错误的具体操作步骤如下。

**光盘同步文件**

素材文件：光盘 \ 素材文件 \ 第 10 章 \ 销售数据统计表 02.xlsx
结果文件：光盘 \ 结果文件 \ 第 10 章 \ 销售数据统计表 03.xlsx
视频文件：光盘 \ 视频文件 \ 第 10 章 \10-3-1.mp4

**Step01：** 打开本实例的素材文件，❶ 单击"公式"选项卡；❷ 在"公式审核"组中单击"错误检查"按钮，如下图所示。

**Step02：** 弹出"Microsoft Excel"对话框，提示用户"已完成对整个工作表的错误检查"，单击"确定"按钮即可，如下图所示。

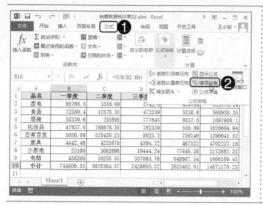
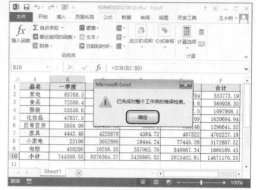

## 10.3.2  追踪引用单元格和从属单元格

追踪引用单元格，就是找出被其他单元格中的公式引用的单元格。如单元格 B1 包含公式 "=A1"，那么单元格 A1 就是单元格 B1 的引用单元格。

追踪从属单元格，就是找出包含引用其他单元格的公式。如单元格 D1 包含公式 "=C1"，那么单元格 D1 就是单元格 C1 的从属单元格。

追踪引用或从属单元格的具体操作步骤如下。

 **光盘同步文件**

> 素材文件：光盘 \ 素材文件 \ 第 10 章 \ 销售数据统计表 03.xlsx
> 结果文件：光盘 \ 结果文件 \ 第 10 章 \ 销售数据统计表 04.xlsx
> 视频文件：光盘 \ 视频文件 \ 第 10 章 \10-3-2.mp4

**Step01**：打开本实例的素材文件，选中含有公式的单元格 F2，❶ 单击 "公式" 选项卡；❷ 在 "公式审核" 组中单击 "追踪引用单元格" 按钮，如下图所示。

**Step02**：此时即可追踪到单元格 F2 中公式引用的单元格，并显示引用指示箭头，如下图所示。

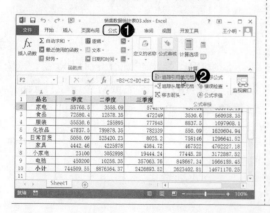

中文版 Office 2013 商务办公应用从入门到精通

Step03：选中含有公式的单元格F2，❶ 单击"公式"选项卡；❷ 在"公式审核"组中单击"追踪从属单元格"按钮，如下图所示。

Step04：此时即可追踪到单元格F2中公式从属的单元格，并显示从属指示箭头，如下图所示。

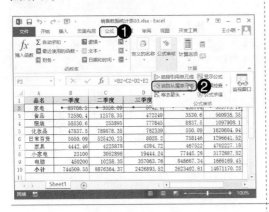

Step05：如果要隐藏指示箭头，❶ 单击"公式"选项卡；❷ 在"公式审核"组中单击"移去箭头"按钮，如右图所示。

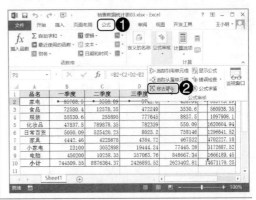

# 10.4 知识讲解——使用函数进行计算

Excel 提供了强大的函数计算功能，使用 Excel 的函数和公式进行数据计算与分析，能够大大提高办公效率。接下来在员工培训成绩表中，使用统计函数计算和分析员工培训成绩。

## 10.4.1 AVERAGE 求平均成绩

AVERAGE 函数是 EXCEL 表格中计算平均值的函数。

接下来使用插入 AVERAGE 函数的方法，在员工培训成绩表中统计每个员工的平均成绩，具体操作如下。

### 光盘同步文件

素材文件：光盘 \ 素材文件 \ 第 10 章 \ 员工考核成绩统计表 .xlsx
结果文件：光盘 \ 结果文件 \ 第 10 章 \ 员工考核成绩统计表 01.xlsx
视频文件：光盘 \ 视频文件 \ 第 10 章 \10-4-1.mp4

**Step01**：打开本实例的素材文件，选中单元格 I3，输入公式"=AVERAGE(D3:H3)"，按下 Enter 键即可计算出员工"张三"的平均成绩，如下图所示。

**Step02**：将公式填充到本列的其他单元格中即可，如下图所示。

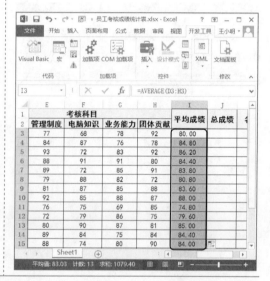

## 10.4.2  SUM 快速求和

SUM 函数是最常用的求和函数，返回某一单元格区域中数字、逻辑值及数字的文本表达式之和。

使用 SUM 函数统计每个员工总成绩的具体操作如下。

### 光盘同步文件

素材文件：光盘 \ 素材文件 \ 第 10 章 \ 员工考核成绩统计表 01.xlsx
结果文件：光盘 \ 结果文件 \ 第 10 章 \ 员工考核成绩统计表 02.xlsx
视频文件：光盘 \ 视频文件 \ 第 10 章 \10-4-2.mp4

**Step01**：打开本实例的素材文件，选中单元格 J3，输入公式 "=SUM(D3:H3)"，按下 Enter 键即可计算出员工"张三"的总成绩，如下图所示。

**Step02**：将公式填充到本列的其他单元格中即可，如下图所示。

## 10.4.3 RANK 排名次

RANK 函数的功能是返回某个单元格区域内指定字段的值在该区域所有值的排名。使用 RANK 函数对员工的总成绩进行排名的具体操作步骤如下。

### 光盘同步文件

素材文件：光盘 \ 素材文件 \ 第 10 章 \ 员工考核成绩统计表 02.xlsx
结果文件：光盘 \ 结果文件 \ 第 10 章 \ 员工考核成绩统计表 03.xlsx
视频文件：光盘 \ 视频文件 \ 第 10 章 \10-4-3.mp4

**Step01**：打开本实例的素材文件，选中单元格 K3，输入公式 "=RANK(J3,$J$3:$J$20)"，按下 Enter 键即可计算出员工"张三"总成绩的排名，如下图所示。

**Step02**：将公式填充到本列的其他单元格中即可，如下图所示。

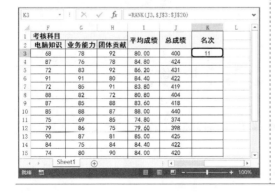

### 10.4.4　COUNTIF 统计人数

COUNTIF 函数是对指定区域中符合指定条件的单元格计数的一个函数。

假设单科成绩 ≥ 90 分的成绩为优异成绩，接下来使用 COUNTIF 函数统计每个科目优异成绩的个数，具体操作如下。

### 光盘同步文件

素材文件：光盘 \ 素材文件 \ 第 10 章 \ 员工考核成绩统计表 03.xlsx
结果文件：光盘 \ 结果文件 \ 第 10 章 \ 员工考核成绩统计表 04.xlsx
视频文件：光盘 \ 视频文件 \ 第 10 章 \10-4-4.mp4

**Step01**：打开本实例的素材文件，选中单元格 D16，输入公式"=COUNTIF(D3:D15,">=90")"，按下 Enter 键，即可计算"公司文化"科目中取得优异成绩的人数，如下图所示。

**Step02**：将公式填充到本行的其他单元格中即可，如下图所示。

### 专家提示

如果要统计真空单元格的个数，使用公式"=COUNTIF( 数据区 ,"=")"即可，公式中的标点符号要用英文半角状态。

# 技高一筹——实用操作技巧

通过前面知识的学习，相信读者已经掌握了公式和函数的使用方法。下面结合本章内容，给大家介绍一些实用技巧。

## 光盘同步文件

素材文件：光盘\素材文件\第 10 章\技高一筹
结果文件：光盘\结果文件\第 10 章\技高一筹
视频文件：光盘\视频文件\第 10 章\技高一筹 .mp4

## 技巧 01　如何输入数组公式

使用数组公式，可以快速将公式应用到单元格区域中，计算多个结果，也就是将数组公式输入到与数组参数中所用相同的列数和行数的单元格区域中执行计算操作。在单元格区域中输入数组公式的具体操作步骤如下。

Step01：打开素材文件，选中单元格区域 E2:E10，在编辑栏中输入等号 "="，如下图所示。

Step02：拖动鼠标选中单元格区域 C2:C10，如下图所示。

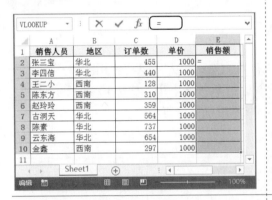

Step03：继续输入乘号 "*"，如下图所示。

Step04：拖动鼠标选中单元格区域 D2:D10，如下图所示。

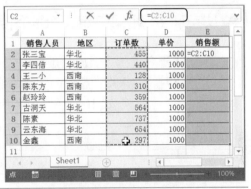

**Step05**：按 下 Ctrl+Shift+Enter 组合键，此时即可在输入的公式前后加上大括号"{}"，变成了数组公式"{=C2:C10*D2:D10}"，并得出计算结果，如右图所示。

### 技巧 02　如何自定义个税函数

自 2011 年 9 月 1 日起施行了新的个税计算方法，个人所得税费用扣除标准调整为 3 500 元 / 月，并采用调整后的 7 级超额累进税率进行计算，如表 10-1 所示。

表 10-1　个税 7 级超额累进税率一览表

| 全月应纳税所得额 | 税率 | 速算扣除数（元） |
|---|---|---|
| 全月应纳税额不超过 1 500 元 | 3% | 0 |
| 全月应纳税额为 1 500 ～ 4 500 元 | 10% | 105 |
| 全月应纳税额为 4 500 ～ 9 000 元 | 20% | 555 |
| 全月应纳税额为 9 000 ～ 35 000 元 | 25% | 1 005 |
| 全月应纳税额为 35 000 ～ 55 000 元 | 30% | 2 755 |
| 全月应纳税额为 55 000 ～ 80 000 元 | 35% | 5 505 |
| 全月应纳税额超过 80 000 元 | 45% | 13 505 |

根据上述个税 7 级超额累进税率，计算个人所得税时，可以使用 Visual Basic 代码编辑器功能，自定义函数，根据员工本月应发工资和应扣保险，计算个人所得税。

具体代码如下。

在 Microsoft Visual Basic 编辑器中自定义个人所得税函数 gs，Visual Basic 代码如下：

```
Option Explicit
Public Function gs(gz As Currency) As Currency
' 根据工资计算个税
```

```
     If gz > 80000 Then
        gs = gz * 0.45 - 13505
          Else
          If gz > 55000 And gz <= 80000 Then
             gs = gz * 0.35 - 5505
              Else
              If gz > 35000 And gz <= 55000 Then
               gs = gz * 0.3 - 2755
                Else
               If gz > 9000 And gz <= 35000 Then
                 gs = gz * 0.25 - 1005
                 Else
                 If gz > 4500 And gz <= 9000 Then
                   gs = gz * 0.2 - 555
                   Else
                   If gz > 1500 And gz <= 4500 Then
                      gs = gz * 0.1 - 105
                      Else
                      If gz > 0 And gz <= 1500 Then
                        gs = gz * 0.03
                        Else
                        gs = 0
                      End If
                   End If
                End If
             End If
          End If
        End If
     End If
End Function
```

接下来自定义个人所得税函数 gs，并使用 gs 函数计算个人所得税，具体步骤如下。

**Step01：** 打开素材文件，❶ 单击"开发工具"选项卡；❷ 在"代码"组中单击"Visual Basic"按钮，如下图所示。

**Step02：** 打开 Microsoft Visual Basic 编辑器，❶ 单击"插入模块"按钮右侧的下拉按钮；❷ 在弹出的下拉列表中选择"模块"选项，如下图所示。

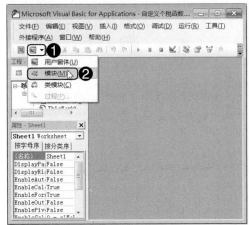

**Step03**：此时，即可插入"模块1"，在"模块1"中输入自定义的代码，然后单击"保存"按钮，如下图所示。

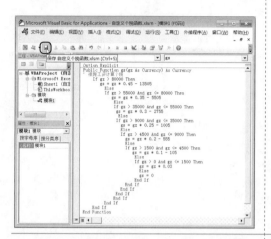

**Step04**：弹出"Microsoft Excel"对话框，提示用户文档部分内容可能包含文档检查器无法删除的个人信息，直接单击"确定"按钮，如下图所示。

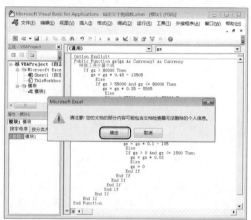

**Step05**：打开"Excel 选项"对话框，❶ 单击"信任中心"选项卡；❷ 在"Microsoft Excel信任中心"组中单击"信任中心设置"按钮，如下图所示。

**Step06**：弹出"信任中心"对话框，❶ 单击"个人信息选项"选项卡；❷ 在"文档特定设置"组中取消选中"保存时从文件属性中删除个人信息"复选框；❸ 单击"确定"按钮，如下图所示。

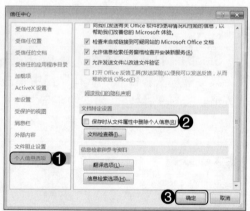

**Step07**：返回工作表，再次单击窗口中的"保存"按钮，如下图所示。

**Step08**：选中单元格 C2，输入公式"=gs(A2-B2-3500)"，按下 Enter 键即可计算出应扣除的个人所得税，如下图所示。

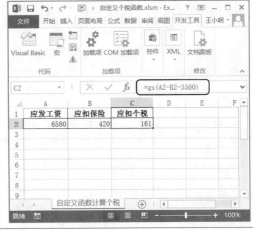

**技巧 03　如何显示工作表中的公式**

如果要查看工作表中的公式，可以在"公式审核"组中执行"显示公式"命令，具体操作步骤如下。

Step01：打开素材文件，❶单击"公式"选项卡；❷在"公式审核"组中单击"显示公式"按钮，如下图所示。

Step02：，此时即可显示工作表中的所有公式，如下图所示。

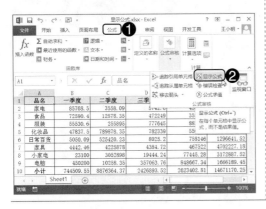

## 技巧 04  如何在单元格中快速插入函数

Excel 提供有快速插入函数功能，在"开始"选项卡的"编辑"组中，单击"函数"按钮，选择函数类型即可，具体操作步骤如下。

Step01：打开素材文件，选中单元格 F2，❶ 单击"开始"选项卡；❷ 在"编辑"组中单击"函数"按钮；❸ 在弹出的下拉列表中选择"求和"选项，如下图所示。

Step02：此时，即可在单元格 F2 中插入求和公式，并自动选择数据区域；确认公式无误，按下 Enter 键即可，如下图所示。

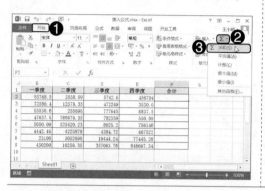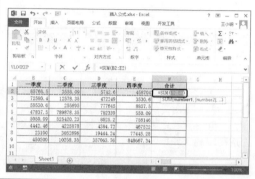

## 技巧 05  如何修改数组公式

如果要修改数组公式，双击所在的单元格，进入修改状态；修改完毕后，按 Ctrl+Shift+Enter 组合键结束，Excel 会自动修改数组公式，具体操作步骤如下。

Step01：打开素材文件，如果要修改单元格区域中的数组公式，选中单元格区域 E2:E10，如下图所示。

Step02：在编辑栏中单击，即可进入编辑状态，如下图所示。

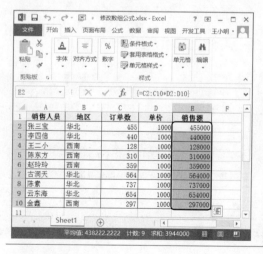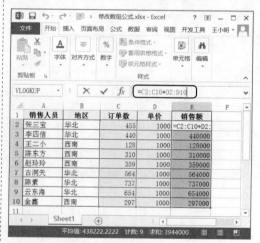

Step03：修改完毕后，按下 Ctrl+Shift+Enter 组合键，此时即可重新为公式添加大括号"{}"，变成数组公式，并得出计算结果，如右图所示。

 **专家提示**

数组公式修改完毕，如果没有按下 Ctrl+ Shift+Enter 组合键，而是按下 Enter 键，此时公式就变成了普通公式，计算结果可能显示"#VALUE!"，表示公式中引用了错误的参数或者数值。

# 技能训练 1：使用 VLOOKUP 函数查找与引用数据

 训练介绍

VLOOKUP 函数是 Excel 中的一个纵向查找函数，即对数据区域进行按列查找，最终返回该列所需查询列序号所对应的值。

接下来使用 VLOOKUP 函数查询员工培训成绩，具体的操作如下。

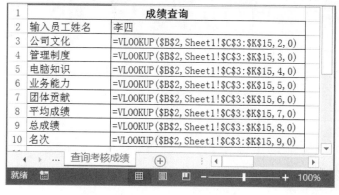

## 光盘同步文件

素材文件：光盘\素材文件\第 10 章\项目费用预算表 .xlsx
结果文件：光盘\结果文件\第 10 章\项目费用预算表 .xlsx
视频文件：光盘\视频文件\第 10 章\技能训练 1.mp4

## 操作提示

| 制作关键 | 技能与知识要点 |
| --- | --- |
| 本实例使用 VLOOKUP 函数查找与引用数据。首先输入公式查询"公司文化"科目的成绩；然后使用同样的公式，更改数据列序号，来查询其他科目的成绩。 | ● 输入公式查询"公司文化"科目的成绩<br>● 更改公式中的数据序列号<br>● 依次查询其他科目的成绩 |

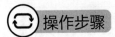

## 操作步骤

本实例的具体制作步骤如下。

**Step01**：打开素材文件，切换到工作表"查询考核成绩"中，在单元格 B3 中输入公式"=VLOOKUP($B$2, Sheet1!$C$3: $K$15,2,0)"，如下图所示。

**Step02**：按下 Enter 键，即可根据员工姓名"李四"，查询出"公司文化"科目的成绩，如下图所示。

**Step03：**使用同样的方法，在单元格 B4 中输入公式"=VLOOKUP($B$2,Sheet1!$C$3:$K$15,3,0)"，按下 Enter 键，即可查询出员工"李四"在"管理制度"科目考核中的成绩，如下图所示。

**Step04：**在单元格 B5 中输入公式"=VLOOKUP ($B$2,Sheet1!$C$3:$K$15,4,0)"，按下 Enter 键，即可查询出员工"李四"在"电脑知识"科目考核中的成绩，如下图所示。

**Step05：**在单元格 B6 中输入公式"=VLOOKUP ($B$2,Sheet1!$C$3:$K$15,5,0)"，按下 Enter 键，即可查询出员工"李四"在"业务能力"科目考核中的成绩，如下图所示。

**Step06：**在单元格 B7 中输入公式"=VLOOKUP ($B$2,Sheet1!$C$3:$K$15,6,0)"，按下 Enter 键，即可查询出员工"李四"在"团体贡献"科目考核中的成绩，如下图所示。

**Step07：**在单元格 B8 中输入公式"=VLOOKUP ($B$2,Sheet1!$C$3:$K$15,7,0)"，按下 Enter 键，即可查询出员工"李四"的"平均成绩"，如下图所示。

**Step08：**在单元格 B9 中输入公式"=VLOOKUP ($B$2,Sheet1!$C$3:$K$15,8,0)"，按下 Enter 键，即可查询出员工"李四"的"总成绩"，如下图所示。

**Step09**：在单元格 B10 中输入公式"=VLOOKUP ($B$2,Sheet1!$C$3:$K$15,9,0)"，按下 Enter 键，即可查询出员工"李四"的"名次"，如右图所示。

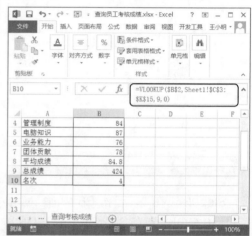

**专家提示**

语法格式：VLOOKUP(lookup_value,table_ array, col_index_num,range_lookup)。
（1）lookup_value 为需要在数据表第一列中进行查找的数值。（2）table_array 为需要在其中查找数据的数据表。（3）col_index_num 为 table_array 中查找数据的数据列序号。（4）range_lookup 为一个逻辑值，如果为 false 或 0，则返回精确匹配；为 TRUE 或 1，函数 VLOOKUP 将查找近似匹配值；如果找不到，则返回错误值 #N/A。

# 技能训练 2：使用 IF 嵌套函数计算业绩提成

 训练介绍

IF 是 Excel 中的一个逻辑函数，如果满足条件就返回一个指定的值，如果不满足条件就会返回另一个值。返回的值可以是字符串，也可以是逻辑值（false & true），还可以是数值等。

例如，某公司根据业务员的销售额计算业务提成，销售额 <5 000，无提成；

5 000 ≤ 销售额 ≤ 8 000，提成 600；8 000 ≤ 销售额 ≤ 15 000，提成 800；销售额 >15 000，提成 1 200。

接下来使用 IF 嵌套函数，根据上述计算规则计算员工提成，具体操作如下。

 操作提示

| 制作关键 | 技能与知识要点 |
| --- | --- |
| 本实例使用 IF 嵌套函数计算业绩提成。首先根据业绩计算方法，设置 IF 嵌套函数；其次，输入公式，计算员工"张飞"的业绩提成；最后，将公式填充到其他单元格，计算其他员工的业绩提成。 | ● 设置 IF 嵌套函数<br>● 计算员工"张飞"的业绩提成<br>● 计算其他员工的业绩提成 |

操作步骤

本实例的具体制作步骤如下。

**Step01**：打开本实例的素材文件，在单元格 D2 中输入公式 "=IF(C2<5000,"无 ",IF(C2>=15000,"1200"，IF (C2>=8000,800,IF(C2>=5000,600))))"，按下 Enter 键，即可计算出员工"张飞"的业绩提成，如下图所示。

**Step02**：将公式填充到本列的其他单元格中，即可计算出其他员工的业绩提成，如下图所示。

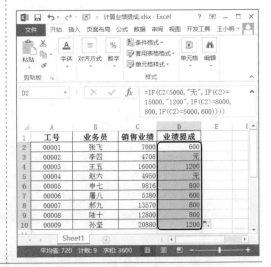

---

### 专家提示

IF 函数的格式如下：=IF（逻辑表达式，结果 1，结果 2）。

（1）结果 1 为逻辑表达式，计算结果为 TRUE（真）的值，也就是满足条件时返回的结果。

（2）结果 2 为逻辑表达式，计算结果为 FALSE（假）的值，也就是不满足条件返回的结果。

（3）上式中结果 1 或结果 2 都可用一个新的 IF( , , )来代替，依此类推，就组成了嵌套函数。

# 本章小结

　　本章结合实例主要讲述了工作表中数据的计算方法。本章主要以使用公式计算销售合计、引用单元格计算数据、使用函数统计和分析员工考核成绩为例，介绍了使用 Excel 公式和函数计算数据的方法与技巧。通过本章的学习，帮助读者快速掌握公式和函数的输入技巧，能够得心应手地计算工作表中的数据。

# Chapter 11

# Excel 的数据统计与分析功能

## 本章导读

　　排序、筛选和分类汇总是重要的数据统计和分析工具。本章以排序销售统计表、筛选订单明细表和汇总差旅费统计表为例，介绍排序、筛选和分类汇总功能在数据统计与分析工作中的操作技巧。

## 学完本章后应该掌握的技能

- 对数据进行排序
- 对数据进行筛选
- 对数据进行分类汇总
- 使用数据透视表分析数据

## 本章相关实例效果展示

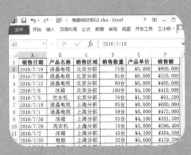

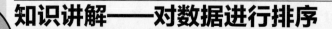

# 知识讲解——对数据进行排序

## 11.1

使用公式进行数据计算是 Excel 的一项重要功能。本节结合实例"销售统计表",介绍 Excel 中公式的用法、输入和编辑、复制公式的方法。

### 11.1.1 简单排序

对数据清单进行排序时,如果按照单列的内容进行简单排序,既可以直接使用"升序"或"降序"按钮来完成,也可以通过"排序"对话框来完成。

**光盘同步文件**

素材文件:光盘 \ 素材文件 \ 第 11 章 \ 销售统计表 .xlsx
结果文件:光盘 \ 结果文件 \ 第 11 章 \ 销售统计表 01.xlsx
视频文件:光盘 \ 视频文件 \ 第 11 章 \11-1-1.mp4

#### 1. 使用"升序"或"降序"按钮

接下来使用"升序"按钮按"产品名称"对销售数据进行简单排序,具体操作如下。

**Step01:** 打开本素材文件,选中"产品名称"列中的任意一个单元格,❶ 单击"数据"选项卡;❷ 在"排序和筛选"组中单击"升序"按钮,如下图所示。

**Step02:** 此时,销售数据就会按照"产品名称"的首字母进行升序排列,如下图所示。

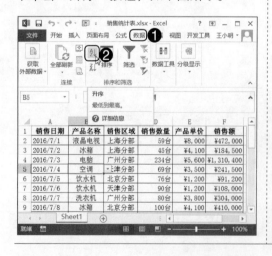

## 2. 使用"排序"对话框

接下来使用"排序"对话框，设置一个排序条件，按"产品单价"对销售数据进行降序排序，具体操作如下。

Step01：选中数据区域中的任意一个单元格，❶单击"数据"选项卡；❷在"排序和筛选"组中单击"排序"按钮，如下图所示。

Step02：弹出"排序"对话框，❶在"主要关键字"下拉列表中选择"产品单价"选项；❷在"次序"下拉列表中选择"降序"选项；❸单击"确定"按钮，如下图所示。

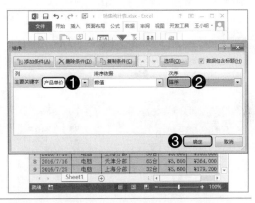

Step03：此时，销售数据就会按照"产品单价"进行降序排序，如右图所示。

### 专家提示

默认的 Excel 的数据排序是按行排序和按字母排序，也可以按列排序或按笔画排序。打开"排序"对话框，单击"选项"按钮，弹出"选项"对话框，然后选择"按列排序"和"按笔画排序"选项即可。

## 11.1.2 复杂排序

如果在排序字段里出现相同的内容，则会保持它们的原始次序。如果用户还要对这些相同内容按照一定条件进行排序，就要用到多个关键字的复杂排序。

接下来，首先按照"销售区域"进行对销售数据升序排序，然后再按照"销售额"进行降序排序，具体的操作步骤如下。

## 光盘同步文件

素材文件：光盘＼素材文件＼第 11 章＼销售统计表 01.xlsx
结果文件：光盘＼结果文件＼第 11 章＼销售统计表 02.xlsx
视频文件：光盘＼视频文件＼第 11 章＼11-1-2.mp4

**Step01**：打开本实例的素材文件，选中数据区域中的任意一个单元格，❶ 单击"数据"选项卡；❷ 在"排序和筛选"组中单击"排序"按钮，如下图所示。

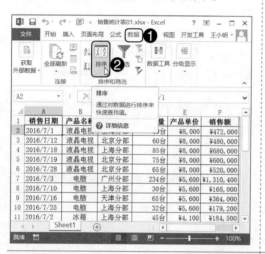

**Step02**：弹出"排序"对话框，❶ 在"主要关键字"下拉列表中选择"销售区域"选项；❷ 在"次序"下拉列表中选择"升序"选项；❸ 单击"添加条件"按钮，如下图所示。

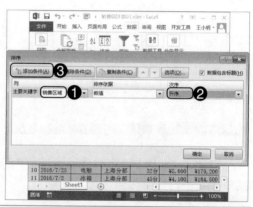

**Step03**：此时即可添加一组新的排序条件，❶ 在"次要关键字"下拉列表中选择"销售额"选项，❷ 在"次序"下拉列表中选择"降序"选项，❸ 单击"确定"按钮，如下图所示。

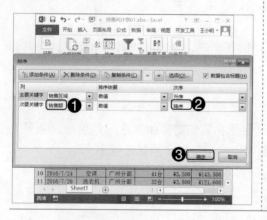

**Step04**：此时销售数据在根据"销售区域"进行升序排序的基础上，按照"销售额"进行降序排序，如下图所示。

## 11.1.3 自定义排序

数据的排序方式除了可以按照数字大小和拼音字母顺序外，还会涉及一些没有明显顺序特征的项目，如"产品名称"、"销售区域"、"业务员"、"部门"等，此时，可以按照自定义的序列对这些数据进行排序。

接下来将销售区域的序列顺序定义为"北京分部，上海分部，天津分部，广州分部"，然后进行排序，具体的操作步骤如下。

### 光盘同步文件

素材文件：光盘\素材文件\第 11 章\销售统计表 02.xlsx
结果文件：光盘\结果文件\第 11 章\销售统计表 03.xlsx
视频文件：光盘\视频文件\第 11 章\11-1-3.mp4

**Step01：**打开本实例的素材文件，选中数据区域中的任意一个单元格，❶ 单击"数据"选项卡；❷ 单击"排序和筛选"组中的"排序"按钮，如下图所示。

**Step02：**弹出"排序"对话框，在"主要关键字"中的"次序"下拉列表中选择"自定义序列"选项，如下图所示。

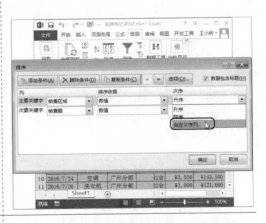

**Step03：**弹出"自定义序列"对话框，❶ 在"自定义序列"列表框中选择"新序列"选项；❷ 在"输入序列"文本框中输入"北京分部，上海分部，天津分部，广州分部"，中间用英文半角状态下的逗号隔开；❸ 单击"添加"按钮，如下图所示。

**Step04：**此时，新定义的序列"北京分部，上海分部，天津分部，广州分部"就添加到了"自定义序列"列表框中，然后单击"确定"按钮，如下图所示。

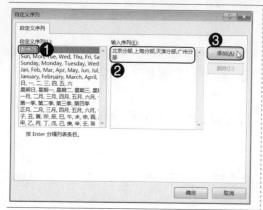

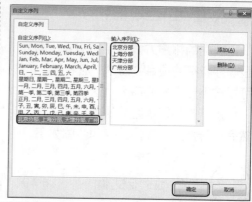

**Step05**：返回"排序"对话框，此时，在"主要关键字"中的"次序"下拉列表中自动选择"北京分部，上海分部，天津分部，广州分部"选项，然后单击"确定"按钮，如下图所示。

**Step06**：此时，表格中的数据按照自定义序列的"北京分部，上海分部，天津分部，广州分部"序列进行了排序，如下图所示。

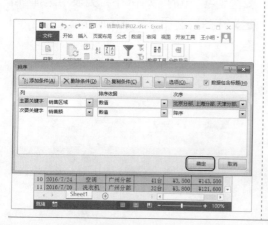

 专家提示

　　有时我们要对"销售额"、"工资"等字段进行排序，但又不希望打乱表格原有数据的顺序，而只需得到一个排列名次，这时该怎么办呢？对于这类问题，可以用 RANK 函数来实现次序的排列。

# 知识讲解——对数据进行筛选

如果要在成千上百条数据记录中查询需要的数据，此时就用到了 Excel 的筛选功能。Excel 2013 中提供了 3 种数据的筛选操作，即"自动筛选"、"自定义筛选"和"高级筛选"。本节主要介绍使用 Excel 的筛选功能，对订单明细表中的数据按条件进行筛选和分析。

## 11.2.1 自动筛选

自动筛选是 Excel 的一个易于操作且经常使用的实用技巧。自动筛选通常是按简单的条件进行筛选，筛选时将不满足条件的数据暂时隐藏起来，只显示符合条件的数据。接下来，在订单明细表中筛选出来自东南亚的订单记录，具体操作步骤如下。

## 光盘同步文件

素材文件：光盘\素材文件\第 11 章\订单明细表 .xlsx
结果文件：光盘\结果文件\第 11 章\订单明细表 01.xlsx
视频文件：光盘\视频文件\第 11 章\11-2-1.mp4

**Step01**：打开素材文件，将光标定位在数据区域的任意一个单元格中，❶ 单击"数据"选项卡；❷ 单击"排序和筛选"组中的"筛选"按钮，如下图所示。

**Step02**：此时，工作表进入筛选状态，各标题字段的右侧出现一个下拉按钮，如下图所示。

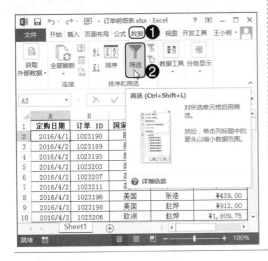

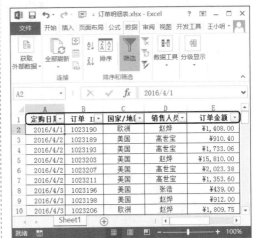

**Step03**：单击"国家 / 地区"右侧的下拉按钮，如下图所示。

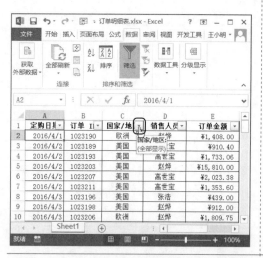

**Step04**：弹出一个筛选列表，此时，所有的国家 / 地区都处于选中状态，如下图所示。

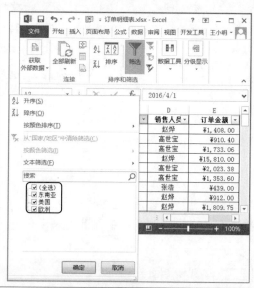

**Step05**：单击"全选"选项左侧的方框，取消选中，此时就取消了所有国家 / 地区的选项，如下图所示。

**Step06**：❶ 单击"东南亚"选项，即可选中其左侧的方框；❷ 单击"确定"按钮，如下图所示。

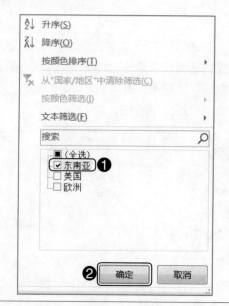

**Step07**：此时，来自东南亚的订单记录就筛选出来了，并在筛选字段的右侧出现一个"筛选"按钮，如下图所示。

**Step08**：❶ 单击"数据"选项卡；❷ 单击"排序和筛选"组中的"清除"按钮，即可清除当前数据区域的筛选和排序状态，如下图所示。

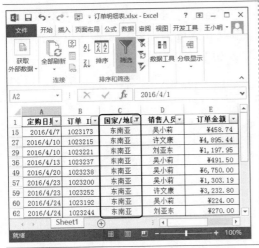
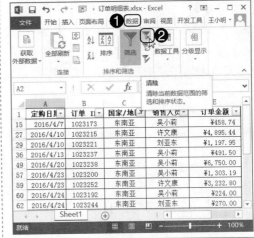

## 11.2.2 自定义筛选

自定义筛选是指通过定义筛选条件，查询符合条件的数据记录。在 Excel 2013 中，自定义筛选包括日期筛选、数字筛选和文本筛选。接下来在订单明细表中筛选"2000 ≤ 订单金额 ≤ 6000"的订单记录，具体操作步骤如下：

**光盘同步文件**

素材文件：光盘 \ 素材文件 \ 第 11 章 \ 订单明细表 01.xlsx
结果文件：光盘 \ 结果文件 \ 第 11 章 \ 订单明细表 02.xlsx
视频文件：光盘 \ 视频文件 \ 第 11 章 \11-2-2.mp4

**Step01**：打开本实例的素材文件，进入筛选状态，单击"订单金额"右侧的下拉按钮，如下图所示。

**Step02**：❶ 在弹出的筛选列表中选择"数字筛选"选项；❷ 然后在其下级列表中选择"自定义筛选"选项，如下图所示。

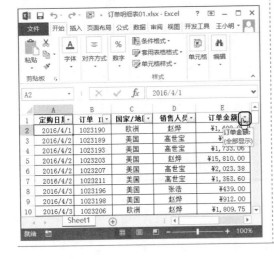

Step03：弹出"自定义自动筛选方式"对话框，❶ 将筛选条件设置为"订单金额大于或等于 2 000 与小于或等于 6 000"；❷ 单击"确定"按钮，如下图所示。

Step04：此时，订单金额在 2 000 ～ 6 000 元之间的大额订单明细就筛选出来了，如下图所示。

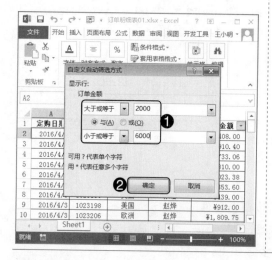

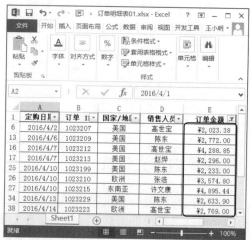

### 11.2.3  高级筛选

在数据筛选过程中，可能会遇到许多复杂的筛选条件，此时，就用到了 Excel 的高级筛选功能。使用高级筛选功能，其筛选的结果可显示在原数据表格中，也可以在新的位置显示筛选结果。接下来，在订单明细表中筛选销售人员"张浩"接到的订单金额"小于 1 000 元"的小额订单明细，具体操作步骤如下。

### 光盘同步文件

素材文件：光盘 \ 素材文件 \ 第 11 章 \ 订单明细表 02.xlsx
结果文件：光盘 \ 结果文件 \ 第 11 章 \ 订单明细表 03.xlsx
视频文件：光盘 \ 视频文件 \ 第 11 章 \11-2-3.mp4

Step01：打开本实例的素材文件，在单元格 D77 中输入"销售人员"，在单元格 D78 中输入"张浩"，在单元格 E77 中输入"订单金额"，在单元格 E78 中输入"<1 000"，如下图所示。

Step02：将光标定位在数据区域的任意一个单元格中，❶ 单击"数据"选项卡；❷ 单击"排序和筛选"组中的"高级"按钮，如下图所示。

中文版 Office 2013 商务办公应用从入门到精通

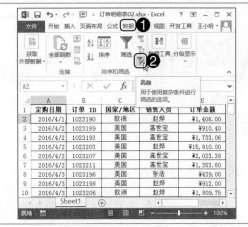

**Step03**：弹出"高级筛选"对话框，❶ 在工作表中选择单元格区域 A1:E75，❷ 单击"条件区域"文本框右侧的"折叠"按钮，如下图所示。

**Step04**：弹出"高级筛选 – 条件区域："对话框，❶ 在工作表中选择单元格区域 D77:E78；❷ 单击"高级筛选 – 条件区域："对话框中的"展开"按钮，如下图所示。

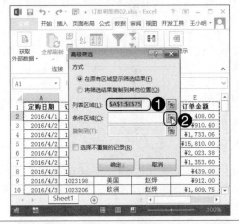

**Step05**：返回"高级筛选"对话框，此时，即可在"条件区域"文本框中显示出条件区域的范围，然后单击"确定"按钮。

**Step06**：此时，销售人员"张浩"接到的订单金额"小于 1 000 元"的小额订单明细就筛选出来了，如下图所示。

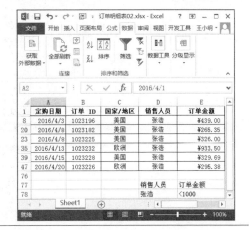

# 知识讲解——对数据进行分类汇总

**11.3**

在日常工作中，我们经常接触到 Excel 二维数据表格，有时需要根据表中某列数据字段（如"所属部门"、"产品名称"、"销售地区"等）对数据进行分类汇总，得出汇总结果。

## 11.3.1 创建分类汇总

本小节按照所属部门对差旅费明细表的数据进行分类汇总，统计各部门差旅费使用总额。创建分类汇总之前，首先要按照所属部门对工作表中的数据进行排序，然后进行汇总，具体操作如下。

### 光盘同步文件

素材文件：光盘\素材文件\第 11 章\差旅费明细表 .xlsx
结果文件：光盘\结果文件\第 11 章\差旅费明细表 01.xlsx
视频文件：光盘\视频文件\第 11 章\11-3-1.mp4

**Step01：** 打开本实例的素材文件，选中数据区域中的任意一个单元格，❶ 单击"数据"选项卡；❷ 在"排序和筛选"组中单击"排序"按钮，如下图所示。

**Step02：** 弹出"排序"对话框，❶ 在"主要关键字"下拉列表中选择"所属部门"选项；❷ 在"次序"下拉列表中选择"降序"选项；❸ 单击"确定"按钮，工作表中的数据就会根据部门名称进行降序排序，如下图所示。

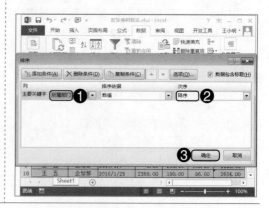

**Step03：** 选中数据区域中的任意一个单元格，❶ 单击"数据"选项卡；❷ 在"分级显示"组中单击"分类汇总"按钮，如下图所示。

**Step04：** 弹出"分类汇总"对话框，❶ 在"分类字段"下拉列表中选择"所属部门"选项，❷ 在"汇总方式"下拉列表中选择"求和"选项；❸ 在"选定汇总项"列表框中选中"交通费用"、"住宿费用"、"膳食费用"和"费用总额"选项；❹ 选中"替换当前分类汇总"复选框；❺ 单击"确定"按钮，如下图所示。

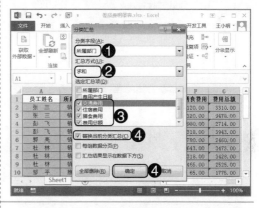

**Step05：** 此时即可按照所属部门对各部门的差旅费情况进行汇总，并显示第3级汇总结果。如果要查看第2级汇总，单击汇总区域左上角的数字按钮"2"，如下图所示。

**Step06：** 此时即可显示第2级汇总结果，如下图所示。

## 11.3.2 删除分类汇总

删除分类汇总的具体操作步骤如下。

### 光盘同步文件

素材文件：光盘＼素材文件＼第 11 章＼差旅费明细表 01.xlsx
结果文件：光盘＼结果文件＼第 11 章＼差旅费明细表 02.xlsx
视频文件：光盘＼视频文件＼第 11 章＼11-3-2.mp4

Step01：打开本实例的素材文件，选中数据区域中的任意一个单元格，❶ 单击"数据"选项卡；❷ 在"分级显示"组中单击"分类汇总"按钮，如下图所示。

Step02：弹出"分类汇总"对话框，单击"全部删除"按钮即可删除之前的分类汇总，如下图所示。

 专家提示

默认情况下，Excel 中的分类汇总表显示全部的 3 级汇总结果，我们可以根据需要单击"分类汇总表"左上角的"汇总级别"按钮，显示 2 级或 1 级汇总结果。

## 11.4 知识讲解——使用数据透视表分析数据

Excel 提供有"数据透视表"功能，它不仅能够直观地反映数据的对比关系，而且具有很强的数据筛选和汇总功能。本节将使用根据销售订单明细创建数据透视功能，分析和统计销售数据。

### 11.4.1 按日期和区域统计和分析订单情况

本小节根据销售订单明细，按日期和区域对订单明细数据进行统计和分析，具体操作步骤如下。

 光盘同步文件

素材文件：光盘 \ 素材文件 \ 第 11 章 \ 数据透视表 .xlsx
结果文件：光盘 \ 结果文件 \ 第 11 章 \ 数据透视表 01.xlsx
视频文件：光盘 \ 视频文件 \ 第 11 章 \11-4-1.mp4

**Step01**：打开本实例的素材文件，将光标定位在数据区域中的任意单元格中，❶单击"插入"选项卡；❷在"表格"组中单击"数据透视表"按钮，如下图所示。

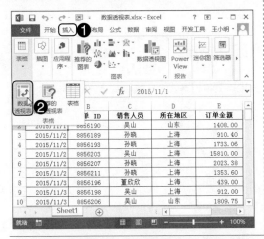

**Step02**：弹出"创建数据透视表"对话框，单击"确定"按钮，如下图所示。

**Step03**：此时，系统会自动地在新的工作表中创建一个数据透视表的基本框架，并弹出"数据透视表字段"窗格，如下图所示。

**Step04**：在"数据透视表字段"窗格中，❶将"所在地区"复选框拖动到"列"组合框中；❷将"定购日期"复选框拖动到"行"组合框中；❸将"订单金额"复选框拖动到"值"组合框中，如下图所示。

**Step05**：此时即可根据选中的"定购日期"和"所在地区"字段生成数据透视表，如右图所示。

## 专家提示

在数据透视表的"字段列表"中，通过拖入或拽出操作即可为透视表增加或减少数据行或数据列。用户也可以在"行"、"列"、"值"组合框中拖入多个字段。

### 11.4.2 按业务员和区域统计和分析订单情况

本小节根据销售订单明细，按销售人员和区域对订单明细数据进行统计和分析，具体操作步骤如下。

## 光盘同步文件

素材文件：光盘\素材文件\第11章\数据透视表01.xlsx
结果文件：光盘\结果文件\第11章\数据透视表02.xlsx
视频文件：光盘\视频文件\第11章\11-4-2.mp4

Step01：打开素材文件，在"数据透视表字段"窗格中，❶ 单击"行"组合框中的"定购日期"选项；❷ 在弹出的菜单中选择"删除字段"命令，即可将其删除，如下图所示。

Step02：将"销售人员"复选框拖动到"行"组合框中，如下图所示。

Step03：此时即可根据选中的"销售人员"和"所在地区"字段生成数据透视表，如右图所示。

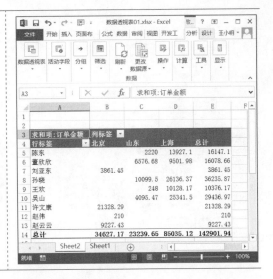

 **专家提示**

认识了数据透视表的界面以后，接下来就可以拖动字段、百变表格了。坐在办公椅上，喝着咖啡，只需动动鼠标，在一拖一拽中，像变戏法一样，轻松惬意地"变"出多张需要的汇总表。

# 技高一筹——实用操作技巧

通过前面知识的学习，相信读者已经掌握了数据统计与分析技能。下面结合本章内容，给大家介绍一些实用技巧。

## 光盘同步文件

素材文件：光盘\素材文件\第11章\技高一筹
结果文件：光盘\结果文件\第11章\技高一筹
视频文件：光盘\视频文件\第11章\技高一筹.mp4

## 技巧 01　创建组分析各月数据

在数据透视表中，Excel提供有"创建组"功能，对日期或时间创建组，可以根据"年、季度、月、日、时、分、秒"等步长来显示数据。接下来按月份来统计和分析各部门发生的办公费用，具体操作步骤如下。

Step01：打开素材文件，❶ 将鼠标定位在任意一个日期上，右击；❷ 在弹出的快捷菜单中选择"创建组"命令，如下图所示。

Step02：弹出"组合"对话框，❶ 在"步长"列表框中选择"月"选项；❷ 单击"确定"按钮，如下图所示。

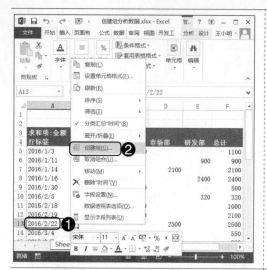

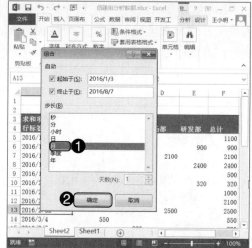

**Step03：**此时即可按月份汇总出各部门的办公费用，如右图所示。

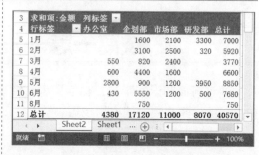

![专家提示] **专家提示**

　　日期字段是汇总表中的一个基本字段，一般情况下，不提倡直接采用天数来汇总数据，大多数企业都是按照月份、季度或者年份来统计和分析相关数据。基于这种需求，Excel 提供了"创建组"功能，可以直接从日期中提取月份、季度或者年份。

👍 **技巧 02　筛选不同颜色的数据**

　　自动筛选功能不仅能够根据文本内容、数字、日期进行筛选，还可以根据数据的颜色进行筛选。例如本月发生的退货订单填充了黄色的背景色，接下来根据颜色筛选出退货订单，具体操作步骤如下。

　　**Step01：**打开素材文件，进入筛选状态，单击"定购日期"右侧的下拉按钮，如下图所示。

　　**Step02：**在弹出的筛选列表中选择"按颜色筛选→黄色"选项，如下图所示。

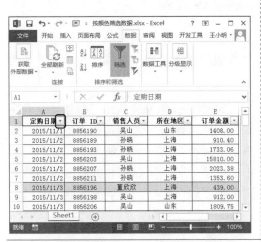

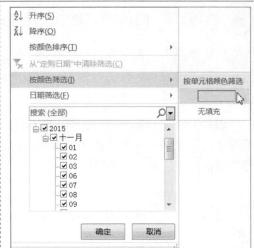

**Step03：** 此时生成一张新的明细表，所有填充了黄色底色的订单记录就筛选出来了，如右图所示。

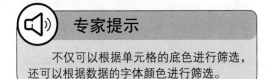

专家提示

不仅可以根据单元格的底色进行筛选，还可以根据数据的字体颜色进行筛选。

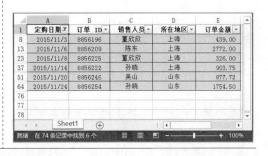

**技巧 03** 查看数据透视表中的数据明细

在数据透视表中显示的数据，是根据各字段进行汇总后的结果。如果要查看某个汇总数据的详细信息，选择"显示详细信息"命令即可，具体操作步骤如下。

**Step01：** 打开素材文件，在数据透视表中的任意一个汇总数据上右击，在弹出的快捷菜单中选择"显示详细信息"命令，如下图所示。

**Step02：** 此时即可根据汇总数据生成一张明细数据表，显示与汇总数据相关的所有的源数据，如下图所示。

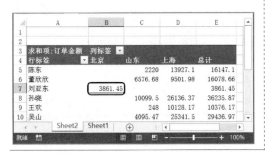

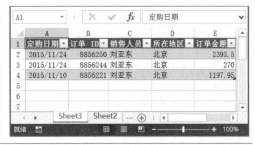

## 👍 技巧 04　如何隐藏数据透视表中的字段列表

默认情况下，在生成数据透视表的同时，会生成一个字段列表。为了防止用户对创建的数据透视表字段进行修改，可以隐藏"数据透视表字段"窗格，需要时，再将其显示出来，具体操作步骤如下。

**Step01**：打开素材文件，在"数据透视表字段"窗格中单击"关闭"按钮，即可隐藏该窗格，如下图所示。

**Step02**：如果要显示"数据透视表字段"窗格，❶ 在"数据透视表工具"栏中单击"分析"选项卡；❷ 单击"显示"组中的"字段列表"按钮，即可显示"数据透视表字段"窗格，如下图所示。

## 👍 技巧 05　如何刷新汇总表中的结果数据

数据透视表是由基础表格"变"出来的，如果基础表格中的数据发生了变化，汇总表中的数据不会马上发生变化，需要我们执行"刷新"命令，通过刷新基础表格中的源数据，获取最新的汇总数据。具体的操作方法有两种。

**方法一**：打开素材文件，如在"数据透视表工具"栏中，❶ 单击"分析"选项卡；❷ 单击"数据"组中的"刷新"按钮，就可以完成数据更新，如下图所示。

**方法二**：按下 Ctrl+F5 组合键，也可以完成数据更新。

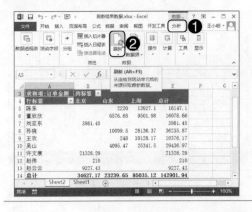

用户也可以通过 VBA 代码更新结果数据。在数据透视表中右击,在弹出的快捷菜单中选择"查看代码"命令,输入以下代码:

Private Sub Worksheet_Activate()
ActiveSheet.PivotTables ("Sheet2").PivotCache.Refresh
End Sub

其中,Sheet2 是要刷新的数据透视表的名称。

# 技能训练 1: 倒序排列人员名单

训练介绍

在日常工作中,当我们拿到一份报表时,突然发现报表的顺序整体颠倒了,此时如果重新制作报表,无疑是非常麻烦的。我们可以通过添加带编号的辅助列,通过对辅助列中的编号进行降序排序,来实现数据记录的倒排。

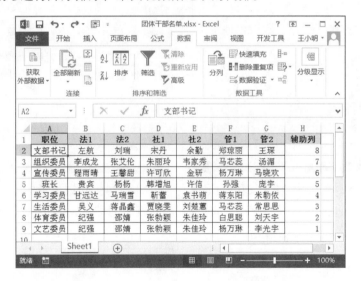

光盘同步文件

素材文件:光盘\素材文件\第 11 章\团体干部名单 .xlsx
结果文件:光盘\结果文件\第 11 章\团体干部名单 .xlsx
视频文件:光盘\视频文件\第 11 章\技能训练 1.mp4

## 操作提示

| 制作关键 | 技能与知识要点 |
|---|---|
| 本实例对数据进行倒序排序。首先添加一个辅助列，并对行进行连续排序；然后打开"排序"对话框，按照"辅助列"进行降序排序，即可实现数据的倒排。 | ● 添加一个辅助列，输入连续数字<br>● 打开"排序"对话框<br>● 按照"辅助列"进行降序排序 |

## 操作步骤

本实例的具体制作步骤如下。

Step01：打开素材文件，首先在表格中添加一个辅助列，并对行进行连续排序，如下图所示。

Step02：打开"排序"对话框，❶ 在"主要关键字"下拉列表中选择"辅助列"选项；❷ 在"次序"下拉列表中选择"降序"选项；❸ 单击"确定"按钮，如下图所示。

Step03：此时即可将数据区域中的记录按照"辅助列"进行"降序"排序，同时也就将整个数据记录颠倒过来，如下图所示。

Step04：数据记录的顺序调整完毕，删除辅助列即可，如下图所示。

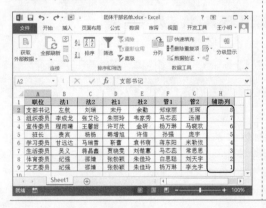

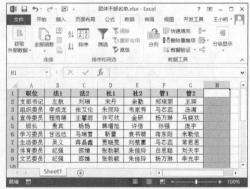

# 技能训练 2：按"部门"汇总员工工资

## 训练介绍

　　工资表是企业的一个重要表单，使用 Excel 的数据透视表功能，可以按照部门统计工资数据，了解工资数据在各部门中的分布情况。

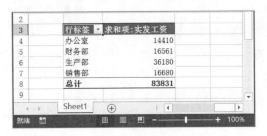

## ⟶ 光盘同步文件

　　素材文件：光盘\素材文件\第 11 章\工资发放明细表 .xlsx
　　结果文件：光盘\结果文件\第 11 章\工资发放明细表 .xlsx
　　视频文件：光盘\视频文件\第 11 章\技能训练 2.mp4

## 🔔 操作提示

| 制作关键 | 技能与知识要点 |
| --- | --- |
| 本实例按"部门"汇总员工工资。首先根据业绩计算方法，设置 IF 嵌套函数；其次，输入公式，计算员工"张飞"的业绩提成；最后，将公式填充到其他单元格，计算其他员工的业绩提成。 | ● 设置 IF 嵌套函数<br>● 计算员工"张飞"的业绩提成<br>● 计算其他员工的业绩提成 |

##  操作步骤

　　本实例的具体制作步骤如下。

Step01：打开本实例的素材文件，将光标定位在数据区域中的任意单元格，❶ 单击"插入"选项卡；❷ 在"表格"组中单击"数据透视表"按钮，如下图所示。

Step02：弹出"创建数据透视表"对话框，❶ 选中"现有工作表"单选按钮；❷ 单击"位置"右侧的"折叠"按钮，如下图所示。

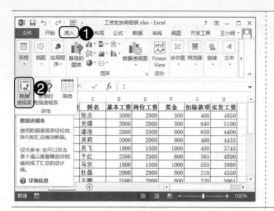

Step03：此时，❶ 拖动鼠标选中创建透视表的位置，例如，选中单元格 J3；❷ 单击文本框右侧的"展开"按钮，如下图所示。

Step04：返回"创建数据透视表"对话框，单击"确定"按钮，如下图所示。

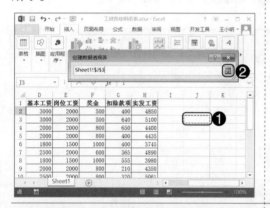

Step05：此时即可在单元格 J3 中创建数据透视表，如下图所示。

Step06：在"数据透视表字段"窗格中，❶ 将"所属部门"复选框拖动到"行"组合框中；❷ 将"实发工资"复选框拖动到"值"组合框中，如下图所示。

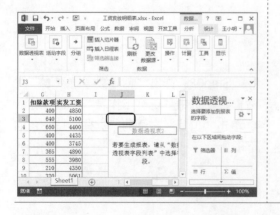

**Step07**：此时即可根据选中的"所属部门"和"实发工资"字段生成数据透视表，汇总出各部门的工资数据，如右图所示。

# 本章小结

　　本章结合实例主要讲述了数据统计与分析功能，主要包括排序、筛选和分类汇总，以及数据透视表等内容。使用这些数据分析帮手，可以直接从"基础表格"中筛选或汇总出结果数据，帮助大家快速完成数据统计与分析。

# Chapter

# 12

## Excel 统计图表和透视图表的应用

### 本章导读

　　图表是数据的形象化表达，使用图表功能可以更加直观地展现数据，使数据更具说服力。本章根据精彩的图表案例，介绍统计图表和透视图表的实际应用，为大家介绍一套简单有效、专业实用的图表制作方法，帮助从事市场调查、经营分析、财务分析等行业的数据分析人士，轻松制作精美图表

### 学完本章后应该掌握的技能

- 常用的几种图表类型
- 创建和编辑图表
- 创建和编辑迷你图
- 创建和编辑数据透视图表

### 本章相关实例效果展示

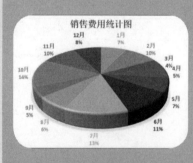

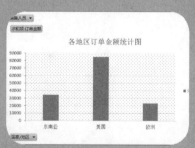

# 知识讲解——常用的几种图表类型

**12.1**

Excel 2013 提供了 12 种标准的图表类型、数十种子图表类型和多种自定义图表类型。比较常用的图表类型包括柱形图、条形图、饼图、折线图等。

## 12.1.1 表示对比关系的柱形图和条形图

实际工作中，通常使用柱形图和条形图来表示数据间的对比关系。

### 1. 柱形图

柱形图是常用图表之一，也是 Excel 的默认图表，主要用于反映一段时间内的数据变化或显示不同项目间的对比。柱形图的子类型主要包括簇状柱形图、堆积柱形图、百分比堆积柱形图、三维簇状柱形图、三维堆积柱形图、三维百分比堆积柱形图、三维柱形图等。

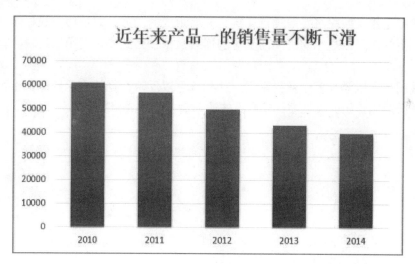

### 2. 条形图

与柱形图相同,条形图也是用于显示各个项目之间的对比情况。与柱形图不同的是，条形图的分类轴在纵坐标轴上，而柱形图的分类轴在横坐标轴上。条形图的子类型主要包括簇状条形图、堆积条形图、百分比堆积条形图、三维簇状条形图、三维堆积条形图、三维百分比堆积条形图等。

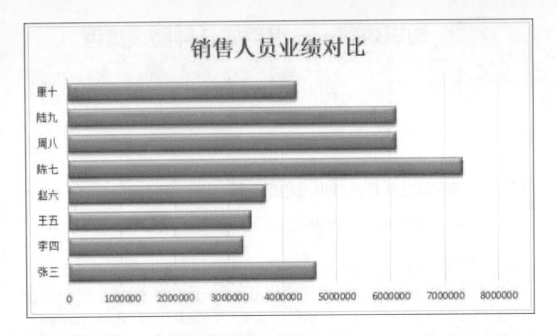

### 12.1.2 反映变化趋势的折线图

　　折线图是用直线段将各数据点连接起来而组成的图形，以折线方式显示数据的变化趋势。折线图可以显示随时间而变化的连续数据，因此非常适用于反映数据的变化趋势。

　　折线图也可以添加多个数据系列。这样既可以反映数据的变化趋势，也可以对两个项目进行对比，如比较某项目或产品的计划情况和完成情况。

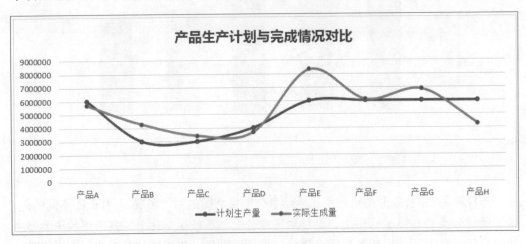

### 12.1.3 展示数据组成结构的饼图

　　饼图也是常用的图表之一，主要用于展示数据系列的组成结构，或部分在整体中的比例。

如可以使用饼图来展示某地区的产品销售额的相对比例或在全国总销售额中所占份额。饼图的子类型主要包括二维饼图、三维饼图、复合饼图、复合条饼图、圆环图等。

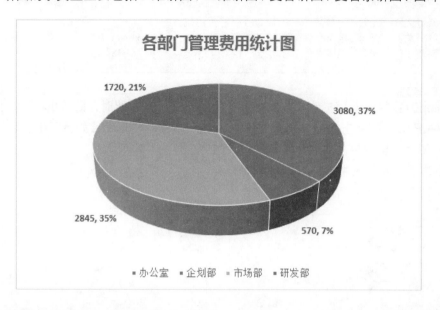

### 专家提示

　　此外，Excel 2013 还提供了面积图、XY 散点图（气泡图）、雷达图、股价图、曲面图、组合图表等多种图表类型，用户可以根据需要进行选择。

## 12.2　知识讲解——创建和编辑统计图表

Excel 2013 提供了强大的图表功能，用户可以根据需要在工作表中创建和编辑统计图表。

### 12.2.1　插入统计图表

　　在 Excel 2013 中创建图表的方法非常简单，因为系统自带了很多图表类型，用户只需根据实际需要直接插入统计图表即可，具体操作步骤如下。

**Step01**：打开素材文件，选中单元格区域 A1:B13，❶ 单击"插入"选项卡；❷ 在"图表"组中单击"柱形图"按钮；❸ 在弹出的下拉列表中选择"簇状柱形图"选项，如下图所示。

**Step02**：此时，即可根据源数据，创建一幅簇状柱形图，如下图所示。

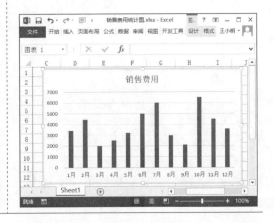

## 12.2.2 编辑统计图表

插入图表后，接下来可以通过修改图表标题、更改图表类型、调整图表布局等方式编辑统计图表，具体的操作步骤如下。

**Step01**：打开本实例的素材文件，选中图表，将图表标题改为"销售费用统计图"，如下图所示。

**Step02**：选中图表，❶ 在"图表工具"栏中单击"设计"选项卡；❷ 在"类型"组中单击"更改图表类型"按钮，如下图所示。

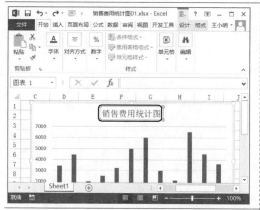

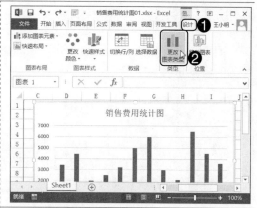

**Step03**：弹出"更改图表类型"对话框，❶ 单击"饼图"选项卡，❷ 选择"三维饼图"选项，❸ 单击"确定"按钮，如下图所示。

**Step04**：此时即可将图表类型转换成三维饼图，如下图所示。

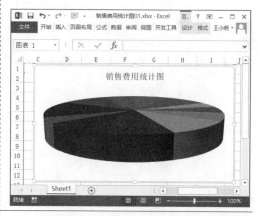

**Step05**：选中图表，❶ 在"图表工具"栏中单击"设计"选项卡；❷ 在"图表布局"组中单击"快速布局"按钮；❸ 在弹出的下拉列表中选择"布局2"选项，如下图所示。

**Step06**：此时，图表就会应用"布局2"的样式，如下图所示。

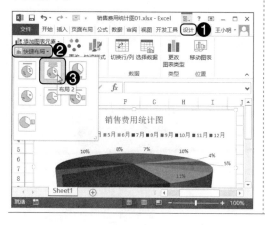

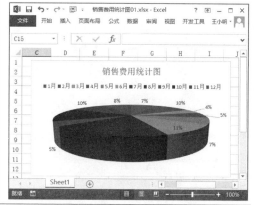

Chapter 12

**12.2.3** 设置统计图表格式

图表编辑完成后,可以通过应用内置图表样式、更改颜色等方式来修饰和美化图表,具体的操作步骤如下。

**光盘同步文件**

素材文件:光盘\素材文件\第 12 章\销售费用统计图 02.xlsx
结果文件:光盘\结果文件\第 12 章\销售费用统计图 03.xlsx
视频文件:光盘\视频文件\第 12 章\12-2-3.mp4

**Step01**:打开本实例的素材文件,选中图表,❶ 在"图表工具"栏中单击"设计"选项卡;❷ 在"图表样式"组中单击"快速样式"按钮;❸ 在弹出的下拉列表中选择"样式 8"选项,如下图所示。

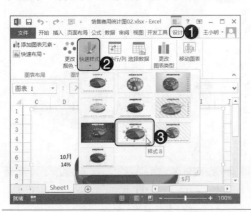

**Step02**:此时选中的图表就会应用选中的"样式 8",如下图所示。

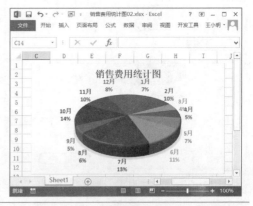

**Step03**:选中图表,❶ 在"图表工具"栏中单击"设计"选项卡;❷ 在"图表样式"组中单击"更改颜色"按钮;❸ 在弹出的下拉列表中选择"颜色 4"选项,如右图所示。

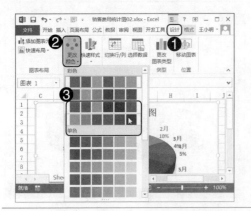

**Step04**:此时,图表就会应用"颜色 4"的效果,如下图所示。

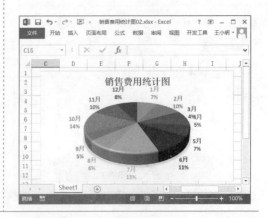

# 12.3 知识讲解——创建和编辑迷你图

Excel 2013 提供了多种小巧的迷你图，主要包括折线图、柱形图和盈亏 3 种类型。使用迷你图可以直观地反映数据系列的变化趋势。创建迷你图后，还可以设置迷你图的高点和低点，以及迷你图颜色等。

## 12.3.1 插入迷你图

本小节将主要介绍插入迷你图的相关操作，具体操作如下。

### 光盘同步文件

素材文件：光盘\素材文件\第 12 章\商场销售统计 .xlsx
结果文件：光盘\结果文件\第 12 章\商场销售统计 01.xlsx
视频文件：光盘\视频文件\第 12 章\12-3-1.mp4

**Step01**：打开本实例的素材文件，选中单元格 F2，❶ 单击"插入"选项卡；❷ 在"迷你图"组中单击"折线图"按钮，如下图所示。

**Step02**：弹出"创建迷你图"对话框，❶ 在"数据范围"文本框中将数据范围设置为 B2:E2；❷ 单击"确定"按钮，如下图所示。

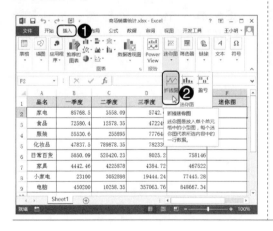

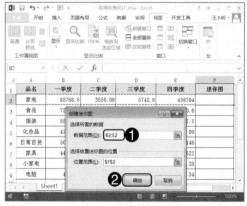

**Step03：**此时即可在单元格 F2 中插入一张迷你图，如下图所示。

**Step04：**选中单元格 F2，将鼠标指针移动到单元格的右下角，此时鼠标指针变成十字形状，按住鼠标左键，向下拖动到单元格 F9，即可将迷你图填充到选中的单元格区域中，如下图所示。

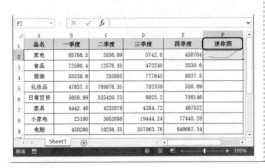

## 12.3.2 编辑迷你图

插入迷你图后，接下来设置迷你图的线条颜色、高点和低点，具体操作步骤如下。

### 光盘同步文件

素材文件：光盘＼素材文件＼第 12 章＼商场销售统计 01.xlsx
结果文件：光盘＼结果文件＼第 12 章＼商场销售统计 02.xlsx
视频文件：光盘＼视频文件＼第 12 章＼12-3-2.mp4

**Step01：**打开本实例的素材文件，选中所有迷你图，❶ 在"迷你图工具"栏中，单击"设计"选项卡；❷ 在"样式"组中单击"其他"按钮，如下图所示。

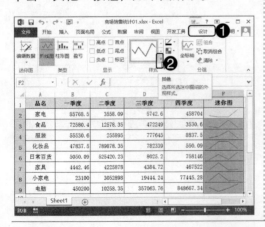

**Step02：**在弹出的样式列表中选择"迷你图样式彩色 #4"选项，如下图所示。

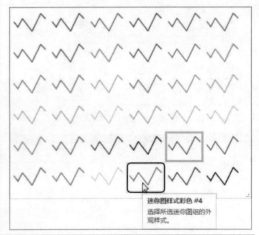

Step03：选中迷你图，❶在"迷你图工具"栏中，单击"设计"选项；❷选中"显示"组中的"高点"和"低点"复选框，如下图所示。

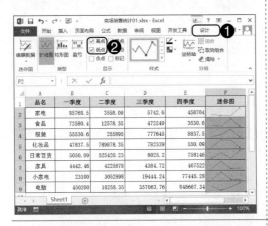

Step04：选中迷你图，❶在"迷你图工具"栏中，单击"设计"选项；❷单击"样式"组中的"标记颜色"按钮；❸在弹出的下拉列表中选择"高点→红色"选项，如下图所示。

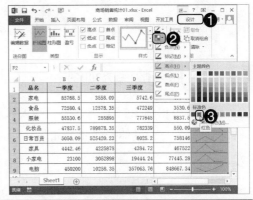

Step05：❶单击"样式"组中的"标记颜色"按钮；❷在弹出的下拉列表中选择"低点→蓝色"选项，如下图所示。

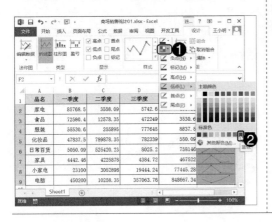

Step06：设置完毕，即可将迷你图的"高点"和"低点"颜色分别设置为"红色"和"蓝色"，如下图所示。

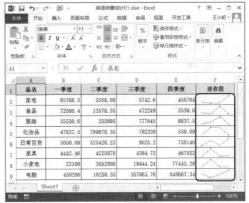

**专家提示**

如果数据表中出现负值，可以采用盈亏迷你图。迷你图存在于单元格中，属于单元格中的值，可以直接打印出来。

**知识讲解——创建和编辑数据透视图**

Excel 提供了"数据透视图"功能，它不仅能够直观地反映数据的对比关系，而且具有很强的数据筛选和汇总功能。本节将根据销售订单明细创建数据透视图，分析和筛选销售数据。

### 12.4.1 插入数据透视图

本小节根据销售订单明细表，插入数据透视图，按"国家 / 地区"字段对订单明细数据进行汇总，具体操作步骤如下。

**光盘同步文件**

素材文件：光盘 \ 素材文件 \ 第 12 章 \ 订单明细表 .xlsx
结果文件：光盘 \ 结果文件 \ 第 12 章 \ 订单明细表 01.xlsx
视频文件：光盘 \ 视频文件 \ 第 12 章 \12-4-1.mp4

**Step01**：打开本实例的素材文件，将光标定位在数据区域中的任意单元格，❶ 单击"插入"选项卡；❷ 在"图表"组中单击"数据透视图"按钮；❸ 在弹出的下拉列表中选择"数据透视图"选项，如下图所示。

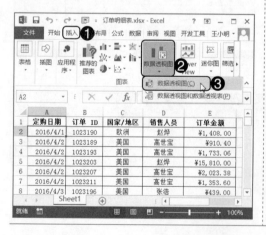

**Step02**：弹出"创建数据透视图"对话框，单击"确定"按钮，如下图所示。

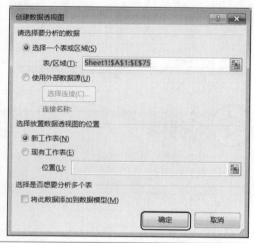

**Step03**：此时，系统会自动地在新的工作表中创建一个数据透视表和数据透视图的基本框架，并弹出"数据透视图字段"窗格，如下图所示。

**Step04**：在"数据透视图字段"窗格中，❶ 将"销售人员"复选框拖动到"筛选器"组合框中；❷ 将"国家 / 地区"复选框拖动到"轴（类别）"组合框中；❸ 将"订单金额"复选框拖动到"值"组合框中，如下图所示。

**Step05**：此时即可根据选中的"销售人员"、"国家 / 地区"和"订单金额"字段生成数据透视表和数据透视图，如右图所示。

## 专家提示

创建数据透视图的同时，会附带创建数据透视表。

## 12.4.2 美化数据透视图

插入数据透视图以后，就可以美化数据透视图了，包括设置图表标题、设置形状的填充颜色、设置坐标轴格式、设置绘图区格式等内容，具体操作步骤如下：

## 光盘同步文件

素材文件：光盘 \ 素材文件 \ 第 12 章 \ 订单明细表 01.xlsx
结果文件：光盘 \ 结果文件 \ 第 12 章 \ 订单明细表 02.xlsx
视频文件：光盘 \ 视频文件 \ 第 12 章 \12-4-2.mp4

**Step01**：打开素材文件，将图表标题修改为"各地区订单金额统计图"，如下图所示。

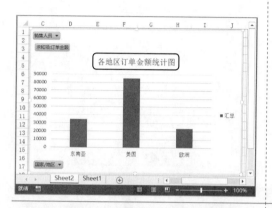

**Step02**：选中数据透视图，❶在"数据透视图工具"栏中单击"格式"选项卡；❷单击"形状样式"组中的"形状填充"按钮；❸在弹出的下拉列表中选择"绿色"选项，如下图所示。

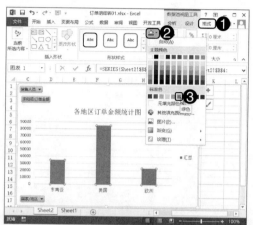

**Step03**：❶选中纵向坐标轴，右击；❷在弹出的快捷菜单中选择"设置坐标轴格式"命令，如下图所示。

**Step04**：在工作表的右侧弹出"设置坐标轴格式"窗格，在"刻度线标记"组的"主要类型"下拉列表中选择"外部"选项，即可为纵轴添加外部刻度，如下图所示。

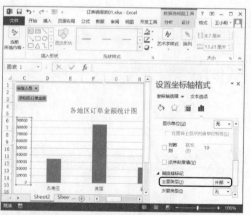

**Step05**：❶单击"填充线条"按钮；❷在"线条"组中单击"轮廓颜色"按钮；❸在弹出的颜色菜单中选择"白色，背景1，深色50%"选项，即可更改刻度颜色，如下图所示。

**Step06**：在"设置绘图区格式"窗格中，❶单击上方的"绘图区选项"按钮；❷在弹出的下拉列表中选择"绘图区"选项，如下图所示。

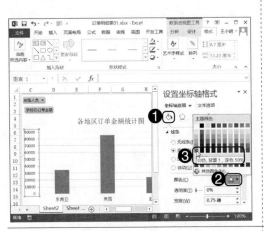

**Step07**：在"填充"组的"图案"区域中选择"5%"，即可为绘图区添加图案，如下图所示。

**Step08**：操作到这里，数据透视图的美化操作就完成了，最终效果如下图所示：

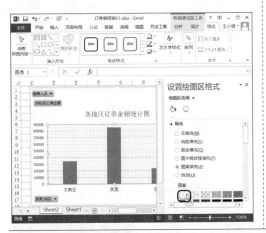

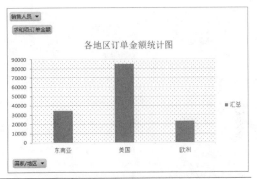

## 12.4.3　筛选数据透视图

数据透视图制作完成后，可以在图表中根据"字段下拉列表"直接筛选数据，具体操作步骤如下。

 **光盘同步文件**

素材文件：光盘\素材文件\第 12 章\订单明细表 02.xlsx
结果文件：光盘\结果文件\第 12 章\订单明细表 03.xlsx
视频文件：光盘\视频文件\第 12 章\12-4-3.mp4

Chapter 12

**Step01：** 打开素材文件，选中图表，单击"国家/地区"下拉按钮，如下图所示。

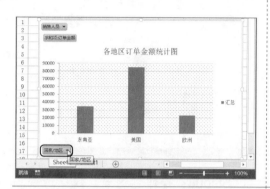

**Step02：** ❶ 在弹出的下拉列表中取消选中"全选"复选框，然后选中"东南亚"复选框；❷ 单击"确定"按钮，如下图所示。

**Step03：** 此时即可筛选出关于"东南亚"地区的销售订单，形成新的图表，如下图所示。

**Step04：** 如果要撤销筛选，❶ 单击"国家/地区"下拉按钮；❷ 在弹出的下拉列表中选中"全选"复选框，❸ 单击"确定"按钮即可，如下图所示。

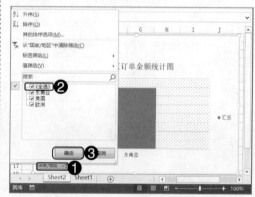

**Step05：** 单击"销售人员"按钮，弹出"销售人员"下拉列表，如下图所示。

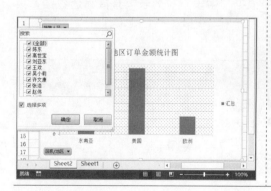

**Step06：** ❶ 在弹出的下拉列表中取消选中"全选"复选框，然后选中"陈东"复选框；❷ 单击"确定"按钮即可，如下图所示。

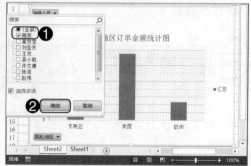

**Step07：** 此时即可筛选出关于销售人员"陈东"的销售订单，并形成新的图表，如右图所示。

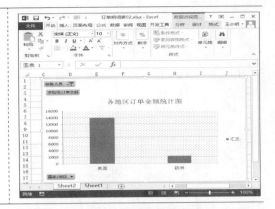

### 专家提示

在 Excel 中插入的数据透视图与数据透视表是相互联系的，有一方发生变化，另一方就会随之发生变化。

# 技高一筹——实用操作技巧

通过前面知识的学习，相信读者已经掌握了统计图表和透视图表的应用技能。下面结合本章内容，给大家介绍一些实用技巧。

### 光盘同步文件

素材文件：光盘\素材文件\第 12 章\技高一筹
结果文件：光盘\结果文件\第 12 章\技高一筹
视频文件：光盘\视频文件\第 12 章\技高一筹.mp4

### 技巧 01　如何快速分析图表

"快速分析"是 Excel 2013 推出的一款新功能，可以帮助用户快速地将数据进行统计和分析，并转化成各种图表。接下来对销售数据进行"快速分析"，并创建统计图表，具体操作步骤如下。

**Step01：** 打开素材文件，选中要进行快速分析的数据区域，此时在数据区域的右下角出现一个"快速分析"按钮，然后单击该按钮，如下图所示。

**Step02：** 弹出"快速分析"界面，❶单击"格式"选项卡；❷选择"数据条"选项，如下图所示。

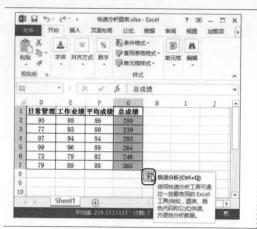

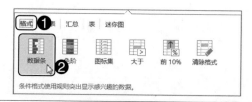

**Step03：** 此时选中的数据区域就添加了数据条，如下图所示。

**Step05：** 此时即可根据选中的数据区域生成一幅簇状柱形图，如下图所示。

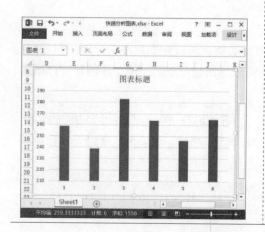

**Step04：** 在"快速分析"界面中，❶ 单击"图表"选项卡；❷ 选择一种合适的图表，例如选择"簇状柱形图"选项，如下图所示。

**Step06：** 除了进行"格式"、"图表"分析，还可以进行"汇总"、"表"、"迷你图"分析，此处不再赘述，如下图所示。

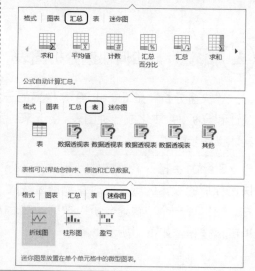

**专家提示**

使用"快速分析"功能,可以帮助用户快速地对数据进行分析,并转化成透视表、各种统计图表等;而且具有人性化的预览功能,可以随意选择自己想要的样式。

## 技巧 02　如何使用推荐的图表

Excel 2013 提供有"推荐的图表"功能,可以帮助用户创建合适的 Excel 图表。使用推荐的图表的具体操作步骤如下。

**Step01**:打开素材文件,选中要生成图表的数据区域,❶ 单击"插入"选项卡;❷ 在"图表"组中单击"推荐的图表"按钮,如下图所示。

**Step02**:弹出"插入图表"对话框,在对话框中给出了多种推荐的图表,用户根据需要进行选择即可,如下图所示。

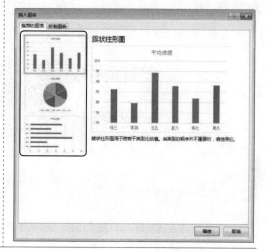

## 技巧 03　保存图表模板

图表制作完成后,要重复使用自定义图表,可将其另存为图表模板 (*.crtx)。Excel 2013 的"图表工具"功能区不显示"另存为模板"命令,右击图表即可找到该命令。将图表另存为模板的具体操作步骤如下。

**Step01**:打开素材文件,选中自定义的图表,右击,在弹出的快捷菜单中选择"另存为模板"命令,如下图所示。

**Step02**:弹出"保存图表模板"对话框,自动显示保存名称和保存位置,直接单击"保存"按钮即可,如下图所示。

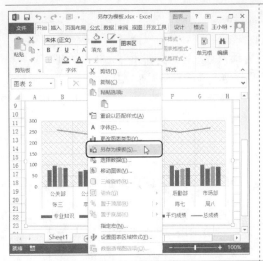

**Step03**：创建图表时，打开"插入图表"对话框，❶单击"所有图表"选项卡；❷选中"模板"选项，即可找到自定义的模板，直接使用即可，如右图所示。

### 专家提示

将图表保存为模板后，就会保存在模板系统中，可以重复使用。

### 技巧 04　让你的折线图变成平滑线

制作 Excel 图表时，经常会觉得折线图的拐点特别不好看，通过 Excel 的"平滑线"功能可以使折线图的拐点变得平滑，使图表更加美观。设置平滑线的具体操作步骤如下。

**Step01**：打开本实例的素材文件，选中折线，右击，在弹出的快捷菜单中选择"设置数据系列格式"命令，如下图所示。

**Step02**：在弹出的"设置数据系列格式"窗格中，❶单击"线条"按钮；❷选中"平滑线"复选框，如下图所示。

Step03：此时，选中的折线就变成了平滑线，如右图所示。

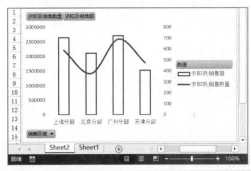

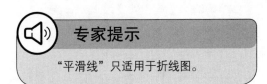

专家提示

"平滑线"只适用于折线图。

👍 技巧 05 如何突出图表中的最值

在散点图或者折线图中，经常会出现最大值或最小值。如果在同一张图表中的数据信息量较大，此时为了引起观众的注意，可以将这些极端数字进行强调，将其突出显示出来。具体的操作步骤如下。

Step01：打开素材文件，根据某产品销售数据统计情况，制作出了折线图，如下图所示。

Step02：❶ 在图表中选中最大值所在的数据点；❷ 右击，在弹出的快捷菜单中选择"设置数据点格式"命令，如下图所示。

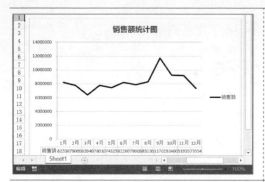

**Step03**：弹出"设置数据点格式"窗格，❶ 单击"标记"按钮；❷ 在"数据标记选项"组中选中"内置"单选按钮，❸ 在"类型"下拉列表中选择数据标记选项；❹ 在"大小"微调框中设置数据标记的大小，如设置为"10"，如下图所示。

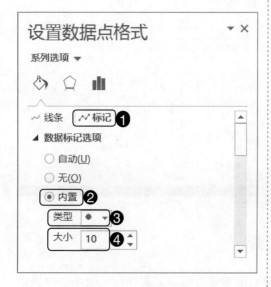

**Step04**：❶ 在"填充"组中选中"纯色填充"单选按钮；❷ 在"颜色"下拉列表中选择喜欢的颜色，如"红色"，如下图所示。

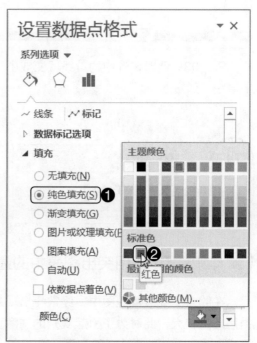

**Step05**：此时最大值中的数据点就会突出显示出来，如右图所示。

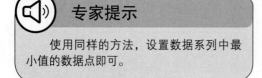

**专家提示**

使用同样的方法，设置数据系列中最小值的数据点即可。

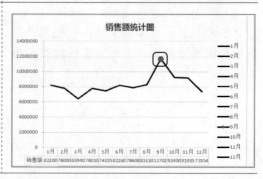

# 技能训练 1：在组合图形中设置双轴图表

 训练介绍

有时需要在同一张 Excel 图表中反映多组数据的变化趋势，例如要同时反映 GDP 和 GDP 增长率，但 GDP 数值往往远大于 GDP 增长率数值，当这两个数据系列出现在同一张组合图表中时，增长率的变化趋势由于数值太小而无法在图表中展现出来。这时可用双轴图表来解决这个问题。

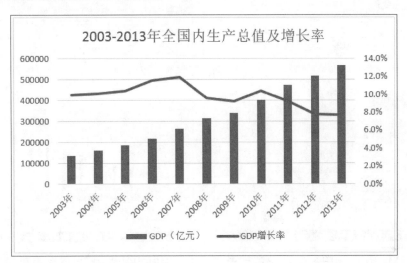

## 光盘同步文件

素材文件：光盘\素材文件\第 12 章\设置双轴图表 .xlsx
结果文件：光盘\结果文件\第 12 章\设置双轴图表 .xlsx
视频文件：光盘\视频文件\第 12 章\技能训练 1.mp4

## 操作提示

| 制作关键 | 技能与知识要点 |
| --- | --- |
| 本实例设置双轴图表。首先插入簇状柱形图；然后更改图表类型，将数值较小的数据系列的图表类型更改为折线；最后，将折线的数据系列格式设置为"次轴"，即可形成双轴图表。 | ● 插入簇壮柱形图 <br> ● 更改图表类型 <br> ● 设置"次轴 |

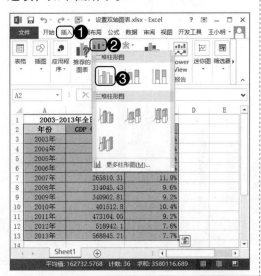 

本实例的具体制作步骤如下。

**Step01**：打开素材文件，选中单元格区域 A2:C13，❶ 单击"插入"选项卡；❷ 在"图表"组中单击"柱形图"按钮；❸ 在弹出的下拉列表中选择"簇状柱形图"选项，如下图所示。

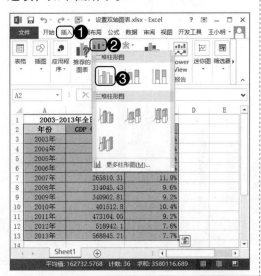

**Step02**：此时，即可根据源数据，创建一张簇状柱形图，如下图所示。

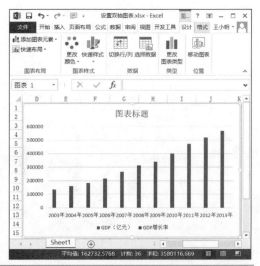

**Step03**：在图例中，❶ 选中数据系列"GDP 增长率"，右击；❷ 在弹出的快捷菜单中选择"更改系列图表类型"命令，如下图所示。

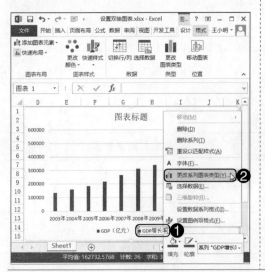

**Step04**：弹出"更改图表类型"对话框，❶ 在"系列名称"组中，在"GDP 增长率"下拉列表中选择"折线图"选项；❷ 单击"确定"按钮，如下图所示。

**Step05：**此时选中数据系列"GDP 增长率"的图表类型就变成了折线，❶ 选中显示不完整的折线，右击；❷ 在弹出的快捷菜单中选择"设置数据系列格式"命令，如下图所示。

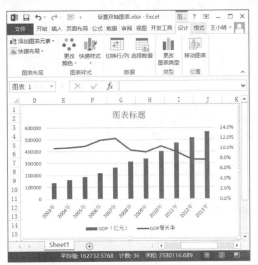

**Step06：**在工作表的右侧弹出"设置数据系列格式"窗格，❶ 单击"系列选项"按钮；❷ 选中"次坐标轴"单选按钮，如下图所示。

**Step07：**此时即可为选中的数据系列添加次坐标轴，形成双轴复合图表，如下图所示。

**Step08：**为图表添加标题"2003-2013 年全国内生产总值及增长率"，如下图所示。

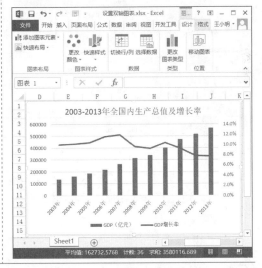

---

🔊 **专家提示**

双轴图是在同一张图表中有两个纵坐标，分别用来标记不同的数据系列。在制作 Excel 图表时，如果数据系列在两个以上时，可以制作两个 Y 轴的图表，也就是双纵轴图表，每个 Y 轴有不同的刻度，且图表同时会有折线图、柱形图等样式。

# 技能训练 2：使用组合框和函数制作动态图表

 训练介绍

　　使用组合框和 VLOOKUP 函数也可以制作简单的动态图表。通过制作下拉列表引用数据，然后插入图表，设置组合框控件，即可生成由组合框控制的动态图表。

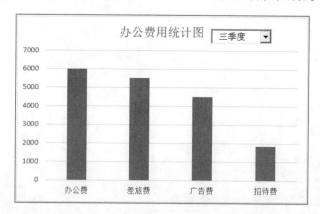

 光盘同步文件

素材文件：光盘 \ 素材文件 \ 第 12 章 \ 办公费用统计 .xlsx
结果文件：光盘 \ 结果文件 \ 第 12 章 \ 办公费用统计 .xlsx
视频文件：光盘 \ 视频文件 \ 第 12 章 \ 技能训练 2.mp4

 操作提示

| 制作关键 | 技能与知识要点 |
| --- | --- |
| 本实例使用组合框和函数制作动态图表。首先制作下拉列表引用数据；然后根据引用数据插入图表；最后在工作表中插入组合框控件，并设置其属性。 | ● 制作下拉列表引用数据<br>● 插入图表<br>● 设置组合框控件 |

 操作步骤

### 1. 制作下拉列表引用数据

首先，使用 Excel 的下拉列表功能和 VLOOKUP 函数来引用数据，具体制作步骤如下。

Step01：打开本实例的素材文件，选中单元格区域 B1:E1，按下 Ctrl+C 键，如下图所示。

Step02：❶ 选中单元格 A8，右击；❷ 在弹出的快捷菜单中选择"粘贴→转置"命令，如下图所示。

Step03：此时即可将选中的内容转置到单元格区域 A8:A11 中，如下图所示。

Step04：❶ 选中单元格 B7；❷ 单击"数据"选项卡；❸ 在"数据工具"组中单击"数据验证"按钮；❹ 在弹出的下拉列表中选择"数据验证"选项，如下图所示。

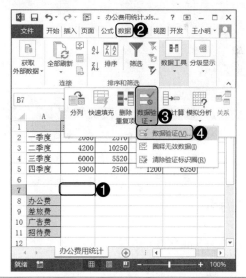

Step05：弹出"数据验证"对话框，❶ 在"允许"下拉列表中选择"序列"选项；❷ 在"来源"文本框中输入数据来源"=$A$2:$A$5"；❸ 单击"确定"按钮，如下图所示。

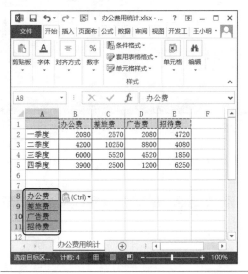

Step06：此时在单元格 B7 右侧出现一个下拉按钮，单击下拉按钮中选择相关选项即可，如下图所示。

**Step07**：选中单元格区域 B8:B11，在编辑栏中输入公式"=VLOOKUP($B$7,$2:$5,ROW()–6, 0)"，如下图所示。

**Step08**：按下 Ctrl+Shift+Enter 组合键，此时输入的公式变成了数组公式，如下图所示。

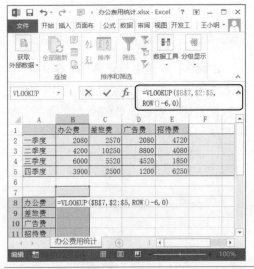

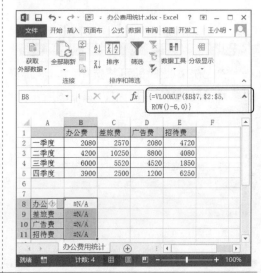

**Step09**：此时单击单元格 B7 右侧的下拉按钮，选择"一季度"选项，即可将各种办公费用引用到下方的单元格区域，如右图所示。

### 2. 插入图表

插入图表的具体操作步骤如下。

**Step01**：选中单元格区域 A7:B11，❶ 单击"插入"选项卡；❷ 在"图表"组中单击"柱形图"按钮；❸ 在弹出的下拉列表中选择"簇状柱形图"选项，如下图所示。

**Step02**：此时，即可插入一张簇状柱形图，然后将图表标题设置为"办公费用统计图"，如下图所示。

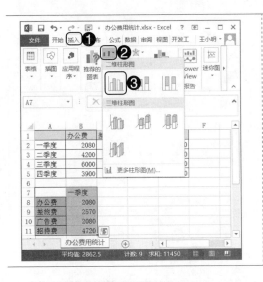
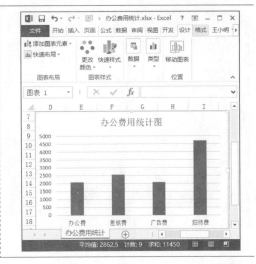

### 3. 设置组合框控件

接下来在工作表中插入组合框控件，然后设置组合框控件的属性，具体制作步骤如下。

Step01：将光标定位在任意单元格，❶ 单击"开发工具"选项卡；❷ 在"控件"组中单击"插入"按钮；❸ 在弹出的下拉列表中选择"组合框 (ActiveX 控件 )"选项，如下图所示。

Step02：❶ 进入设计模式，拖动鼠标即可绘制一个组合框控件；❷ 选中控件，单击"控件"组中的"属性"按钮，如下图所示。

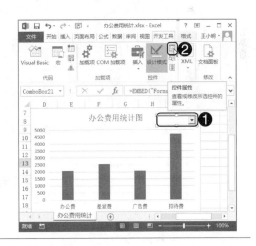

Step03：弹出"属性"对话框，❶ 在"LinkedCell"右侧的文本框中输入"办公费用统计 !B7"，在"ListFillRange"右侧的文本框中输入"办公费用统计 !A2:A5"；❷ 单击"关闭"按钮，如下图所示。

Step04：返回工作表，在"控件"组中单击"设计模式"按钮，退出设计模式，如下图所示。

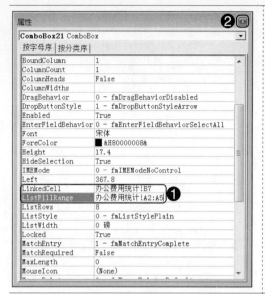

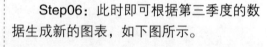

**Step05**：单击组合框按钮，在弹出的下拉列表中选择"三季度"选项，如下图所示。

**Step06**：此时即可根据第三季度的数据生成新的图表，如下图所示。

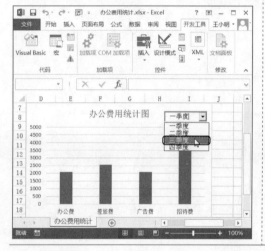

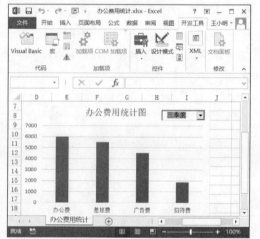

# 本章小结

　　本章结合实例主要讲述了统计图表和透视图表的应用，主要包括常用的几种图表类型、创建和编辑图表、创建和编辑迷你图以及创建和编辑数据透视图等内容。使用这些图表功能，可以更加直观地展现数据。通过本章学习，帮助读者学会统计图表的制作和美化方法，能够制作专业的统计图表。

# Chapter

# PowerPoint 2013 的基本操作

## 本章导读

　　PowerPoint 是微软公司开发的演示文稿程序，主要用于课堂教学、专家培训、产品发布、广告宣传、商业演示以及远程会议等。本章以制作培训课件和商业项目计划演示文稿为例，介绍演示文稿和幻灯片的基本操作，包括创建演示文稿、设置和美化幻灯片、为演示文稿添加多媒体文件等。

## 学完本章后应该掌握的技能

- 创建演示文稿
- 设置和美化幻灯片
- 为演示文稿添加多媒体文件

## 本章相关实例效果展示

# 知识讲解——创建演示文稿

## 13.1

演示文稿是由一张张幻灯片组成的。本节主要介绍演示文稿和幻灯片的基本操作，主要包括创建演示文稿、保存演示文稿、新建幻灯片、更改幻灯片版式、移动与复制幻灯片等内容。接下来以创建"培训课件"演示文稿为例，进行详细介绍。

### 13.1.1 新建演示文稿

首先使用 PowerPoint 模板创建演示文稿，并将其保存起来。

**⇒ 光盘同步文件**

素材文件：光盘 \ 素材文件 \ 第 13 章 \ 无
结果文件：光盘 \ 结果文件 \ 第 13 章 \ 培训课件 .pptx
视频文件：光盘 \ 视频文件 \ 第 13 章 \13-1-1.mp4

### 1. 创建演示文稿

创建演示文稿的具体步骤如下。

**Step01：** 在桌面上双击"PowerPoint 2013"图标，如下图所示。

**Step02：** 进入 PowerPoint 创建界面，如下图所示。

**Step03：** ❶ 在搜索文本框中输入文字"培训"；❷ 单击"开始搜索"按钮，如下图所示。

**Step04：** 进入新界面，此时即可搜索出关于"培训"的所有 PowerPoint 模板，选择"培训演示文稿：通用"模板，如下图所示。

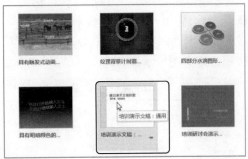

Step05：弹出预览窗口，此时即可看
到"培训演示文稿：通用"模板的预览效
果，单击"创建"按钮，如下图所示。

Step06：此时即可根据选中的模板创
建一个名为"演示文稿1"的文件，如下
图所示。

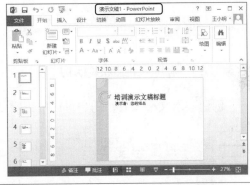

## 2. 保存演示文稿

保存新建的演示文稿的具体步骤如下。

Step01：在 PowerPoint 窗口中，单
击"保存"按钮，如下图所示。

Step02：进入"另存为"界面，
❶ 选择"计算机"选项；❷ 单击"浏览"
按钮，如下图所示。

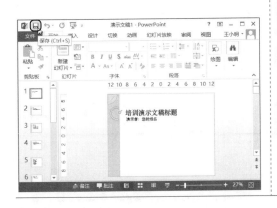
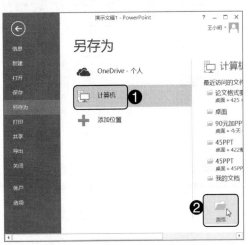

**Step03**：弹出"另存为"对话框；
❶ 选择合适的保存位置；❷ 将"文件名"
设置为"培训课件 .pptx"；❸ 单击"保存"
按钮，如下图所示。

**Step04**：此时，之前的演示文稿就保
存成了名为"培训课件 .pptx"的文件，
如下图所示。

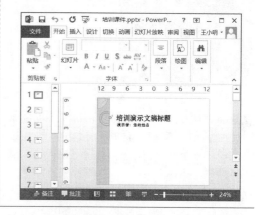

## 13.1.2　新建和删除幻灯片

创建演示文稿以后，用户可以根据需要新建或删除幻灯片，具体操作步骤如下。

### 光盘同步文件

素材文件：光盘 \ 素材文件 \ 第 13 章 \ 培训课件 01.pptx
结果文件：光盘 \ 结果文件 \ 第 13 章 \ 培训课件 02.pptx
视频文件：光盘 \ 视频文件 \ 第 13 章 \13-1-2.mp4

**Step01**：打开素材文件，在左侧幻灯
片窗格中，选中要插入幻灯片的上一张幻
灯片，❶ 单击"开始"选项卡；❷ 在"幻
灯片"组中单击"新建幻灯片"按钮；
❸ 在弹出的下拉列表中选择"标题和内容"
选项，如下图所示。

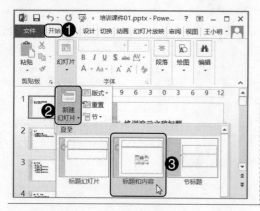

**Step02**：此时即可在选中幻灯片的下
方插入一张新幻灯片，并自动应用选中的
幻灯片样式，如下图所示。

**Step03：** ❶ 选中要删除的幻灯片；❷ 右击，在弹出的快捷菜单中选择"删除幻灯片"命令，如下图所示。

**Step04：** 此时，选中的幻灯片即可被删除，如下图所示。

## 13.1.3 更改幻灯片版式

更改幻灯片版式的具体操作步骤如下。

 **光盘同步文件**

素材文件：光盘\素材文件\第 13 章\培训课件 02.pptx
结果文件：光盘\结果文件\第 13 章\培训课件 03.pptx
视频文件：光盘\视频文件\第 13 章\13-1-3.mp4

**Step01：** 打开素材文件，选中第 4 张幻灯片，❶ 单击"开始"选项卡；❷ 在"幻灯片"组中单击"版式"按钮；❸ 在弹出的下拉列表中选择"两栏内容"选项，如下图所示。

**Step02：** 此时选中的第 4 张幻灯片就应用了选中的"两栏内容"版式，如下图所示。

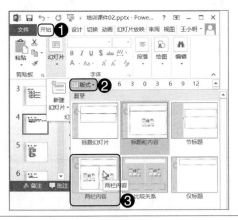

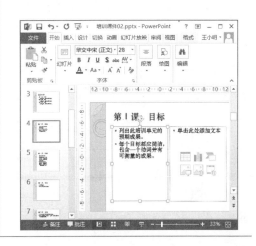

## 13.1.4 移动与复制幻灯片

移动和复制幻灯片的具体操作步骤如下。

### 光盘同步文件

素材文件：光盘 \ 素材文件 \ 第 13 章 \ 培训课件 03.pptx
结果文件：光盘 \ 结果文件 \ 第 13 章 \ 培训课件 04.pptx
视频文件：光盘 \ 视频文件 \ 第 13 章 \13-1-4.mp4

**Step01**：选中要移动的第 3 张幻灯片，按住鼠标左键不放，将其拖动到第 2 张幻灯片的位置，如下图所示。

**Step02**：释放鼠标，此时即可将选中的幻灯片移动到第 2 张幻灯片的位置，如下图所示。

**Step03**：❶ 选中要复制的第 14 张幻灯片；❷ 右击，在弹出的快捷菜单中选择"复制幻灯片"命令，如下图所示。

**Step04**：此时，即可在选中的第 14 张幻灯片的下方得到一张格式和内容相同的幻灯片，如下图所示。

**专家提示**

　　复制幻灯片也可以采用我们常用的复制粘贴的方法，而移动幻灯片则可以用剪切粘贴的方法来实现。复制幻灯片后，原幻灯片依然存在；移动幻灯片后，原幻灯片就移动到了新位置。

## 13.2 知识讲解——设置和美化幻灯片

　　幻灯片的内容通常由文字、图片、自选图形、表格和图表等一个或多个元素组合而成。本节在"商业项目计划"演示文稿中，分别讲解如何设置幻灯片中的文字、图片、图形、表格和图表。

### 13.2.1 添加与设置文本

　　"文本类"幻灯片主要通过设置文字和段落格式，来突出显示重点内容。在版式中创建的幻灯片通常包含标题文本框或正文文本框，在其中设置文本即可，具体操作步骤如下。

**光盘同步文件**

　　素材文件：光盘 \ 素材文件 \ 第 13 章 \ 商业项目计划 .pptx
　　结果文件：光盘 \ 结果文件 \ 第 13 章 \ 商业项目计划 01.pptx
　　视频文件：光盘 \ 视频文件 \ 第 13 章 \13-2-1.mp4

　　**Step01**：打开素材文件，❶ 在左侧幻灯片窗格中选中第 3 张幻灯片；❷ 在幻灯片界面中选中"单击此处添加标题"文本框，如下图所示。

　　**Step02**：在"单击此处添加标题"文本框中输入文本"项目范围"，如下图所示。

Step03：在标题文本框下方单击"单击此处添加文本"文本框，输入文本段落，如下图所示。

Step04：按下 Enter 键，即可重新开始一个带有项目符号的段落，然后输入段落内容，如下图所示。

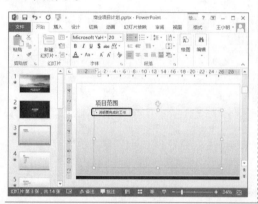 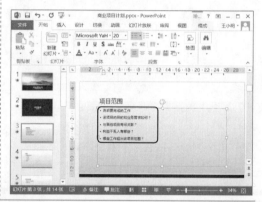

 专家提示

幻灯片版式中的文本框都是带有固定格式的，直接输入文字即可。

## 13.2.2 插入与设置图片

"图片型"幻灯片通常由一张或多张图片进行合理编排而组成，可以配有少量文字或不配文字。"图片型"幻灯片以精美的图片为依托，加上合理的图文组合，让观众愿意看、看得懂。为幻灯片插入与设置图片的具体操作步骤如下。

光盘同步文件

素材文件：光盘\素材文件\第 13 章\商业项目计划 01.pptx、图 1.jpg
结果文件：光盘\结果文件\第 13 章\商业项目计划 02.pptx
视频文件：光盘\视频文件\第 13 章\13-2-2.mp4

Step01：打开本实例的素材文件，❶ 在左侧幻灯片窗格中选中第 4 张幻灯片；❷ 单击"插入"选项卡；❸ 在"图像"组中单击"图片"按钮，如下图所示。

Step02：弹出"插入图片"对话框，❶ 在素材文件中选择"图 1.jpg"；❷ 单击"插入"按钮，如下图所示。

Step03：此时即可在第 4 张幻灯片中插入选中的图片。选中图片，将鼠标移动到图片的右下角，鼠标指针变成斜向箭头，如下图所示。

Step04：拖动鼠标左键即可调整图片大小，如下图所示。

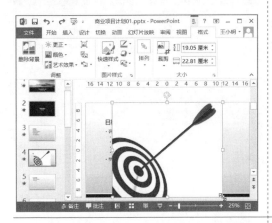

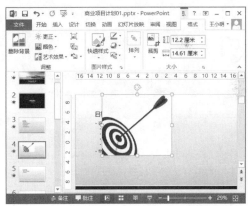

Step05：选中图片，拖动鼠标左键即可移动图片的位置，如下图所示。

Step06：选中图片，❶ 在"图片工具"栏中单击"格式"选项卡；❷ 在"图片样式"组中单击"快速样式"按钮，如下图所示。

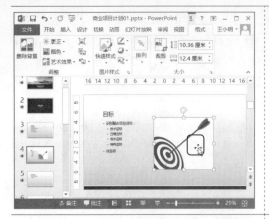

**Step07**：在弹出的图片样式列表中选择"松散透视，白色"选项，如下图所示。

**Step08**：此时，图片就会应用"松散透视，白色"样式，如下图所示。

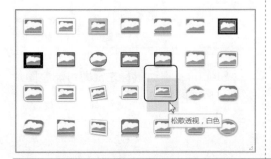

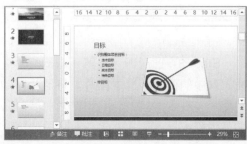

## 专家提示

　　平时制作演示文稿时，经常需要对图片进行裁剪等操作，不是使用 Photoshop 等软件，而是在 PowerPoint 2013 中就可以直接对图片应用快速样式，将其迅速裁剪为需要的形状。

### 13.2.3 插入与设置 SmartArt 图形

　　PowerPoint 2013 提供了多种便捷的 SmartArt 图形。通过 SmartArt 图形可以快速插入一些常用的结构图或流程图，还可以通过应用内置样式等方式来修饰和美化SmartArt 图形，具体的操作步骤如下。

## 光盘同步文件

　　素材文件：光盘 \ 素材文件 \ 第 13 章 \ 商业项目计划 02.pptx
　　结果文件：光盘 \ 结果文件 \ 第 13 章 \ 商业项目计划 03.pptx
　　视频文件：光盘 \ 视频文件 \ 第 13 章 \13–2–3.mp4

Step01：打开本实例的素材文件，选中第11张幻灯片，单击幻灯片中的"插入 SmartArt 图形"按钮，如下图所示。

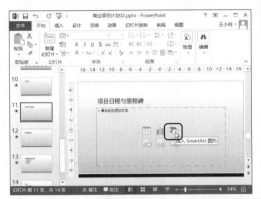

Step02：弹出"选择 SmartArt 图形"对话框，❶ 单击"流程"选项卡；❷ 选择"基本 V 形流程"选项；❸ 单击"确定"按钮，如下图所示。

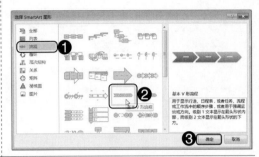

Step03：此时即可在幻灯片中插入选中的"基本 V 形流程"图形，并在左侧显示"文字输入框"，如下图所示。

Step04：❶ 在"文字输入框"中输入文字即可；❷ 输入完毕，单击"关闭"按钮，如下图所示。

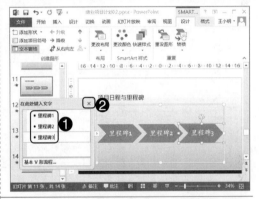

Step05：选中 SmartArt 图形，❶ 在"SmartArt 图形工具"栏中单击"设计"选项卡；❷ 在"SmartArt 样式"组中单击"更改颜色"按钮；❸ 在弹出的下拉列表中选择"彩色范围 – 着色 3 至 4"选项，如下图所示。

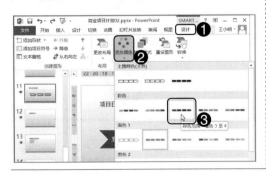

Step06：此时选中的 SmartArt 图形就会应用选中的颜色，如下图所示。

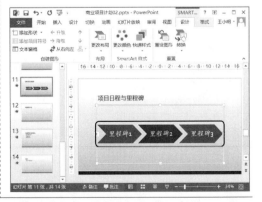

**Step07：**选中 SmartArt 图形，❶ 在"SmartArt 图形工具"栏中单击"设计"选项卡；❷ 在"SmartArt 样式"组中单击"快速样式"按钮；❸ 在弹出的下拉列表中选择"优雅"选项，如下图所示。

**Step08：**此时，SmartArt 图形就会应用"优雅"的样式效果，如下图所示。

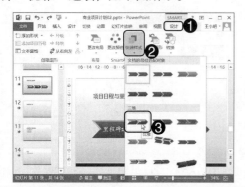

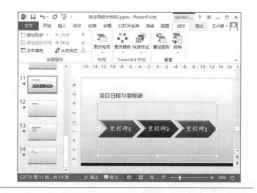

## 13.2.4 插入与设置表格

与其他 Office 组件一样，在幻灯片中同样可以使用表格。表格是重要的数据分析工具之一。使用表格，能够让复杂的数据显示得更加整齐、更加规范。在幻灯片中插入与设置表格的具体操作步骤如下。

### 光盘同步文件

素材文件：光盘\素材文件\第 13 章\商业项目计划 03.pptx
结果文件：光盘\结果文件\第 13 章\商业项目计划 04.pptx
视频文件：光盘\视频文件\第 13 章\13-2-4.mp4

**Step01：**打开素材文件，选中第 12 张幻灯片，单击幻灯片中的"插入表格"按钮，如下图所示。

**Step02：**弹出"插入表格"对话框，❶ 在"列数"微调框中输入"5"；❷ 在"行数"微调框中输入"4"；❸ 单击"确定"按钮，如下图所示。

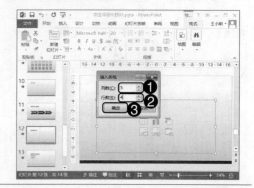

**Step03：** 此时即可在幻灯片中插入一张 4 行 5 列的表格，然后在表格中输入文字即可，如下图所示。

**Step04：** 选中表格，❶ 在"表格工具"栏中单击"设计"选项卡；❷ 在"表格样式"组中单击"其他"按钮，如下图所示。

**Step05：** 在弹出的表格样式列表中选择"浅色样式 2－强调 6"选项，如下图所示。

**Step06：** 此时，选中的表格就会应用选中的表格样式，如下图所示。

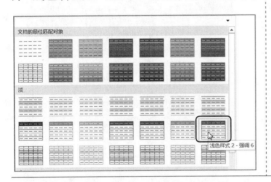

## 13.2.5 插入与设置图表

用户也可以根据需要在幻灯片中插入和设置图表，具体操作步骤如下。

 **光盘同步文件**

素材文件：光盘＼素材文件＼第 13 章＼商业项目计划 04.pptx
结果文件：光盘＼结果文件＼第 13 章＼商业项目计划 05.pptx
视频文件：光盘＼视频文件＼第 13 章＼13-2-5.mp4

**Step01：** 打开素材文件，选中第 10 张幻灯片，单击幻灯片中的"插入图表"按钮，如下图所示。

**Step02：** 弹出"插入图表"对话框，❶ 单击"柱形图"选项卡；❷ 选择"簇状柱形图"选项；❸ 单击"确定"按钮，如下图所示。

Chapter 13

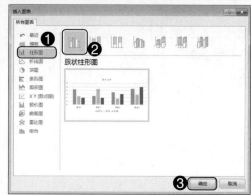

Step03：此时即可在幻灯片中插入一张图表，并显示电子表格，如下图所示。

Step04：在电子表格中输入源数据，单击"关闭"按钮，如下图所示。

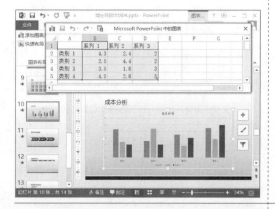

Step05：此时，即可根据电子表格中的源数据生成簇状柱形图，如下图所示。

Step06：选中图表，❶ 在"图表工具"栏中单击"设计"选项卡；❷ 在"图表样式"组中单击"快速样式"按钮，如下图所示。

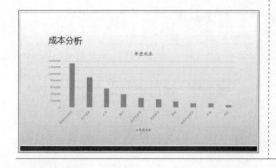

**Step07:** 在弹出的下拉列表中选择"样式 14"选项，如下图所示。

**Step08：** 此时，选中的图表就会应用"样式 14"的图表效果，如下图所示。

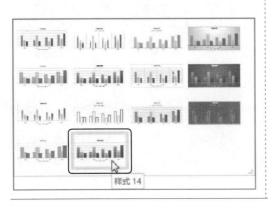

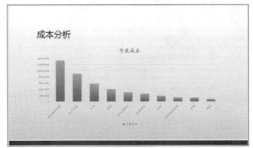

成本分析

## 知识讲解——为演示文稿添加多媒体文件

# 13.3

设计和编辑幻灯片时，可以使用音频、视频等多媒体文件为幻灯片配置声音、添加视频，制作出更具感染力的多媒体演示文稿。

### 13.3.1 添加音频

在幻灯片中插入音频文件的具体操作如下。

## 光盘同步文件

素材文件：光盘\素材文件\第 13 章\商业项目计划 05.pptx、音频 .mp3
结果文件：光盘\结果文件\第 13 章\商业项目计划 06.pptx
视频文件：光盘\视频文件\第 13 章\13-3-1.mp4

**Step01：** 打开本实例的素材文件，选中第 1 张幻灯片，❶ 单击"插入"选项卡；❷ 在"媒体"组中单击"音频"按钮；❸ 在弹出的下拉列表中选择"PC 上的音频"选项，如下图所示。

**Step02：** 弹出"插入音频"对话框，❶ 在素材文件中选择"音频 .mp3"；❷ 单击"插入"按钮，如下图所示。

**Step03：** 此时即可在幻灯片中插入选中的音频文件。选中音频文件，单击"播放"按钮，如下图所示。

**Step04：** 此时音频进入播放状态，如下图所示。

### 专家提示

选中音频文件，在"音频工具"栏中，单击"音频样式"组中的"在后台播放"按钮，此时，音频文件在放映幻灯片时就会被隐藏，并循环播放。

## 13.3.2 添加视频

在幻灯片中插入视频文件的具体操作如下。

**光盘同步文件**

素材文件：光盘\素材文件\第13章\商业项目计划06.pptx、视频01.wmv
结果文件：光盘\结果文件\第13章\商业项目计划07.pptx
视频文件：光盘\视频文件\第13章\13-3-2.mp4

**Step01：** 打开本实例的素材文件，选中第14张幻灯片，单击幻灯片中的"插入视频文件"按钮，如下图所示。

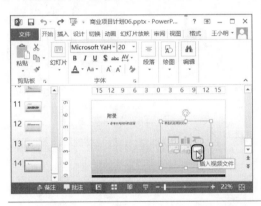

**Step02：** 进入"插入视频"界面，单击"来自文件"按钮右侧的"浏览"按钮，如下图所示。

**Step03：** 弹出"插入视频文件"对话框，❶ 在素材文件中选择"视频01.wmv"选项；❷ 单击"插入"按钮，如下图所示。

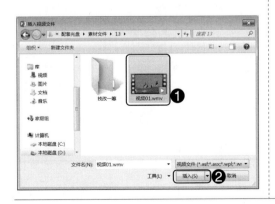

**Step04：** 此时即可在幻灯片中插入选中的视频文件。选中视频文件，单击"播放"按钮，此时视频进入播放状态，如下图所示。

# 技高一筹——实用操作技巧

通过前面知识的学习，相信读者已经掌握了 PowerPoint 2013 的基本操作。下面结合本章内容，给大家介绍一些实用技巧。

## 光盘同步文件

素材文件：光盘 \ 素材文件 \ 第 13 章 \ 技高一筹
结果文件：光盘 \ 结果文件 \ 第 13 章 \ 技高一筹
视频文件：光盘 \ 视频文件 \ 第 13 章 \ 技高一筹 .mp4

### 技巧 01　向幻灯片中添加批注

审阅他人的演示文稿时，可以利用批注功能提出修改意见。向幻灯片中添加批注的具体操作步骤如下。

Step01：打开素材文件，选中第 1 张幻灯片，❶ 单击"审阅"选项卡；❷ 单击"批注"组中的"新建批注"按钮，如下图所示。

Step02：此时在幻灯片右侧弹出"批注"窗格，在其中输入批注内容即可，如下图所示。

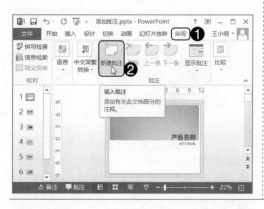

### 技巧 02　为幻灯片添加页码

通过添加编号的方式，可以快速为所有幻灯片添加页码，具体操作步骤如下。

**Step01：** 打开素材文件，❶ 单击"插入"选项卡；❷ 单击"文本"组中的"幻灯片编号"按钮，如下图所示。

**Step02：** 弹出"页眉和页脚"对话框，❶ 单击"幻灯片"选项卡；❷ 选中"幻灯片编号"复选框，如下图所示。

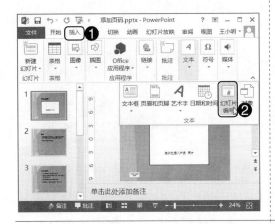

**Step03：** ❶ 单击"备注和讲义"选项卡；❶ 选中"页码"复选框；❸ 单击"全部应用"按钮，如下图所示。

**Step04：** 此时，即可在每张幻灯片的右下角添加页码，如下图所示。

## 👍 技巧 03　使用取色器以匹配幻灯片上的颜色

PowerPoint 2013 提供有"取色器"功能，可以从幻灯片中的图片、形状等元素中提取颜色，可以将提取的颜色应用到各种幻灯片元素中。使用取色器提取并匹配幻灯片上的颜色的具体操作步骤如下。

**Step01：** 打开素材文件，选中幻灯片中的图片，❶ 单击"开始"选项卡；❷ 在"绘图"组中单击"形状填充"按钮；❸ 在弹出的下拉列表中选择"取色器"选项，如下图所示。

**Step02：** 此时鼠标变成了一支画笔，当鼠标指针在不同颜色周围移动时，将显示颜色的实时预览，还可以查看RGB（红、绿、蓝）颜色坐标，如下图所示。

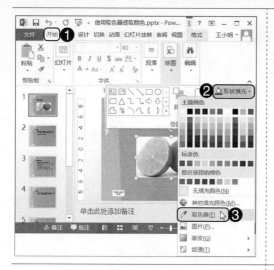

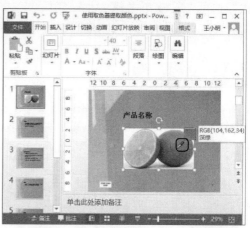

Step03：单击所需的颜色，即可将选中的颜色添加到"最近使用的颜色"组中，如下图所示。

Step04：选中幻灯片中的任意对象，在"最近使用的颜色"组中单击提取的颜色，即可将其应用到新的对象中，如下图所示。

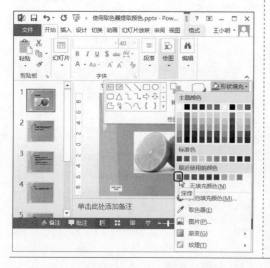

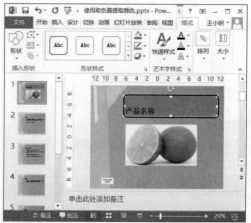

## 专家提示

使用取色器提取图片中的颜色时，按下 Enter 键，也可以将选中的颜色添加到"最近使用的颜色"组中。若要取消取色器而不选取任何颜色，按下"Esc"键即可。

## 技巧 04  打印演示文稿的标题大纲

在打印演示文稿时，既可以打印整页幻灯片，还可以单独打印备注页和大纲。打印大纲的具体操作步骤如下。

**Step01：**打开本实例的素材文件，进入"文件"界面，❶ 选择"打印"命令；❷ 单击"设置"组中的"整页幻灯片"按钮；❸ 在弹出的列表中选择"大纲"选项，如下图所示。

**Step02：**此时即可在右侧的预览界面中看到大纲标题的打印效果，如下图所示。

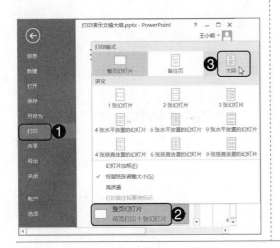

## 技巧 05　巧把幻灯片变图片

演示文稿制作完成后，可以把一张张的幻灯片另存为图片，具体的操作步骤如下。

**Step01：**打开素材文件，执行"文件"命令，❶ 单击"另存为"选项卡；❷ 选择"计算机"选项；❸ 单击"浏览"按钮，如下图所示。

**Step02：**弹出"另存为"对话框，❶ 选择合适的保存位置；❷ 在"保存类型"下拉列表中选择"JPEG 文件交换格式（\*.JPG）"选项；❸ 单击"保存"按钮，如下图所示。

Chapter 13

**Step03：**弹出"Microsoft PowerPoint"对话框，直接单击"仅当前幻灯片"按钮，如下图所示。

**Step04：**此时当前幻灯片就保存成了图片，如下图所示。

# 技能训练 1：为幻灯片添加超链接

## 训练介绍

    PowerPoint 2013 提供了超链接功能，在幻灯片中插入超链接，能够在放映幻灯片时快速转到指定的网站或者打开指定的文件，又或者直接跳转至某张幻灯片，使幻灯片播放时更加顺利、流畅。

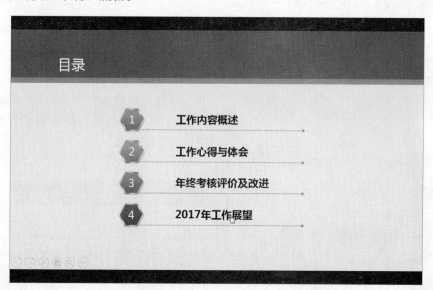

 光盘同步文件

    素材文件：光盘\素材文件\第 13 章\年度总结演示文稿 .pptx
    结果文件：光盘\结果文件\第 13 章\年度总结演示文稿 .pptx
    视频文件：光盘\视频文件\第 13 章\技能训练 1.mp4

 操作提示

| 制作关键 | 技能与知识要点 |
| --- | --- |
| 本实例为幻灯片添加超链接。首先选中幻灯片中的文本框，执行"超链接"命令；然后设置链接位置；最后放映幻灯片，并验证超链接。 | ● 执行"超链接"命令<br>● 设置链接位置<br>● 放映幻灯片，并验证超链接 |

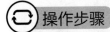 操作步骤

　　本实例的具体制作步骤如下。

　　**Step01：** 打开素材文件，❶选中第2张幻灯片；❷选中幻灯片中的文本框，右击，在弹出的快捷菜单中选择"超链接"命令，如下图所示。

　　**Step03：** ❶单击"幻灯片放映"选项卡；❷单击"开始放映幻灯片"组中的"从头开始"按钮，如下图所示。

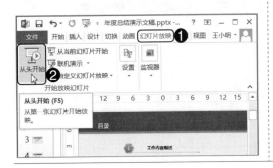

　　**Step02：** 弹出"插入超链接"对话框，❶在"链接到"组中选择"本文档中的位置"选项；❷在"请选择文档中的位置"列表框中选择"7. 2017年工作展望"选项；❸单击"确定"按钮，如下图所示。

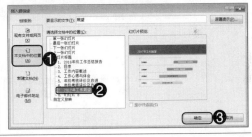

　　**Step04：** 进入幻灯片放映状态，在设置超链接的文本框上单击，如下图所示。

**Step05：** 此时即可链接到第 7 张幻灯片，如右图所示。

 专家提示

　　用户可以为幻灯片中的文字、图形、图片及表格中的文字等对象添加超链接，但不能直接为整张表格添加超链接。

# 技能训练 2：为幻灯片添加动作按钮

 训练介绍

　　PowerPoint 2013 提供了动作按钮，可以在放映演示文稿时，快速切换幻灯片，控制幻灯片的上下翻页，控制幻灯片中的视频、音频等元素。

 光盘同步文件

　　素材文件：光盘 \ 素材文件 \ 第 13 章 \ 楼盘宣传演示文稿 .pptx
　　结果文件：光盘 \ 结果文件 \ 第 13 章 \ 楼盘宣传演示文稿 .pptx
　　视频文件：光盘 \ 视频文件 \ 第 13 章 \ 技能训练 2.mp4

 操作提示

| 制作关键 | 技能与知识要点 |
| --- | --- |
| 本实例为幻灯片添加动作按钮。首先，执行插入"形状"命令，选择"动作按钮"其次，绘制一个"动作按钮：前进或下一项"按钮；再次，设置动作链接；最后，放映演示文稿，验证动作按钮。 | ● 执行插入"形状"命令<br>● 绘制"动作按钮：前进或下一项"按钮<br>● 设置动作链接<br>● 放映演示文稿，验证动作按钮 |

 操作步骤

本实例的具体制作步骤如下。

Step01：打开本实例的素材文件，选中第4张幻灯片，❶ 单击"插入"选项卡；❷ 在"插图"组中单击"形状"按钮，如下图所示。

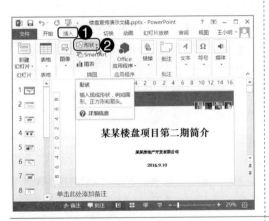

Step02：在弹出的下拉列表中选择"动作按钮：前进或下一项"选项，如下图所示。

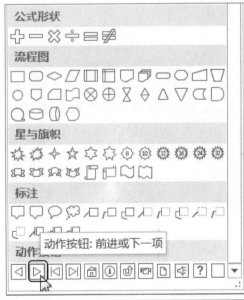

Step03：此时在幻灯片中拖动鼠标即可绘制一个"动作按钮：前进或下一项"按钮，如下图所示。

Step04：释放鼠标，弹出"操作设置"对话框，❶ 选中"超链接到"单选按钮；❷ 在下方的下拉列表中选择"下一张幻灯片"选项；❸ 单击"确定"按钮，如下图所示。

Chapter 13

**Step05**：❶ 单击"幻灯片放映"选项卡；❷ 单击"开始放映幻灯片"组中的"从头开始"按钮，如下图所示。

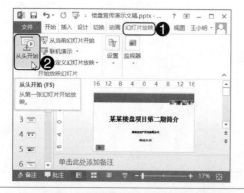

**Step07**：此时即可切换到下一张幻灯片，如右图所示。

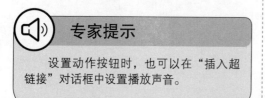

**专家提示**

设置动作按钮时，也可以在"插入超链接"对话框中设置播放声音。

**Step06**：进入幻灯片放映状态，单击设置的"动作按钮：前进或下一项"按钮，如下图所示。

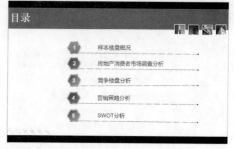

# 本章小结

本章结合实例主要讲述了 PowerPoint 2013 的基本操作，主要包括创建演示文稿、设置和美化幻灯片、为演示文稿添加多媒体文件等。通过本章学习，帮助读者学会 PowerPoint 2013 的基本操作，能够快速制作和设置专业的演示文稿。

# Chapter 14

## PowerPoint 版式设计与动画

### 本章导读

　　PowerPoint 2013 提供了强大的"幻灯片母版"和"动画"功能。使用幻灯片母版可以设置统一的幻灯片风格，制作出专业、精美的 PPT。专业的 PPT，不仅要内容精美，还要在动画上绚丽多彩。为幻灯片中的各种对象添加动画，能够帮助用户制作更具吸引力和说服力的动画效果。

### 学完本章后应该掌握的技能

- 设计幻灯片母版
- PPT 的设计和美化技巧
- 幻灯片的动画设置

### 本章相关实例效果展示

**14.1** 知识讲解——设计幻灯片母版

专业的演示文稿通常都有统一的背景、配色和文字格式等。为了实现统一的设置，这就用到了幻灯片母版。本节介绍如何设计标题幻灯片版式和 Office 主题母版。

### 14.1.1 设计标题幻灯片版式

标题幻灯片版式常常在演示文稿中作为封面和结束语的样式。设计标题幻灯片版式的具体操作如下。

**光盘同步文件**

素材文件：光盘\素材文件\第 14 章\设计幻灯片母版 .pptx、图片 1.jpg
结果文件：光盘\结果文件\第 14 章\设计幻灯片母版 01.pptx
视频文件：光盘\视频文件\第 14 章\14-1-1.mp4

**Step01**：打开本实例的素材文件，❶ 单击"视图"选项卡；❷ 在"母版视图"组中单击"幻灯片母版"按钮，如下图所示。

**Step02**：进入"幻灯片母版"状态，在左侧的幻灯片窗格中选中"标题幻灯片版式：由幻灯片 1 使用"幻灯片，如下图所示。

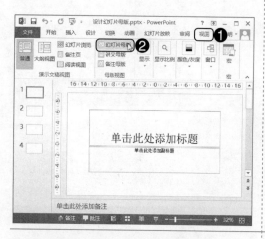

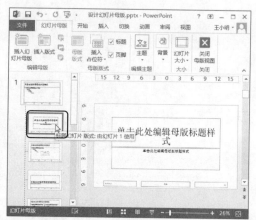

**Step03**：按下 Ctrl+A 组合键，选中幻灯片中的所有文本框，❶ 单击"开始"选项卡；❷ 在"字体"下拉列表中选择"黑体"选项，如下图所示。

**Step04**：❶ 单击"插入"选项卡；❷ 在"图像"组中单击"图片"按钮，如下图所示。

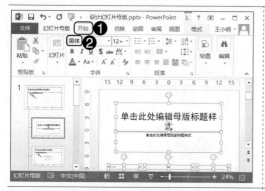

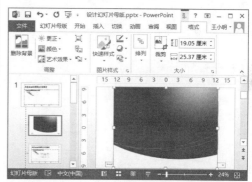

Step05：弹出"插入图片"对话框；❶ 从中选择素材文件"图片 1.jpg"；❷ 单击"插入"按钮，如下图所示。

Step06：此时即可在幻灯片中插入选中的"图片 1.jpg"，如下图所示。

Step07：拖动鼠标调整图片大小和位置，使其覆盖整张幻灯片。设置完毕，❶ 单击"幻灯片母版"选项卡，❷ 在"关闭"组中单击"关闭母版视图"按钮，如下图所示。

Step08：返回文稿中，此时即可看到标题幻灯片的设置效果，如下图所示。

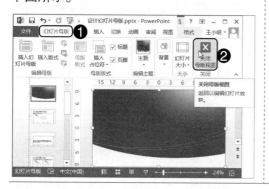

## 14.1.2 设计 Office 主题母版

设计 Office 主题幻灯片母版，可以使演示文稿中的所有幻灯片具有与设计母版相同的样式效果，具体操作步骤如下。

## 光盘同步文件

素材文件：光盘\素材文件\第14章\设计幻灯片母版01.pptx
结果文件：光盘\结果文件\第14章\设计幻灯片母版02.pptx
视频文件：光盘\视频文件\第14章\14-1-2.mp4

Step01：打开素材文件，在左侧的幻灯片窗格中选择"Office主题 幻灯片母版：由幻灯片1-4使用"幻灯片，如下图所示。

Step02：按下Ctrl+A组合键，选中幻灯片中的所有文本框，❶ 单击"开始"选项卡；❷ 在"字体"下拉列表中选择"黑体"选项，如下图所示。

Step03：❶ 单击"插入"选项卡；❷ 在"图像"组中单击"图片"按钮，如下图所示。

Step04：弹出"插入图片"对话框；❶ 从中选择素材文件"图片2.jpg"；❷ 单击"插入"按钮，如下图所示。

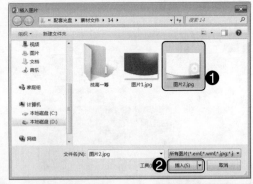

Step05：此时即可在幻灯片中插入选中的"图片2.jpg"，如下图所示。

Step06：拖动鼠标调整图片大小和位置，使其覆盖整张幻灯片，如下图所示。

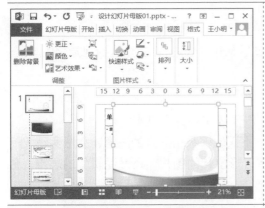

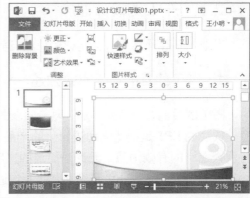

**Step07**：设置完毕，❶ 单击"幻灯片母版"选项卡，❷ 在"关闭"组中单击"关闭母版视图"按钮，如下图所示。

**Step08**：返回文稿中，此时即可看到 Office 主题母版的设置效果，如下图所示。

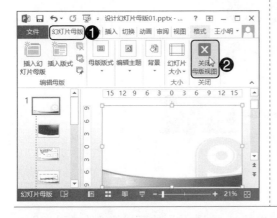

## 专家提示

在 PowerPoint 中有 3 种母版：幻灯片母版、讲义母版、备注母版。其中，幻灯片母版是用于设置幻灯片的样式的，可供用户设定各种标题文字、背景、属性等，只需更改一项内容就可更改所有幻灯片的设计。

## 14.2 知识讲解——PPT 的设计和美化技巧

要想制作专业、精美的 PPT，就需要了解 PPT 的设计和美化技巧。接下来从 PPT 设计理念、文字、表格、图片、图表、逻辑、演示等方面介绍 PPT 的设计和美化技巧。

### 14.2.1 PPT 的设计理念

专业的PPT通常具有结构化的思维,通过形象化的表达,让受众达到视觉化的享受。

#### 1. PPT 的目的在于有效沟通

PPT 的目的在于有效沟通,观众接受的 PPT 才是好的 PPT!

成功的 PPT 是视觉化和逻辑化的产品,不仅能够吸引观众的注意,更能实现 PPT 与观众之间的有效沟通。无论是简洁的文字、形象化的图片,还是逻辑化的思维,最终目的都是为了与观众之间建立有效的沟通。

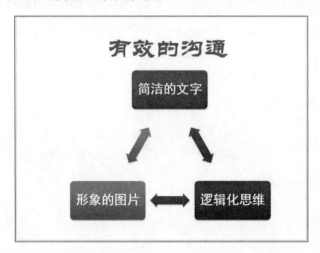

#### 2. PPT 应具有视觉化效果

人们通常对那些"视觉化"的事物更感兴趣。"视觉化"的事物往往能增强表象、记忆与思维等方面的反应强度,更加容易让人接受。例如精美的图片、简洁的文字、专业清晰的模板,都能够让人眼前一亮。

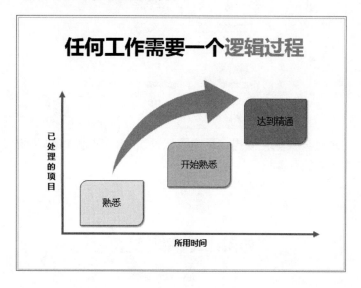

### 3. PPT 应逻辑清晰

逻辑化的事物通常更具条理性和层次性，便于观众接受和记忆。逻辑化的 PPT 应该像讲故事一样，让观众有看电影的感觉。

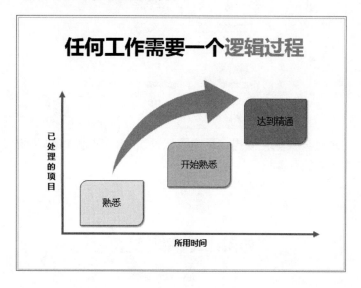

## 14.2.2 PPT 的文字设计

不同的字体具有不同的效果，PowerPoint 2013 的默认中文字体是宋体，常用的字体包括宋体、黑体、微软雅黑、华文中宋等。各种字体的设置效果和使用方法如下图所示。

演示文稿的字体不宜过大，也不宜过小，适合就好。用于演示的 PPT 最小字体建议不要小于 18 号，用于阅读的最小字体建议不要小于 12 号。

字号合适就好！

标题或正文的字号不宜过大，也不宜过小，大小合适即可。

| 一级标题 | 40号 |
|---|---|
| 二级标题 | 36号 |
| 三级标题 | 28号 |
| 四级标题 | 24号 |
| 正文字体 | 20号 |
| 正文字体 | 18号 |

为了让幻灯片更具视觉化效果，用户可以通过加大字号、给文字着色以及给文字配图的方法增强文字的可读性。

如何让文字视觉化

- 加大**字号**
- 给文字着色
- 给文字配图

### 14.2.3 PPT 的图片设计

文不如表，表不如图，一张精美的图片胜过千言万语。让你的图片活起来，你的PPT 就会更具说服力。PPT 中要尽量少用文字，多用图片，这已经成为设计 PPT 的不二法则。原因很简单，就是图片的视觉冲击力要远远强于文字。

向日葵 Sunflower
我是唯一有伞，仍然淋湿的人吗？

Powerpoint 2013 提供了多种图片处理功能，如裁剪、快速样式、图片版式、删除背景、图片颜色、图片更正等。用活、用好这些功能，就能够制作出精美的 PPT。

## 14.2.4 PPT 的图形设计

图形是 PPT 设计中的一大利器。用户既可以直接使用 PowerPoint 2013 提供的各种形状和 SmartArt 图形，还可以根据需要设计出多样化的图形。

绘图是幻灯片设计中的一项基本功。PowerPoint 2013 提供了各式各样的图形和形状样式，帮助读者快速成为绘图高手。

一木难成林,单个图形难以构成完整的PPT。通过图形之间的组合排列和层次布局,可以制作出完整而精美的幻灯片画面。

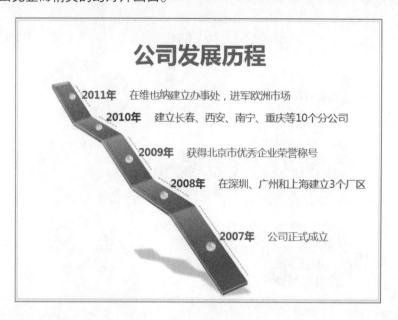

## 14.2.5 PPT 的表格设计

商务报告中通常会出现大量的段落或数据,表格是组织这些文字和数据的最好选择。PowerPoint 2013 提供了多种表格样式,用户可以根据需要选用。

除了应用样式,用户还可以通过加大字号、给文字着色、添加标记、背景反衬等方式突出关键字,美化表格。

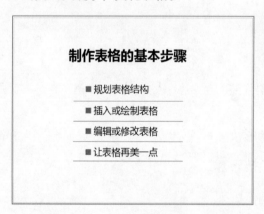

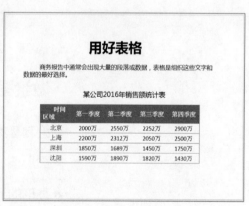

## 14.2.6 PPT 的图表设计

图表是数据的形象化表达。使用图表,可以使数据更具可视化效果,它展示的不仅仅是数据,还有数据的发展趋势。

PowerPoint 2013 提供了多种图表类型，如折线图、饼图、柱形图等。通过使用图表布局、图表样式、更改颜色等功能，可以设计出精美的图表。

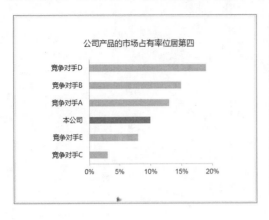

## 14.3 知识讲解——幻灯片的动画设置

PowerPoint 2013 提供了包括进入、强调、路径退出以及页面切换等多种形式的动画效果，为幻灯片添加这些动画特效，可以使 PPT 实现和 Flash 动画一样的效果。本节主要介绍 PowerPoint 2013 的动画设计技巧。

### 14.3.1 设置进入动画

进入动画可以实现多种对象从无到有、陆续展现的动画效果。在幻灯片中设置进入动画的具体操作如下。

 光盘同步文件

素材文件：光盘 \ 素材文件 \ 第 14 章 \ 楼盘简介演示文稿 .pptx
结果文件：光盘 \ 结果文件 \ 第 14 章 \ 楼盘简介演示文稿 01.pptx
视频文件：光盘 \ 视频文件 \ 第 14 章 \14-3-1.mp4

Step01：打开本实例的素材文件，选中第 1 张幻灯片中的标题文本框，❶ 单击"动画"选项卡；❷ 在"动画"组中单击"动画样式"按钮，如下图所示。

Step02：在弹出的下拉列表中选择"进入→飞入"选项，如下图所示。

Step03：此时选中的标题文本框就会应用"飞入"动画，并在幻灯片中显示动画编号，如下图所示。

Step04：❶ 单击"动画"选项卡；❷ 单击"预览"组中的"预览"按钮，如下图所示。

Step05：此时即可看到"飞入"动画的预览效果，如下图所示。

Step06：❶ 单击"动画"选项卡；❷ 单击"高级动画"组中的"动画窗格"按钮，如下图所示。

Step07：此时即可在幻灯片的右侧弹出"动画窗格"，并显示动画编号，如下图所示。

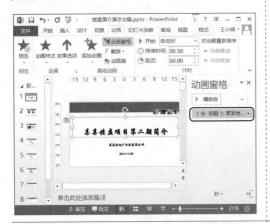

Step08：❶ 在"动画窗格"中单击；❷ 在弹出的下拉列表中选择"效果选项"选项，如下图所示。

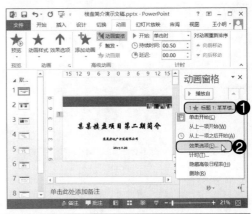

Step09：弹出"飞入"对话框，❶ 单击"效果"选项卡；❷ 在"方向"下拉列表中选择"自左侧"选项；❸ 单击"确定"按钮，如下图所示。

Step10：执行"预览"命令，此时即可看到"飞入"动画的预览效果，如下图所示。

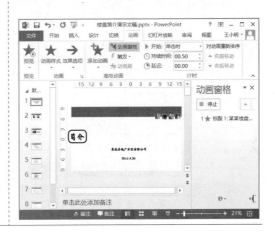

## 14.3.2 设置强调动画

强调动画是通过放大、缩小、闪烁、陀螺旋等方式突出显示对象和组合的一种动画。设置强调动画的具体步骤如下。

 **光盘同步文件**

素材文件：光盘\素材文件\第 14 章\楼盘简介演示文稿 01.pptx
结果文件：光盘\结果文件\第 14 章\楼盘简介演示文稿 02.pptx
视频文件：光盘\视频文件\第 14 章\14-3-2.mp4

Step01：打开本实例的素材文件，选中标题幻灯片，❶ 单击"动画"选项卡；❷ 在"高级动画"组中单击"添加动画"按钮，如下图所示。

Step02：在弹出的下拉列表中选择"强调→放大/缩小"选项，如下图所示。

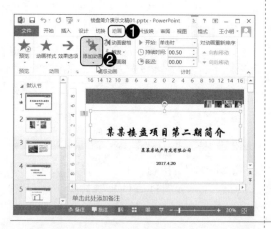

Step03：此时选中的标题文本框就会应用"放大/缩小"强调动画，并在幻灯片中显示动画编号，如下图所示。

Step04：执行"预览"命令，即可查看强调动画"放大/缩小"的预览效果，如下图所示。

专家提示

　为某目标对象添加多个动画时，应在"高级动画"组中单击"添加动画"按钮，继续添加其他动画。

### 14.3.3 设置退出动画

退出动画是让对象从有到无、逐渐消失的一种动画效果。退出动画实现了画面的连贯过渡，是不可或缺的动画效果。设置退出动画的具体操作步骤如下。

**光盘同步文件**

素材文件：光盘\素材文件\第 14 章\楼盘简介演示文稿 02.pptx
结果文件：光盘\结果文件\第 14 章\楼盘简介演示文稿 03.pptx
视频文件：光盘\视频文件\第 14 章\14-3-3.mp4

Step01：打开本实例的素材文件，选中第 3 张幻灯片中的图片，❶ 单击"动画"选项卡；❷ 单击"动画"组中的"动画样式"按钮，如下图所示。

Step02：在弹出的下拉列表中选择"退出→随机线条"选项，如下图所示。

Step03：此时选中的图片就会应用"随机线条"的退出动画，并在幻灯片中显示动画编号，如下图所示。

Step04：执行"预览"命令，此时即可看到"随机线条"样式的退出动画的预览效果，如下图所示。

**专家提示**

如果对列表中的动画方案不满意，可以选择"更多退出效果"选项，选择其他退出动画。

### 14.3.4 设置路径动画

路径动画是让对象按照绘制的路径运动的一种高级动画效果，可以实现 PPT 的千变万化。设置路径动画的具体步骤如下。

**光盘同步文件**

素材文件：光盘\素材文件\第 14 章\楼盘简介演示文稿 03.pptx
结果文件：光盘\结果文件\第 14 章\楼盘简介演示文稿 04.pptx.pptx
视频文件：光盘\视频文件\第 14 章\14-3-4.mp4

**Step01**：打开本实例的素材文件，选中第 2 张幻灯片中的"蝴蝶"图片，❶ 单击"动画"选项卡；❷ 单击"动画"组中的"动画样式"按钮，如下图所示。

**Step02**：在弹出的下拉列表中选择"动作路径→循环"选项，如下图所示。

**Step03**：此时，选中的"蝴蝶"图片就添加了"循环"样式的路径动画，如下图所示。

**Step04**：单击"预览"组中的"预览"按钮，即可看到"循环"样式的路径动画的预览效果，如下图所示。

中文版 Office 2013 商务办公应用从入门到精通

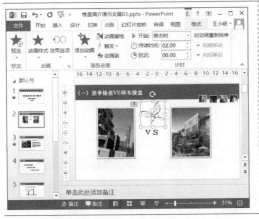

## 14.3.5 设置切换动画

页面切换动画是幻灯片之间进行切换的一种动画效果。添加页面切换动画不仅可以轻松实现幻灯片之间的自然切换，还可以使 PPT 真正动起来。设置切换动画的具体操作如下。

 **光盘同步文件**

素材文件：光盘 \ 素材文件 \ 第 14 章 \ 楼盘简介演示文稿 04.pptx
结果文件：光盘 \ 结果文件 \ 第 14 章 \ 楼盘简介演示文稿 05.pptx
视频文件：光盘 \ 视频文件 \ 第 14 章 \14-3-5.mp4

**Step01**：打开本实例的素材文件，选中第 2 张幻灯片，❶ 单击"切换"选项卡；❷ 在"切换到此幻灯片"组中单击"切换样式"按钮，如下图所示。

**Step02**：在弹出的下拉列表中选择一种切换方式，如选择"棋盘"选项，如下图所示。

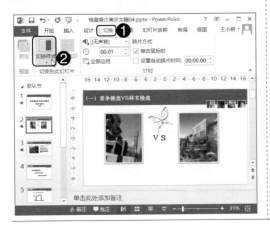

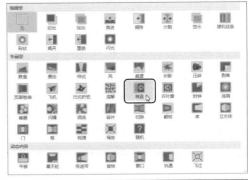

**Step03：** ❶ 单击"切换"选项卡；❷ 单击"预览"组中的"预览"按钮，如下图所示。

**Step04：** 此时即可看到"棋盘"样式的切换动画的预览效果，如下图所示。

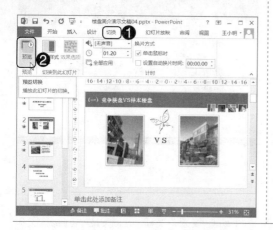

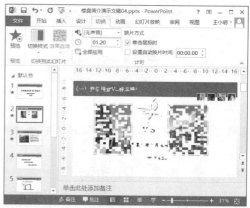

# 技高一筹——实用操作技巧

通过前面知识的学习，相信读者已经掌握了 PowerPoint 版式设计与动画设置的基本操作。下面结合本章内容，给大家介绍一些实用技巧。

## 光盘同步文件

素材文件：光盘\素材文件\第 14 章\技高一筹
结果文件：光盘\结果文件\第 14 章\技高一筹
视频文件：光盘\视频文件\第 14 章\技高一筹 .mp4

 **技巧 01** 更改幻灯片的大小

PowerPoint 2013 提供了 3 种类型的幻灯片，包括标准 (4:3)、宽屏 (16:9) 和自定义大小的幻灯片。在 PowerPoint 2013 中，默认的幻灯片大小是宽屏 (16:9)。如果要更改幻灯片的大小，具体操作步骤如下。

**Step01：** 打开素材文件，❶ 单击"设计"选项卡；❷ 在"自定义"组中单击"幻灯片大小"按钮；❸ 在弹出的下拉列表中选择"标准 (4:3)"选项，如下图所示。

**Step02：** 弹出"Microsoft PowerPoint"对话框，选择"确保适合"选项，如下图所示。

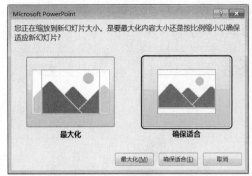

**Step03：** 此时即可将幻灯片大小更改为"标准(4:3)"，不过样式会发生些许变化，如右图所示。

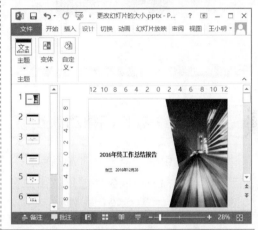

---

### 📢 专家提示

当幻灯片无法自动缩放内容大小时，它将提示两个选项。

（1）最大化：此选项在缩放到较大的幻灯片大小时增大幻灯片内容的大小。可能会导致内容不能全部显示在幻灯片上。

（2）确保适合：此选项在缩放到较小的幻灯片大小时减小幻灯片内容的大小。可能会使幻灯片的内容显示得较小，但可在幻灯片上看到所有内容。

---

### 👍 技巧 02　使用参考线对齐对象

在 PowerPoint 中，参考线能够帮助用户快速地设置图形、图片等对象的对齐方式，方便、快捷。使用参考线对齐图片的具体操作步骤如下。

**Step01**：打开素材文件，❶ 单击"视图"选项卡；❷ 在"显示"组中选中"参考线"复选框，如下图所示。

**Step02**：此时幻灯片中即可显示参考线，拖动图片根据参考线设置对齐即可，如下图所示。

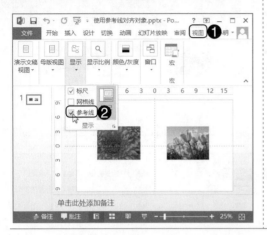

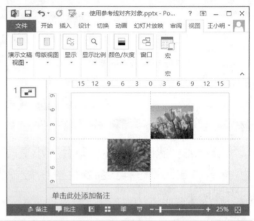

### 技巧 03　教你调整动画顺序

对幻灯片中的对象定义了动画后，每个对象的动画都会有一个编号，这个编号就决定了动画在播放时的先后顺序。用户可以通过单击"向前移动"和"向后移动"按钮调整动画顺序，具体操作步骤如下。

**Step01**：打开素材文件，❶ 单击"动画"选项卡；❷ 在"高级动画"组中单击"动画窗格"按钮，如下图所示。

**Step02**：此时在窗口右侧弹出"动画窗格"，如下图所示。

**Step03**：❶ 在"动画窗格"中选择要调整顺序的动画，❷ 在"计时"组中单击"向前移动"按钮，即可向前移动一个位置，如下图所示。

**Step04**：根据需要多次单击"向前移动"或"向后移动"按钮，即可调整动画顺序，如下图所示。

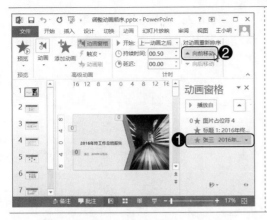 

## 技巧 04　教你打印幻灯片

打印幻灯片是办公人员的一项必备技能。用户可以根据需要在一张纸上打印一张或多张幻灯片。打印幻灯片的具体操作步骤如下。

**Step01：** 打开本实例的素材文件，按下 Ctrl+P 组合键，进入打印界面，❶ 单击"整页幻灯片"按钮；❷ 在弹出的打印列表中选择"6 张水平放置的幻灯片"选项，如下图所示。

**Step02：** 此时即可在一张纸上打印 6 张水平放置的幻灯片，如下图所示。

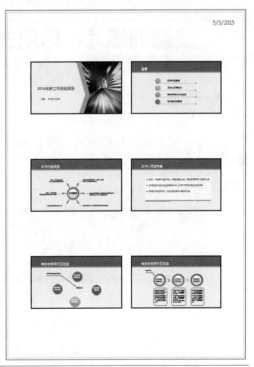

## 技巧 05　使用动画刷设置动画

PowerPoint 2013 提供了一个"动画刷"，如 Word 里面的"格式刷"一样，可以将原对象的动画复制到目标对象上面，具体的操作步骤如下。

Step01：打开素材文件，❶ 在第 1 张幻灯片中，选中设置了编号"1"动画的文本框；❷ 单击"动画"选项卡；❸ 在"高级动画"组中单击"动画刷"按钮，此时鼠标指针变成"刷子"形状，如下图所示。

Step02：在目标对象上单击，即可将该动画复制到选中的目标对象上，如下图所示。

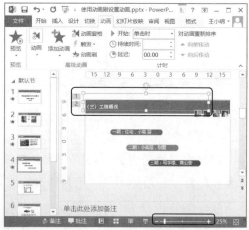

# 技能训练 1：巧用主题设计自己的 PPT

## 训练介绍

幻灯片的主题和母版一样重要，而且 PowerPoint 2013 提供了多种演示文稿的主题样式，我们只需要在幻灯片中应用它们，就能改变 PPT 的整体风格，让你的 PPT 更加绚丽多彩！

## 光盘同步文件

素材文件：光盘\素材文件\第 14 章\公司销售提案 .pptx
结果文件：光盘\结果文件\第 14 章\公司销售提案 .pptx
视频文件：光盘\视频文件\第 14 章\技能训练 1.mp4

## 操作提示

| 制作关键 | 技能与知识要点 |
| --- | --- |
| 本实例巧用主题设计自己的 PPT。首先执行"主题"命令；然后选择一种主题样式；最后设置变体样式。 | ● 执行"主题"命令<br>● 选择一种主题样式<br>● 设置变体样式 |

## 操作步骤

本实例的具体制作步骤如下。

**Step01**：打开素材文件，❶ 单击"设计"选项卡；❷ 在"主题"组中单击"主题"按钮，如下图所示。

**Step02**：在弹出的主题界面中选择"镶边"选项，如下图所示。

**Step03**：此时，演示文稿就会应用选中的"镶边"主题，如下图所示。

**Step04**：在"变体"组中选择一种变体样式，例如，选择"黑色镶边"选项，此时即可应用选中的变体样式，如下图所示。

# 技能训练 2：设置连续播放的动画

训练介绍

默认情况下，在幻灯片中设置的动画是根据设置顺序自动编号的，播放幻灯片时，执行单击操作，才会继续下一个动画。为了便于放映演示文稿，可以调整动画的开始播放时间，实现动画之间的连续播放。

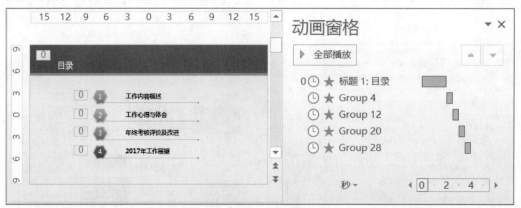

光盘同步文件

素材文件：光盘\素材文件\第 14 章\年度总结报告 .pptx
结果文件：光盘\结果文件\第 14 章\年度总结报告 .pptx
视频文件：光盘\视频文件\第 14 章\技能训练 2.mp4

 操作提示

| 制作关键 | 技能与知识要点 |
|---|---|
| 本实例设置连续播放的动画。首先，单击"动画"选项卡，单击"动画窗格"按钮，选择"从上一项之后开始"选项。 | ● 单击"动画"选项卡<br>● 单击"动画窗格"按钮<br>● 选择"从上一项之后开始"选项 |

操作步骤

本实例的具体制作步骤如下。

Step01：打开本实例的素材文件，选中第2张幻灯片，❶单击"动画"选项卡；❷在"高级动画"组中单击"动画窗格"按钮，❸此时即可看到第2张幻灯片中设置的几个连续编号的动画，如下图所示。

Step02：❶在"动画窗格"中单击动画顺序为1的方法，❷在弹出的下拉列表中选择"从上一项之后开始"选项，如下图所示。

Step03：此时，原动画1的动画顺序变成"0"，就可以在上一张幻灯片播放完成后，继续播放下一张幻灯片，如下图所示。

Step04：使用同样的方法，将其他动画的播放时间设置为"从上一项之后开始"，如下图所示。

**Step05**：单击"动画窗格"中的"播放自"按钮，如下图所示。

**Step06**：此时即可连续播放设置的多个动画，并显示进度线，如下图所示。

# 本章小结

本章结合实例主要讲述了 PowerPoint 2013 的基本操作，主要包括设计幻灯片母版、PPT 的设计和美化技巧、幻灯片的动画设置等。通过本章学习，能够帮助读者掌握 PPT 的设计理念和设计技巧，学会设置各种动画，能够快速制作专业的演示文稿。

# Chapter 15

## 实战应用——Word 长文档排版

### 本章导读

　　Word 提供了一套实用的长文档的功能，主要包括页面设置、分节设置、设置目录大纲、添加页眉和页码等内容。正确使用这些功能，即使面对含有几万字，甚至几十万字的文档，也能将文档编排得版面整洁、层次清晰。本章从长文档的排版要求和 Word 排版案例精讲两个方面，详细介绍 Word 长文档排版的精髓。

### 学完本章后应该掌握的技能

- 规范打印页面
- 全文分节设置
- 设置目录大纲
- 添加页眉、页脚和页码
- 劳动合同排版案例
- 企划书排版案例

### 本章相关实例效果展示

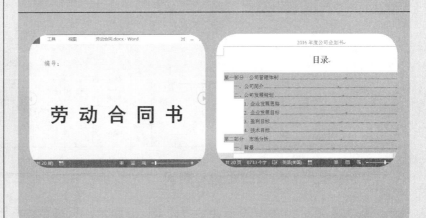

## 15.1 知识讲解——长文档的排版方法

专业文档的编排通常有着严格的格式要求，如页面设置、分节设置、目录大纲、页眉页码等内容。接下来分别进行详细介绍。

### 15.1.1 规范打印页面

Word 文档默认设置文档的页边距、纸型、纸张的方向等页面属性，用户还可以根据需要对页面属性进行设置。页面设置主要包括设置页边距、设置纸张大小和纸张方向、设置页眉和页脚距边界距离、设置文档网格等内容。

#### 1. 设置页边距

Word 2013 文档的默认页边距为：上、下边距 2.54 厘米，左、右边距 3.17 厘米。用户可以自定义页边距为：上、下、左、右边距均为 2.5 厘米，装订线为左侧 0.5 厘米。

#### 2. 设置纸张大小和纸张方向

除了设置页边距，用户还可以在 Word 文档中非常方便地设置纸张大小和方向。默认的纸张大小为 A4 纵向。

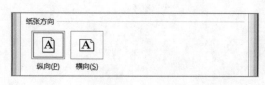 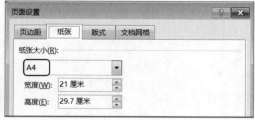

#### 3. 设置页眉和页脚距边界距离

默认情况下，Word 页眉距边界距离 1.5 厘米，页脚距边界距离 1.75 厘米。用

户可以根据需要进行自定义，例如将页眉、页脚距边界距离分别设置为 1.8 厘米、1.4
厘米。

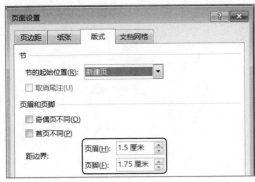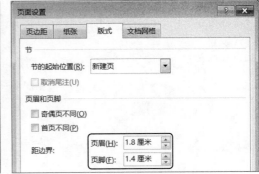

### 4. 设置文档网格

通过设置 Word 文档网格，可以轻松地控制文字的排列方向以及每页中的行数和
每行中的字符数，并使应用范围内所有的行或字符之间都具有相同的行"跨度"和
字符"跨度"。

（1）在"网格"组中，如果选中"无网格"单选按钮，则 Word 根据文档内容自
行设置每行字符数和每页行数。

（2）如果选中"指定行和字符网格"单选按钮，则在"每行"数值框中设置每行
所显示的字符数，在"每页"数值框中设置每页所显示的行数。

（3）如果选中"只指定行网格"单选按钮，则只能设置每页的行数和行跨度。

（4）如果选中"文字对齐字符网格"单选按钮，则只能设置每行的字符个数和每
页的行数。

分节符是指为表示节的结尾插入的标记。分节符起着分隔其前面文本格式的作用。如果删除了某个分节符，它前面的文字会合并到后面的节中，并且采用后者的格式设置。

分节符的类型主要包括下一页、连续、奇数页、偶数页等。

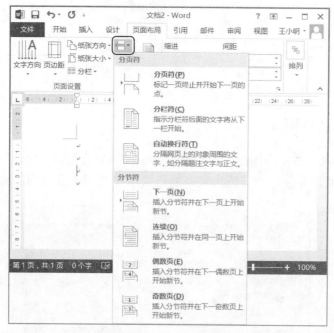

（1）下一页：在插入此分节符的地方，Word会强制分页，新的"节"从下一页开始。如果要在不同页面上分别应用不同的页码样式、页眉和页脚文字，以及想改变页面的纸张方向、纵向对齐方式或者纸型，应该使用这种分节符。

（2）连续：插入"连续"分节符后，文档不会被强制分页。主要是帮助用户在同一页面上创建不同的分栏样式或不同的页边距大小。尤其是当我们要创建报纸、期刊样式的分栏时，更需要连续分节符的帮助。

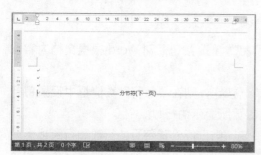

（3）奇数页：在插入"奇数页"分节符之后，新的一节会从其后的第一个奇数页面开始（以页码编号为准）。在编辑长篇文稿，尤其是书稿时，人们一般习惯将新的章节题目排在奇数页，此时即可使用"奇数页"分节符。注意：如果上一章节结束的位置是一个奇数页，也不必强制插入一个空白页。在插入"奇数页"分节符后，Word会自动在相应位置留出空白页。

（4）偶数页：偶数页分节符的功能与奇数页的类似，只不过是后面的一节从偶数页开始，在此不再赘述。

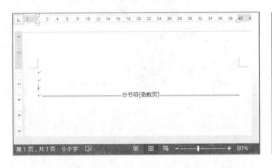

## 15.1.3 设置目录大纲

文档创建完成后，为了便于阅读，我们可以为文档添加一个目录。使用目录可以使文档的结构更加清晰，便于阅读者对整个文档进行定位。

### 光盘同步文件

素材文件：光盘\素材文件\第15章\员工绩效考核制度.docx
结果文件：光盘\结果文件\第15章\员工绩效考核制度01.docx
视频文件：光盘\视频文件\第15章\15-1-3.mp4

### 1. 设置大纲级别

Word 是使用层次结构来组织文档的，大纲级别就是段落所处层次的级别编号。Word 2013 提供的内置标题样式中的大纲级别都是默认设置的，用户可以直接生成目录。当然用户也可以自定义大纲级别。Word 2013 提供了方便的"导航"功能，使用导航窗格可以快速显示 Word 2013 文档的标题大纲。

| | |
|---|---|
| **Step01**：打开素材文件，将鼠标指针移动到 1 级标题，❶ 单击"开始"选项卡；❷ 在"段落"组中单击"对话框启动器"按钮，如下图所示。 | **Step02**：弹出"段落"对话框，❶ 单击"缩进和间距"选项卡；❷ 在"大纲级别"下拉列表中选择"1 级"，如下图所示使用同样的方法，设置所有 1 级标题的大纲级别。 |

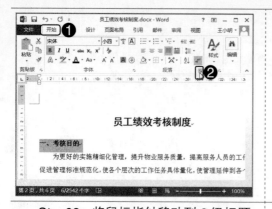

Step03：将鼠标指针移动到 2 级标题，❶ 单击"开始"选项卡；❷ 在"段落"组中单击"对话框启动器"按钮，如下图所示。

Step04：弹出"段落"对话框，❶ 单击"缩进和间距"选项卡；❷ 在"大纲级别"下拉列表中选择"2 级"选项，如下图所示。使用同样的方法，设置所有 2 级标题的大纲级别。

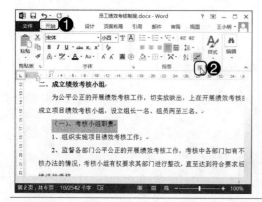

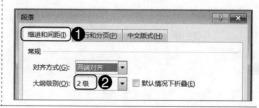

## 2. 生成目录

大纲级别设置完毕，接下来就可以生成目录了。生成自动目录的具体步骤如下。

Step01：将光标定位在目录页中分节符的上方行中，❶ 单击"引用"选项卡；❷ 在"目录"组中单击"目录"按钮，如下图所示。

Step02：在弹出的"内置"列表中选择"自定义目录"选项，如下图所示。

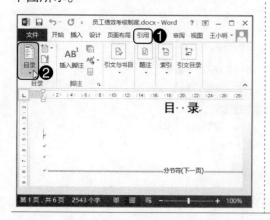

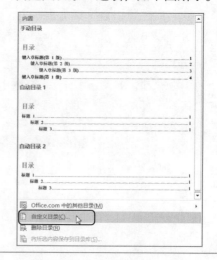

Step03：弹出"目录"对话框，❶ 单击"目录"选项卡；❷ 在"显示级别"微调框中将显示级别设置为"2"；❸ 单击"修改"按钮，如下图所示。

Step04：此时即可根据大纲级别生成目录，如下图所示。

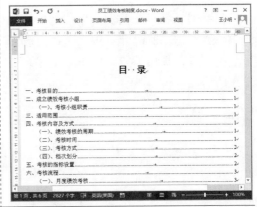

### 3. 更新目录

在编辑或修改文档的过程中，如果文档内容或格式发生了变化，则需要更新目录。从本质上讲，生成的目录是一种域代码，因此可以通过"更新域"来更新目录。更新目录的具体操作步骤如下。

Step01：打开本实例的素材文件，在插入的目录中右击，在弹出的快捷菜单中选择"更新域"命令，如下图所示。

Step02：弹出"更新目录"对话框，❶选中"只更新页码"单选按钮，❷单击"确定"按钮，即可更新目录，如下图所示。

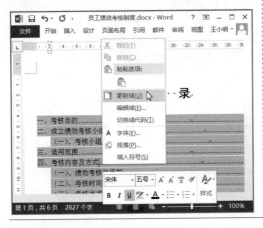

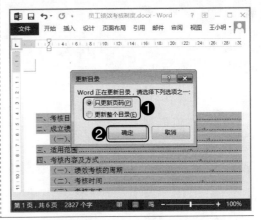

## 15.1.4 添加页眉

正规的文档通常包含页眉，接下来在文档中插入页眉"员工绩效考核制度"，具体操作步骤如下。

## 光盘同步文件

素材文件：光盘\素材文件\第 15 章\员工绩效考核制度 01.docx
结果文件：光盘\结果文件\第 15 章\员工绩效考核制度 02.docx
视频文件：光盘\视频文件\第 15 章\15-1-4.mp4

**Step01**：打开本实例的素材文件，在页眉位置双击，此时即可进入页眉页脚设置状态，并在页眉下方出现一条横线，如下图所示。

**Step02**：❶ 输入页眉"员工绩效考核制度"，❷ 将字体格式设置为"宋体，五号"，如下图所示。

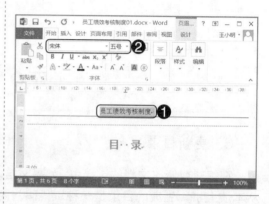

**Step03**：设置完毕，单击"页眉和页脚工具"选项卡中的"关闭页眉和页脚"按钮，即可退出页眉页脚设置状态，如下图所示。

**Step04**：此时即可为全文添加页眉，效果如下图所示。

## 专家提示

在页面设置中，单击"设计"选项卡，在"选项"组中选中"奇偶页不同"复选框，即可设置奇偶页不同的页眉和页脚。

# 实战应用——Word 排版案例精讲

**15.2**

Word 排版讲究版面整洁、层次清晰。接下来以编排劳动合同和企划书为例，介绍 Word 排版的常用方法和技巧。

## 15.2.1 劳动合同排版案例

劳动合同是公司常用的文档之一。通常情况下，企业可以采用劳动部门制作的格式文本。也可以在遵循劳动法律法规的前提下，根据公司情况，制定合理、合法、有效的劳动合同。

 **光盘同步文件**

视频文件：光盘 \ 视频文件 \ 第 15 章\15-2-1.mp4

### 1. 制作劳动合同封面

制作劳动合同封面即合同首页，通常包括合同的编号、大字标题、甲乙双方信息、签订时间、监制单位等内容。

在 Word 文档中，通过设置字体格式、对齐方式、增减缩进量，以及调整文本宽度等方法，即可根据需要设置劳动合同封面。

尤其注意，在制作文档标题"劳动合同书"时，采用调整文本宽度的方法，❶ 在"段落"组中单击"中文版式"按钮 ；❷ 在弹出的下拉列表中选择"调整宽度"选项，对"劳动合同书"这几个字进行加宽。

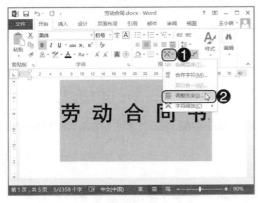

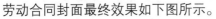

劳动合同封面最终效果如下图所示。

## 2. 使用制表符进行精确排版

对 Word 文档进行排版时，要对不连续的文本列进行整齐排列，除了使用表格，还可以使用制表符进行快速定位和精确排版。接下来使用制表符对甲乙双方的详细信息进行排版，使其对齐工整。

首先确定制表符的位置，然后将光标定位到文本"乙方"之前，按下 Tab 键，此时，光标之后的文本自动与制表符对齐。采用同样的方法，用制表符将甲乙信息分开，且整体对齐工整，然后为制表符和乙方信息填写处设置下画线。

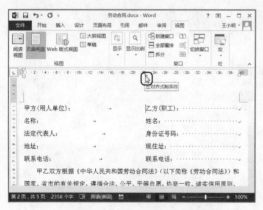 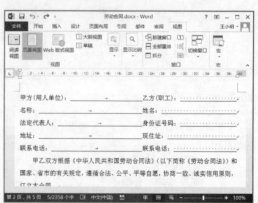

## 3. 使用表格设置文本对齐

在文档中插入表格，然后在单元格中输入文本，就可以通过设置单元格的对齐方式来调整文本的对齐方式，操作简单、快捷。

例如，在劳动合同的结尾位置，通常需要设置甲乙双方签字或签章信息，此时就可以使用表格设置文本的对齐方式。

　　操作完成后，选中整张表格，❶ 在"段落"组中单击"边框和底纹"按钮；❷ 在弹出的下拉列表中选择"无框线"选项，即可隐藏文档边框。

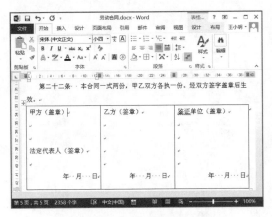 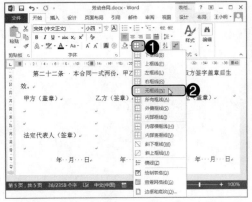

### 4. 使用阅读视图浏览文档

　　劳动合同制作完成后，可以使用阅读视图浏览文档。Word 2013 提供了全新的阅读视图模式，进入 Word 2013 全新的阅读模式，单击左右的箭头按钮即可完成翻屏。

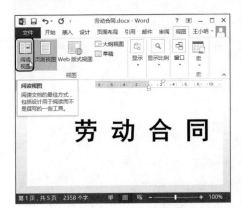 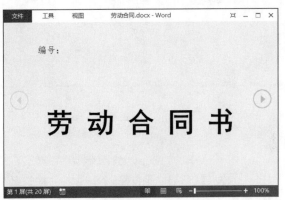

　　此外，Word 2013 阅读视图模式中提供了 3 种页面背景色：默认白底黑字、褐色背景以及适合于黑暗环境的黑底白字，方便用户在各种环境下舒适阅读。

### 5. 查看文档的最终效果

劳动合同制作完成后，可以使用"视图"功能，单页或多页地通篇浏览文档，从整体上把控文档结构。

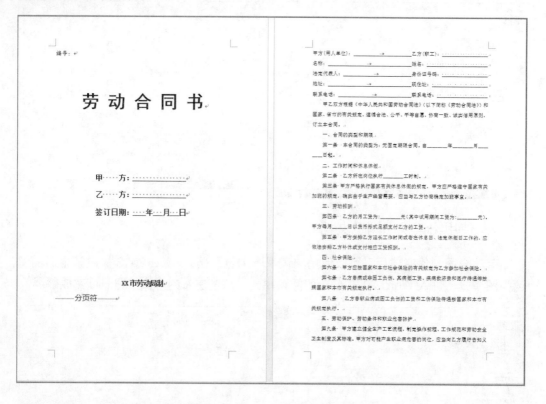

## 15.2.2 企划书排版案例

企划书也称企划案，是企业根据自身的发展战略需要，充分利用企业的各种资源，对未来的发展策略进行的整体性规划，构筑新的企业经营战略的计划性文书。接下来介绍使用 Word 文档的排版功能，编排公司企划书的方法和技巧。

 **光盘同步文件**

视频文件：光盘 \ 视频文件 \ 第 15 章 \15-2-2.mp4

### 1. 设置企划书封面

Word 2013 提供了多种封面样式，用户可以根据需要为 Word 文档插入风格各异的封面。并且无论当前插入点光标在什么位置，插入的封面总是位于 Word 文档的第 1 页。

## 2．设计奇偶页不同的页眉

设置页眉时，将奇数页页眉设置为"2016 年度公司企划书"，偶数页页眉设置为"XXXXX 有限公司北京分公司"。

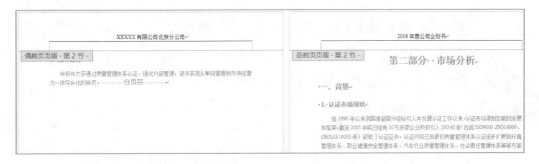

## 3．正文与前置部分设置不同的页码

封面不设页码，目录部分的页码设置大写罗马数字，从正文开始插入阿拉伯数字格式的页码。

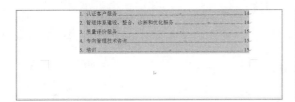

## 4．在文档中插入脚注、尾注和题注

在编辑文档的过程中，为了使读者便于阅读和理解文档内容，经常在文档中插入题注、脚注或尾注，用于对文档的对象进行解释说明或为图表进行编号。

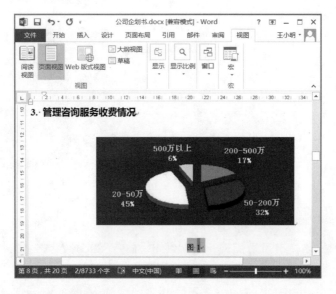

### 5. 使用导航窗格查看文档结构

Word 2013 提供了可视化的"导航窗格"功能。使用"导航"窗格可以快速查看文档的标题大纲和页面缩略图，从而帮助用户快速定位文档位置。

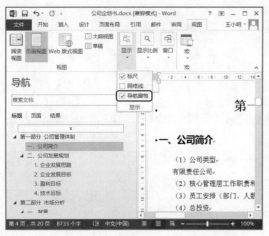
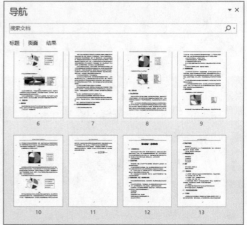

### 6. 设置文档目录

为文档中的标题设置了大纲级别后，在封面之后、正文之前，插入 3 级目录。

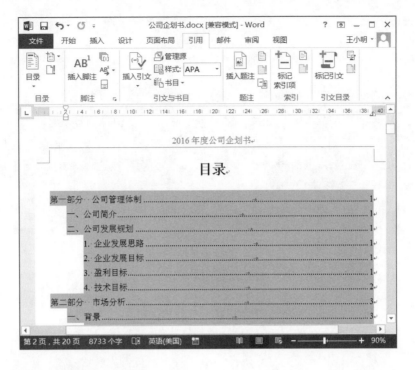

### 7. 查看文档的最终效果

企划书编排完成后，可以使用"视图"功能，单页或多页地通篇浏览文档，从整体上把控文档结构。

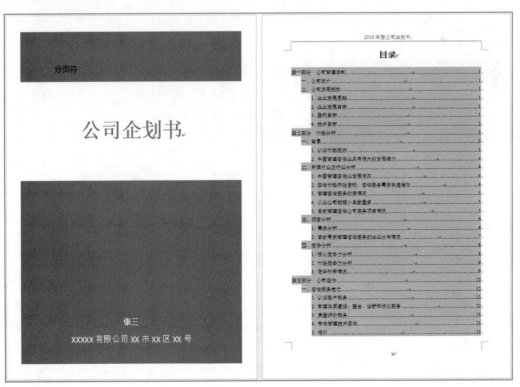

# 本章小结

本章结合实例主要讲述了长文档的排版方法，主要包括页面设置、分节设置、设置目录大纲、添加页眉和页码等内容。正确使用这些功能，即使面对含有几万字，甚至几十万字的文档，也能将文档编排得版面整洁、层次清晰。通过本章的学习，帮助读者掌握长文档排版的精髓。

# Chapter

## 16

### 实战应用——Excel 数据统计和分析

#### 本章导读

　　Excel 是强大的数据统计和分析工具，使用公式、函数、排序、筛选、分类汇总，以及数据透视表和图表功能，对数据进行深层次剖析，从基础数据中快速获得汇总数据。使用这些数据统计和分析功能，可以帮助读者在数据处理工作中快速完成领导交给的任务，让您的空闲时间越来越多。

#### 学完本章后应该掌握的技能

- 收集基础数据
- 生成数据报表或图表
- 进行数据管理
- 员工工资数据统计与分析案例
- 公司销售数据统计与分析案例

#### 本章相关实例效果展示

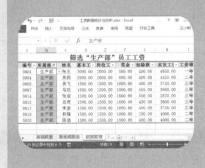

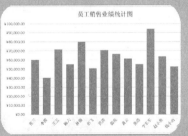

# 16.1 知识讲解——Excel 数据统计与分析的要点

Excel 数据统计与分析过程可以总结为 3 个步骤：一是收集和整理数据；二是生成数据报表或图表；三是进行数据管理。接下来分别进行详细介绍。

## 16.1.1 收集基础数据

Excel 是分析和处理数据的工具，而收集数据恰恰是数据分析的第一步。一项工作中的数据，可以是某个商品的属性明细，可以是某项业务的订单详情，也可以是业务员所在部门的列表。

### 1. 常用的数据类型

数据类型多种多样，有文本型数据，如描述产品的品名；有数值型数据，如表示销售业绩的销售量和销售额；有日期和时间型数据，如表示某项业务的发生日期和时间等。

### 2. 基础表的几个特点

用于存储基础数据的表格，我们称之为基础表。一张标准、规范的基础表的数据属性通常包括如下几个必备条件。

（1）一维数据表：只有顶端标题行，没有左侧标题列。

（2）有且只有一个标题行：只有一个字段行，从第二行开始是数据记录。

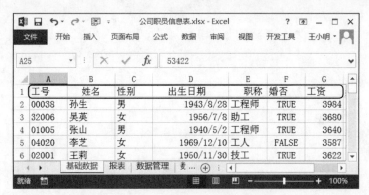

（3）没有合并单元格：没有任何形式的合并单元格。

（4）完整准确的数据记录：完整的数据字段，一致的描述，分类记录的数值和单位。

| | A | B | C | D | E | F | G | H | I | J | K | L |
|---|---|---|---|---|---|---|---|---|---|---|---|---|
| 1 | 卡片号 | 设备名称 | 型号及规格 | 出厂年月 | 制造厂 | 负责人 | 数量 | 单位 | 原值 | 累计折旧 | 净值 | 资产状况 |
| 2 | 21311 | 打印机 | EPSON | 2003 | EPSON | 张海顺 | 1 | 台 | 2850 | 1852.5 | 2707.5 | 在用 |
| 3 | 21312 | 打印机 | HP-6L | 1998 | 深圳 | 张海顺 | 1 | 台 | 4800 | 3120 | 4560 | 在用 |
| 4 | 21313 | 打印机 | HP Peskjet | 2001 | 津南开新 | 刘德瑞 | 1 | 台 | 4800 | 3120 | 4560 | 在用 |
| 5 | 21314 | 打印机 | HP6L | 9610 | 惠普 | 史晓清 | 1 | 台 | 5800 | 3770 | 5510 | 在用 |
| 6 | 21315 | 打印机 | EPSON stylus c61 series | 2003 | EPSON | 王峻松 | 1 | 台 | 700 | 455 | 665 | 报废 |
| 7 | 20401 | 单元式空调机 | LF28W/J100 | 2000 | 格力电器 | 张占军 | 1 | 台 | 35500 | 23075 | 33725 | 在用 |
| 8 | 20402 | 单元式空调机 | LF28W/J100 | 2000 | 格力电器 | 张占军 | 1 | 台 | 35500 | 23075 | 33725 | 在用 |
| 9 | 20403 | 单元式空调机 | LF28W/J100 | 2000 | 格力电器 | 王丽利 | 1 | 台 | 35500 | 23075 | 33725 | 在用 |
| 10 | 20404 | 单元式空调机 | LF28W/J100 | 2000 | 格力电器 | 张占军 | 1 | 台 | 35500 | 23075 | 33725 | 在用 |
| 11 | 20405 | 分体单冷挂式空调 | KF-45GW/J | 2000 | 格力电器 | 张海顺 | 1 | 台 | 4500 | 2925 | 4275 | 在用 |
| 12 | 20406 | 分体单冷挂式空调 | KF-45GW/J | 2000 | 格力电器 | 张海顺 | 1 | 台 | 4500 | 2925 | 4275 | 在用 |

### 3. 制作基础表的原则

制作基础表格时，应遵循如下原则。

（1）简洁：结构科学、内容清晰。

结构的科学性，就是要按照工作的性质、管理的内容、数据的种类，分别设计基础管理表格，分别保存不同数据。基础表格要越简单越好，那些把所有数据都装在一张工作表中的做法是绝对不可取的。

（2）规范：制作易读、易汇总的基础表。

俗话说，无规矩不成方圆，Excel 也是如此。一张杂而乱的表格，是很难实现数据的快速读取和高效分析的。只有结构合理、数据完整、层次鲜明的基础表，才能达到易于读取、便于汇总分析的目的。

例如，我们要做一张员工请假统计表，可以根据记录事件的基本要素"时间"、"人物"、"基本事件"，这里的基本事件就是"请假"，根据这一事件的属性，可以得出请假类别、请假天数、年请假天数、累计休假天数、应扣工资天数，以及应扣工资等基本字段。

| | A | B | C | D | E | F | G | H |
|---|---|---|---|---|---|---|---|---|
| 1 | 日期 | 姓名 | 类别 | 天数 | 年天数 | 累积休假 | 应扣天数 | 应扣工资 |
| 2 | 2016/7/1 | 张三 | 年假 | 5 | 8 | 5 | 0 | 0 |
| 3 | 2016/7/2 | 李四 | 病假 | 9 | 8 | 9 | 1 | 50 |
| 4 | 2016/7/3 | 王五 | 事假 | 3 | 8 | 3 | 0 | 0 |
| 5 | 2016/7/4 | 王五 | 事假 | 4 | 10 | 4 | 0 | 0 |
| 6 | 2016/7/5 | 李四 | 年假 | 2 | 10 | 2 | 0 | 0 |
| 7 | 2016/7/6 | 张三 | 年假 | 2 | 10 | 2 | 0 | 0 |
| 8 | 2016/7/7 | 王五 | 病假 | 1 | 8 | 4 | 0 | 0 |
| 9 | 2016/7/8 | 王五 | 事假 | 3 | 10 | 0 | 0 | 0 |

根据这张基础表，我们不但可以轻松读取数据，还可以非常方便地按照"日期"、"姓名"、"类别"等字段对基础表进行排序、筛选和汇总分析。

（3）通用：天下只有一张表——基础表。

事实上，基础表格只有一张，而且是一维数据表，无论是行政、销售数据，还是物流、财务数据，都可以用类似的方式记录在基础表中，区别的仅仅是字段名称和具体内容。

## 16.1.2 生成数据报表或图表

输入基础数据后，使用表格美化功能可以美化数据报表；使用公式和函数功能可以对数据进行统计，例如统计合计、最值、计数等；也可以使用图表功能，制作各类统计图表，如比重图、趋势图等。

### 1. 生成数据报表

移动或复制基础数据表，生成数据报表，使用表格美化功能美化数据报表。表格美化操作主要包括设置报表标题、设置字体字号、设置边框和底纹等。

## 2. 进行数据计算

使用公式和函数功能对数据进行统计，例如使用 IF、SUM、MAX、MIN、COUNT 等函数统计员工工资信息。

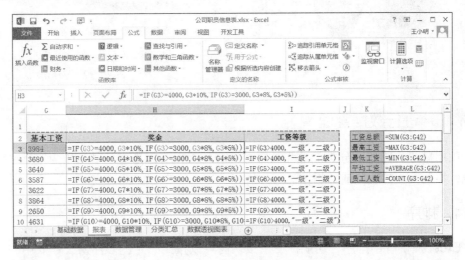

## 3. 制作图表

使用图表功能，生成各种数据统计图表，例如侧重反映变化趋势的折线图；侧重反映不同项目间的对比的柱形图或条形图；侧重反映部分与整体的关系的饼图，等等。

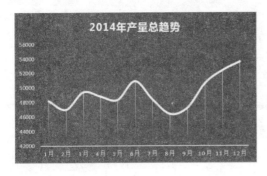

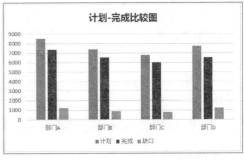

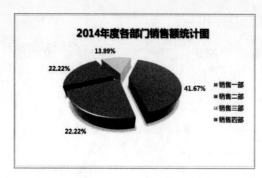

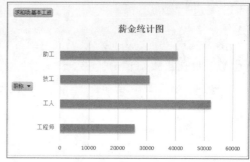

## 16.1.3 进行数据管理

使用排序、筛选、分类汇总和数据透视表功能，可以直接从基础表中筛选或汇总数据，帮助大家快速完成数据统计与分析。

### 1. 排序

Excel 提供有"排序"功能，使用该功能可以按照一定的顺序对工作表中的数据进行重新排序。例如，按照"基本工资"对公司职员信息表进行排序。

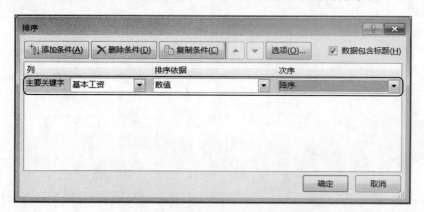

### 2. 筛选

Excel提供了"筛选"功能，可以快速根据筛选字段，找出要查询的数据信息。例如，根据性别筛选男性职工的信息。

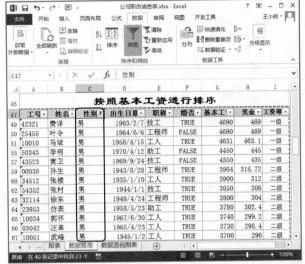

### 3. 分类汇总

在日常工作中，我们经常接触到Excel二维数据表格，经常需要根据表中某列数据字段（如"所属部门"、"产品名称"、"销售地区"等）对数据进行分类汇总，得出汇总结果。

（1）创建分类汇总之前，首先按照要汇总的字段对工作表中的数据进行排序。如果没有对汇总字段进行排序，那么此时进行数据汇总就不能得出正确结果。例如，按"职称"字段对职员信息表进行排序。

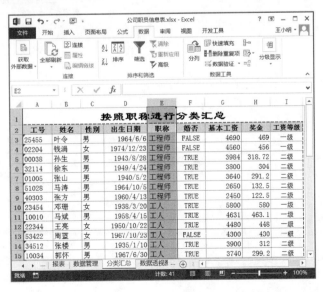

（2）排序完成后，按照"职称"对"基本工资"和"奖金"字段进行分类汇总。

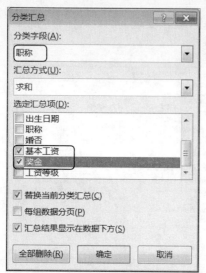

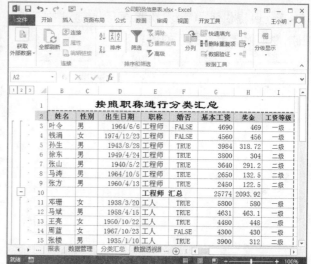

## 4．数据透视表

数据透视表是生成汇总表的工具，它可以根据规范的基础表，从不同角度、不同层次，以不同方式，像变魔术一样，瞬间生成汇总表，得到不同的汇总结果。例如，根据"职称"和"基本工资"字段生成数据透视表和薪金统计图。

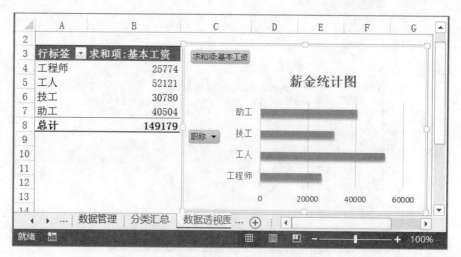

中文版 Office 2013 商务办公应用从入门到精通

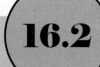

# 16.2 实战应用——数据统计与分析案例精讲

了解了 Excel 数据统计与分析知识要点后，接下来结合实例对员工工资数据和公司销售数据进行统计与分析。

## 16.2.1 员工工资数据统计与分析案例

工资管理是企业的一项重要工作，使用 Excel 的数据统计和分析功能，可以帮助财务人员快速完成数据统计和计算，还可以使用图表功能分析各部门工资分布情况。

### 光盘同步文件

视频文件：光盘\视频文件\第 16 章\16-2-1.mp4

### 1. 录入工资信息

收集和整理工资数据，然后将其按照字段依次录入工作表中。

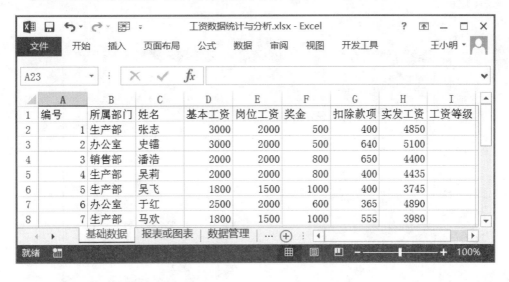

### 2. 计算和统计工资数据

（1）根据不同的工资区间，将实发工资分为三等，用 IF 函数"=IF(H3>=4500,"一等",IF(H3>=4000,"二等","三等"))"进行界定。

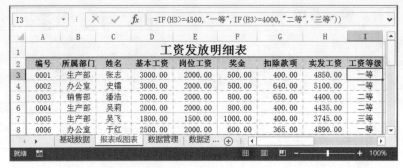

（2）使用统计函数，计算工资数据的合计、最值、平均值和计数等。

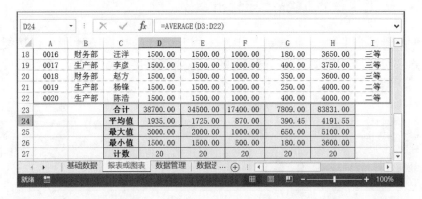

## 3. 美化工资报表

工资数据计算完毕后，可以通过设置报表标题、设置字体字号、设置边框和底纹等来美化报表。

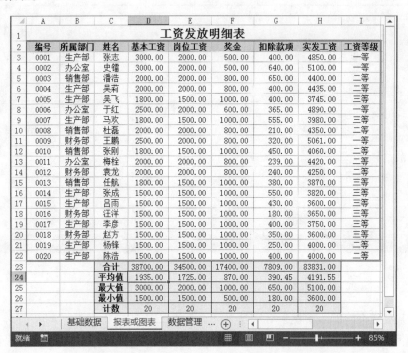

### 4. 制作工资统计图

根据"姓名"和"实发工资"字段，插入柱形图，制作员工工资统计图。

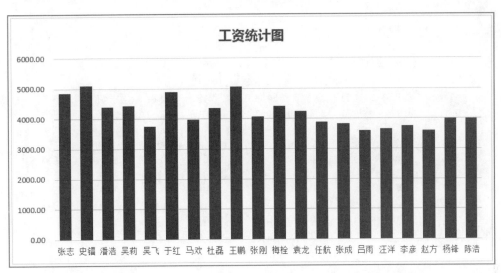

### 5. 管理工资数据

数据管理操作主要包括排序、筛选和分类汇总，以及数据透视分析等。

（1）按照"实发工资"的高低进行排序。

| | | | 按照"实发工资"的高低进行排序 | | | | | |
|---|---|---|---|---|---|---|---|---|
| | 编号 | 所属部门 | 姓名 | 基本工资 | 岗位工资 | 奖金 | 扣除款项 | 实发工资 | 工资等级 |
| 3 | 0002 | 办公室 | 史镭 | 3000.00 | 2000.00 | 500.00 | 640.00 | 5100.00 | 一等 |
| 4 | 0009 | 财务部 | 王鹏 | 2500.00 | 2000.00 | 800.00 | 320.00 | 5061.00 | 一等 |
| 5 | 0006 | 办公室 | 于红 | 2500.00 | 2000.00 | 600.00 | 365.00 | 4890.00 | 一等 |
| 6 | 0001 | 生产部 | 张志 | 3000.00 | 2000.00 | 500.00 | 400.00 | 4850.00 | 一等 |
| 7 | 0004 | 生产部 | 吴莉 | 2000.00 | 2000.00 | 800.00 | 400.00 | 4435.00 | 二等 |
| 8 | 0011 | 办公室 | 梅栓 | 2000.00 | 2000.00 | 800.00 | 239.00 | 4420.00 | 二等 |
| 9 | 0003 | 销售部 | 潘浩 | 2000.00 | 2000.00 | 800.00 | 650.00 | 4400.00 | 二等 |
| 10 | 0008 | 销售部 | 杜磊 | 2000.00 | 2000.00 | 800.00 | 210.00 | 4350.00 | 二等 |
| 11 | 0012 | 财务部 | 袁龙 | 2000.00 | 2000.00 | 800.00 | 240.00 | 4250.00 | 二等 |
| 12 | 0010 | 销售部 | 张刚 | 1800.00 | 1500.00 | 1000.00 | 450.00 | 4060.00 | 二等 |
| 13 | 0019 | 生产部 | 杨锋 | 1500.00 | 1500.00 | 1000.00 | 250.00 | 4000.00 | 二等 |
| 14 | 0020 | 生产部 | 陈浩 | 1500.00 | 1500.00 | 1000.00 | 400.00 | 4000.00 | 二等 |
| 15 | 0007 | 生产部 | 马欢 | 1800.00 | 1500.00 | 1000.00 | 555.00 | 3980.00 | 三等 |
| 16 | 0013 | 销售部 | 任航 | 1800.00 | 1500.00 | 1000.00 | 380.00 | 3870.00 | 三等 |
| 17 | 0014 | 生产部 | 张成 | 1500.00 | 1500.00 | 1000.00 | 550.00 | 3820.00 | 三等 |
| 18 | 0017 | 生产部 | 李彦 | 1500.00 | 1500.00 | 1000.00 | 400.00 | 3750.00 | 三等 |
| 19 | 0005 | 生产部 | 吴飞 | 1800.00 | 1500.00 | 1000.00 | 400.00 | 3745.00 | 三等 |
| 20 | 0016 | 财务部 | 汪洋 | 1500.00 | 1500.00 | 1000.00 | 180.00 | 3650.00 | 三等 |
| 21 | 0015 | 生产部 | 吕雨 | 1500.00 | 1500.00 | 1000.00 | 430.00 | 3600.00 | 三等 |
| 22 | 0018 | 财务部 | 赵方 | 1500.00 | 1500.00 | 1000.00 | 350.00 | 3600.00 | 三等 |

基础数据　报表或图表　数据管理

就绪　　平均值: 4191.55　计数: 21　求和: 83831　　　　100%

（2）按照"所属部门"筛选"生产部"员工的工资数据。

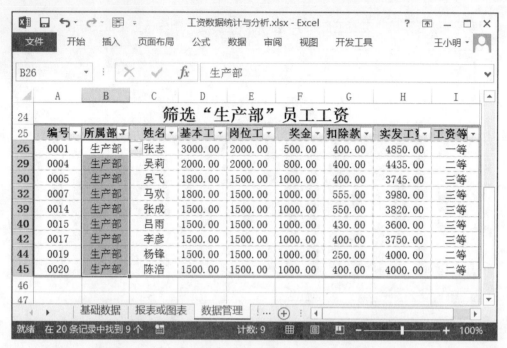

（3）根据"所属部门"进行排序，然后按照"所属部门"对"实发工资"分类汇总。

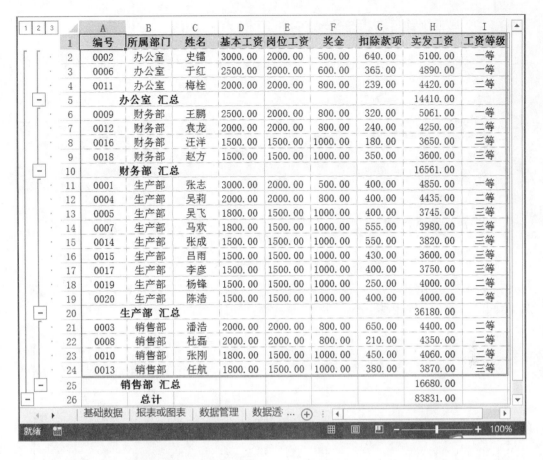

| | A | B | C | D | E | F | G | H | I |
|---|---|---|---|---|---|---|---|---|---|
| 1 | 编号 | 所属部门 | 姓名 | 基本工资 | 岗位工资 | 奖金 | 扣除款项 | 实发工资 | 工资等级 |
| 2 | 0002 | 办公室 | 史镭 | 3000.00 | 2000.00 | 500.00 | 640.00 | 5100.00 | 一等 |
| 3 | 0006 | 办公室 | 于红 | 2500.00 | 2000.00 | 600.00 | 365.00 | 4890.00 | 一等 |
| 4 | 0011 | 办公室 | 梅栓 | 2000.00 | 2000.00 | 800.00 | 239.00 | 4420.00 | 二等 |
| 5 | | 办公室 汇总 | | | | | | 14410.00 | |
| 6 | 0009 | 财务部 | 王鹏 | 2500.00 | 2000.00 | 800.00 | 320.00 | 5061.00 | 一等 |
| 7 | 0012 | 财务部 | 袁龙 | 2000.00 | 2000.00 | 800.00 | 240.00 | 4250.00 | 二等 |
| 8 | 0016 | 财务部 | 汪洋 | 1500.00 | 1500.00 | 1000.00 | 180.00 | 3650.00 | 三等 |
| 9 | 0018 | 财务部 | 赵方 | 1500.00 | 1500.00 | 1000.00 | 350.00 | 3600.00 | 三等 |
| 10 | | 财务部 汇总 | | | | | | 16561.00 | |
| 11 | 0001 | 生产部 | 张志 | 3000.00 | 2000.00 | 500.00 | 400.00 | 4850.00 | 一等 |
| 12 | 0004 | 生产部 | 吴莉 | 2000.00 | 2000.00 | 800.00 | 400.00 | 4435.00 | 二等 |
| 13 | 0005 | 生产部 | 吴飞 | 1800.00 | 1500.00 | 1000.00 | 400.00 | 3745.00 | 三等 |
| 14 | 0007 | 生产部 | 马欢 | 1800.00 | 1500.00 | 1000.00 | 555.00 | 3980.00 | 三等 |
| 15 | 0014 | 生产部 | 张成 | 1500.00 | 1500.00 | 1000.00 | 550.00 | 3820.00 | 三等 |
| 16 | 0015 | 生产部 | 吕雨 | 1500.00 | 1500.00 | 1000.00 | 430.00 | 3600.00 | 三等 |
| 17 | 0017 | 生产部 | 李彦 | 1500.00 | 1500.00 | 1000.00 | 400.00 | 3750.00 | 三等 |
| 18 | 0019 | 生产部 | 杨锋 | 1500.00 | 1500.00 | 1000.00 | 250.00 | 4000.00 | 二等 |
| 19 | 0020 | 生产部 | 陈浩 | 1500.00 | 1500.00 | 1000.00 | 400.00 | 4000.00 | 二等 |
| 20 | | 生产部 汇总 | | | | | | 36180.00 | |
| 21 | 0003 | 销售部 | 潘浩 | 2000.00 | 2000.00 | 800.00 | 650.00 | 4400.00 | 二等 |
| 22 | 0008 | 销售部 | 杜磊 | 2000.00 | 2000.00 | 800.00 | 210.00 | 4350.00 | 二等 |
| 23 | 0010 | 销售部 | 张刚 | 1800.00 | 1500.00 | 1000.00 | 450.00 | 4060.00 | 二等 |
| 24 | 0013 | 销售部 | 任航 | 1800.00 | 1500.00 | 1000.00 | 380.00 | 3870.00 | 三等 |
| 25 | | 销售部 汇总 | | | | | | 16680.00 | |
| 26 | | 总 计 | | | | | | 83831.00 | |

基础数据　报表或图表　数据管理　数据透...

就绪 100%

### 6. 制作工资数据透视图表

根据"所属部门"和"实发工资"字段制作数据透视表和数据透视图，分析各部门工资情况。

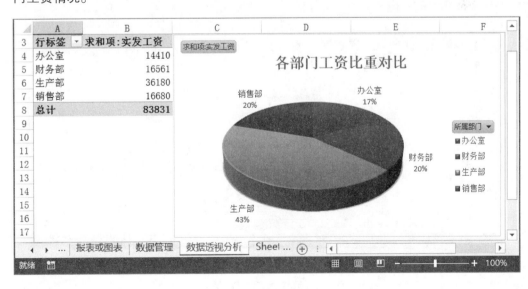

| | A | B |
|---|---|---|
| 3 | 行标签 ▼ | 求和项:实发工资 |
| 4 | 办公室 | 14410 |
| 5 | 财务部 | 16561 |
| 6 | 生产部 | 36180 |
| 7 | 销售部 | 16680 |
| 8 | 总计 | 83831 |

求和项:实发工资

**各部门工资比重对比**

销售部 20%
办公室 17%
财务部 20%
生产部 43%

所属部门 ▼
■办公室
■财务部
■生产部
■销售部

... 报表或图表　数据管理　数据透视分析　Sheet ...

就绪 100%

## 16.2.2 公司销售数据统计与分析案例

销售数据统计与分析，主要用于分析现有产品的销售情况，然后进行有效分析，尽而对产品的销售确定良好的推广方向。

**光盘同步文件**

视频文件：光盘 \ 视频文件 \ 第 16 章 \16-2-2.mp4

### 1. 录入销售数据

收集和整理公司销售数据，然后将其按照字段依次录入工作表中。

### 2. 计算和统计销售数据

（1）根据三种产品的销售额，使用 SUM 函数 "=SUM(D2,F2,H2)" 统计每名员工销售产品的 "合计金额"。

（2）根据 "合计金额"，使用 IF 函数 "=IF(J2="","",IF(J2>=70000," 优 秀 ",IF(J2>=60000," 一般 "," 较差 ")))" 为员工的销售业绩进行 "总评"。

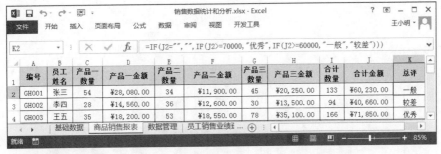

（3）使用统计函数，计算工资数据的合计、平均值和最值等。

## 3. 美化销售报表

公司销售数据计算完毕后，可以通过设置字体字号、设置边框和底纹等来美化报表。

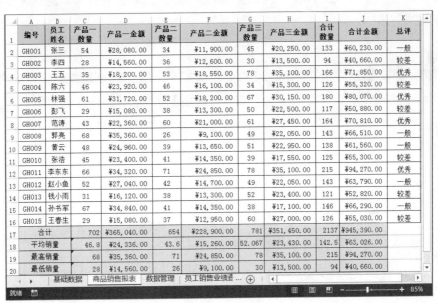

## 4. 制作销售业绩统计图

根据"员工姓名"和"合计金额"字段，插入柱形图，制作员工销售业绩统计图。

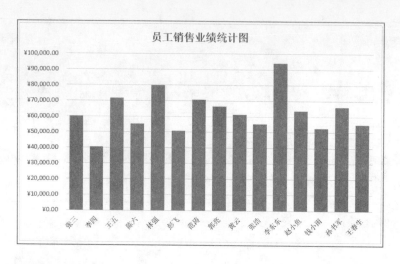

## 5. 管理销售数据

数据管理操作主要包括排序、筛选和分类汇总，数据透视分析，以及数据查询等。

（1）按照"合计金额"的大小进行降序排序。

| | 编号 | 员工姓名 | 产品一数量 | 产品一金额 | 产品二数量 | 产品二金额 | 产品三数量 | 产品三金额 | 合计数量 | 合计金额 | 总评 |
|---|---|---|---|---|---|---|---|---|---|---|---|
| 1 | | | | | 按"合计金额"降序排列 | | | | | | |
| 3 | GH011 | 李东东 | 66 | ¥34,320.00 | 71 | ¥24,850.00 | 78 | ¥35,100.00 | 215 | ¥94,270.00 | 优秀 |
| 4 | GH005 | 林强 | 61 | ¥31,720.00 | 52 | ¥18,200.00 | 67 | ¥30,150.00 | 180 | ¥80,070.00 | 优秀 |
| 5 | GH003 | 王五 | 35 | ¥18,200.00 | 53 | ¥18,550.00 | 78 | ¥35,100.00 | 166 | ¥71,850.00 | 优秀 |
| 6 | GH007 | 范涛 | 43 | ¥22,360.00 | 60 | ¥21,000.00 | 61 | ¥27,450.00 | 164 | ¥70,810.00 | 优秀 |
| 7 | GH008 | 郭亮 | 68 | ¥35,360.00 | 26 | ¥9,100.00 | 49 | ¥22,050.00 | 143 | ¥66,510.00 | 一般 |
| 8 | GH014 | 孙书军 | 67 | ¥34,840.00 | 41 | ¥14,350.00 | 38 | ¥17,100.00 | 146 | ¥66,290.00 | 一般 |
| 9 | GH012 | 赵小鱼 | 52 | ¥27,040.00 | 42 | ¥14,700.00 | 49 | ¥22,050.00 | 143 | ¥63,790.00 | 一般 |
| 10 | GH009 | 黄云 | 48 | ¥24,960.00 | 39 | ¥13,650.00 | 51 | ¥22,950.00 | 138 | ¥61,560.00 | 一般 |
| 11 | GH001 | 张三 | 54 | ¥28,080.00 | 34 | ¥11,900.00 | 45 | ¥20,250.00 | 133 | ¥60,230.00 | 一般 |
| 12 | GH004 | 陈六 | 46 | ¥23,920.00 | 46 | ¥16,100.00 | 34 | ¥15,300.00 | 126 | ¥55,320.00 | 较差 |
| 13 | GH010 | 张浩 | 45 | ¥23,400.00 | 41 | ¥14,350.00 | 39 | ¥17,550.00 | 125 | ¥55,300.00 | 较差 |
| 14 | GH015 | 王春生 | 29 | ¥15,080.00 | 37 | ¥12,950.00 | 60 | ¥27,000.00 | 126 | ¥55,030.00 | 较差 |
| 15 | GH013 | 钱小雨 | 31 | ¥16,120.00 | 38 | ¥13,300.00 | 52 | ¥23,400.00 | 121 | ¥52,820.00 | 较差 |
| 16 | GH006 | 彭飞 | 29 | ¥15,080.00 | 38 | ¥13,300.00 | 50 | ¥22,500.00 | 117 | ¥50,880.00 | 较差 |
| 17 | GH002 | 李四 | 28 | ¥14,560.00 | 36 | ¥12,600.00 | 30 | ¥13,500.00 | 94 | ¥40,660.00 | 较差 |

平均值：¥63,026.00 计数：15 求和：¥945,390.00

（2）查找销售业绩"总评"为"优秀"的销售记录。

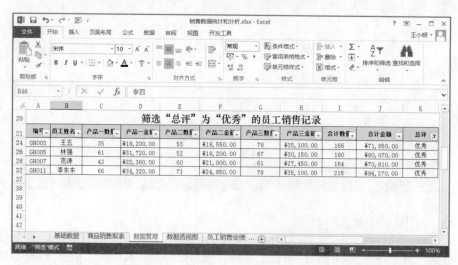

（3）首先根据销售业绩的"总评"进行排序。

| | 编号 | 员工姓名 | 产品一数量 | 产品一金额 | 产品二数量 | 产品二金额 | 产品三数量 | 产品三金额 | 合计数量 | 合计金额 | 总评 |
|---|---|---|---|---|---|---|---|---|---|---|---|
| 40 | 按照"总评"情况进行分类汇总 | | | | | | | | | | |
| 42 | GH002 | 李四 | 28 | ¥14,560.00 | 36 | ¥12,600.00 | 30 | ¥13,500.00 | 94 | ¥40,660.00 | 较差 |
| 43 | GH004 | 陈六 | 46 | ¥23,920.00 | 46 | ¥16,100.00 | 34 | ¥15,300.00 | 126 | ¥55,320.00 | 较差 |
| 44 | GH006 | 彭飞 | 29 | ¥15,080.00 | 38 | ¥13,300.00 | 50 | ¥22,500.00 | 117 | ¥50,880.00 | 较差 |
| 45 | GH010 | 张浩 | 45 | ¥23,400.00 | 41 | ¥14,350.00 | 39 | ¥17,550.00 | 125 | ¥55,300.00 | 较差 |
| 46 | GH013 | 钱小雨 | 31 | ¥16,120.00 | 38 | ¥13,300.00 | 52 | ¥23,400.00 | 121 | ¥52,820.00 | 较差 |
| 47 | GH015 | 王春生 | 29 | ¥15,080.00 | 37 | ¥12,950.00 | 60 | ¥27,000.00 | 126 | ¥55,030.00 | 较差 |
| 48 | GH001 | 张三 | 54 | ¥28,080.00 | 34 | ¥11,900.00 | 45 | ¥20,250.00 | 133 | ¥60,230.00 | 一般 |
| 49 | GH008 | 郭亮 | 68 | ¥35,360.00 | 26 | ¥9,100.00 | 49 | ¥22,050.00 | 143 | ¥66,510.00 | 一般 |
| 50 | GH009 | 黄云 | 48 | ¥24,960.00 | 39 | ¥13,650.00 | 51 | ¥22,950.00 | 138 | ¥61,560.00 | 一般 |
| 51 | GH012 | 赵小鱼 | 52 | ¥27,040.00 | 42 | ¥14,700.00 | 49 | ¥22,050.00 | 143 | ¥63,790.00 | 一般 |
| 52 | GH014 | 孙书军 | 67 | ¥34,840.00 | 41 | ¥14,350.00 | 38 | ¥17,100.00 | 146 | ¥66,290.00 | 一般 |
| 53 | GH003 | 王五 | 35 | ¥18,200.00 | 53 | ¥18,550.00 | 78 | ¥35,100.00 | 166 | ¥71,850.00 | 优秀 |
| 54 | GH005 | 林强 | 61 | ¥31,720.00 | 52 | ¥18,200.00 | 67 | ¥30,150.00 | 180 | ¥80,070.00 | 优秀 |
| 55 | GH007 | 范涛 | 43 | ¥22,360.00 | 60 | ¥21,000.00 | 61 | ¥27,450.00 | 164 | ¥70,810.00 | 优秀 |
| 56 | GH011 | 李东东 | 66 | ¥34,320.00 | 71 | ¥24,850.00 | 78 | ¥35,100.00 | 215 | ¥94,270.00 | 优秀 |

基础数据　商品销售报表　数据管理　员工销售业绩查询
就绪　在 15 条记录中找到 4 个　　计数: 15　　100%

然后按照销售业绩的"总评"情况进行分类汇总。

| | 编号 | 员工姓名 | 产品一数量 | 产品一金额 | 产品二数量 | 产品二金额 | 产品三数量 | 产品三金额 | 合计数量 | 合计金额 | 总评 |
|---|---|---|---|---|---|---|---|---|---|---|---|
| 40 | 按照"总评"情况进行分类汇总 | | | | | | | | | | |
| 42 | GH002 | 李四 | 28 | ¥14,560.00 | 36 | ¥12,600.00 | 30 | ¥13,500.00 | 94 | ¥40,660.00 | 较差 |
| 43 | GH004 | 陈六 | 46 | ¥23,920.00 | 46 | ¥16,100.00 | 34 | ¥15,300.00 | 126 | ¥55,320.00 | 较差 |
| 44 | GH006 | 彭飞 | 29 | ¥15,080.00 | 38 | ¥13,300.00 | 50 | ¥22,500.00 | 117 | ¥50,880.00 | 较差 |
| 45 | GH010 | 张浩 | 45 | ¥23,400.00 | 41 | ¥14,350.00 | 39 | ¥17,550.00 | 125 | ¥55,300.00 | 较差 |
| 46 | GH013 | 钱小雨 | 31 | ¥16,120.00 | 38 | ¥13,300.00 | 52 | ¥23,400.00 | 121 | ¥52,820.00 | 较差 |
| 47 | GH015 | 王春生 | 29 | ¥15,080.00 | 37 | ¥12,950.00 | 60 | ¥27,000.00 | 126 | ¥55,030.00 | 较差 |
| 48 | | | | | | | | | | ¥310,010.00 | 较差 汇总 |
| 49 | GH001 | 张三 | 54 | ¥28,080.00 | 34 | ¥11,900.00 | 45 | ¥20,250.00 | 133 | ¥60,230.00 | 一般 |
| 50 | GH008 | 郭亮 | 68 | ¥35,360.00 | 26 | ¥9,100.00 | 49 | ¥22,050.00 | 143 | ¥66,510.00 | 一般 |
| 51 | GH009 | 黄云 | 48 | ¥24,960.00 | 39 | ¥13,650.00 | 51 | ¥22,950.00 | 138 | ¥61,560.00 | 一般 |
| 52 | GH012 | 赵小鱼 | 52 | ¥27,040.00 | 42 | ¥14,700.00 | 49 | ¥22,050.00 | 143 | ¥63,790.00 | 一般 |
| 53 | GH014 | 孙书军 | 67 | ¥34,840.00 | 41 | ¥14,350.00 | 38 | ¥17,100.00 | 146 | ¥66,290.00 | 一般 |
| 54 | | | | | | | | | | ¥318,380.00 | 一般 汇总 |
| 55 | GH003 | 王五 | 35 | ¥18,200.00 | 53 | ¥18,550.00 | 78 | ¥35,100.00 | 166 | ¥71,850.00 | 优秀 |
| 56 | GH005 | 林强 | 61 | ¥31,720.00 | 52 | ¥18,200.00 | 67 | ¥30,150.00 | 180 | ¥80,070.00 | 优秀 |
| 57 | GH007 | 范涛 | 43 | ¥22,360.00 | 60 | ¥21,000.00 | 61 | ¥27,450.00 | 164 | ¥70,810.00 | 优秀 |
| 58 | GH011 | 李东东 | 66 | ¥34,320.00 | 71 | ¥24,850.00 | 78 | ¥35,100.00 | 215 | ¥94,270.00 | 优秀 |
| 59 | | | | | | | | | | ¥317,000.00 | 优秀 汇总 |
| 60 | | | | | | | | | | ¥945,390.00 | 总计 |

基础数据　商品销售报表　数据管理　员工销售业绩查询
就绪　在 15 条记录中找到 4 个　　100%

## 6. 制作销售数据透视图表

根据"员工姓名"、"合计数量"和"合计金额"字段制作数据透视表和数据透视图，分析员工的销售业绩。

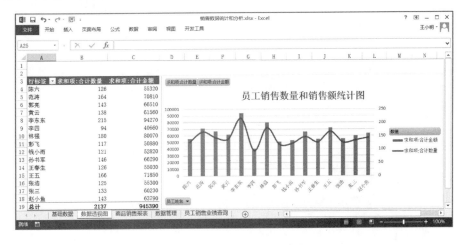

### 7. 查询和引用销售数据

使用 VLOOKUP 函数"=VLOOKUP($A$2, 商品销售报表 !$B$1:$K$16,2,0)",根据"员工姓名"从"商品销售报表"中查询和引用销售数据。

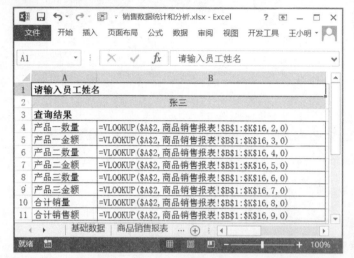

## 本章小结

本章结合实例主要讲述了如何使用 Excel 的公式、函数、排序、筛选、分类汇总，以及数据透视表和图表功能进行数据统计与分析。通过本章学习，帮助读者快速掌握 Excel 数据统计和分析的方法，不仅能够根据基础数据生成数据报表，而且能够根据基础数据进行数据管理，并生成图表。

实战应用——PowerPoint 演示文稿设计与展示

## 本章导读

专业的演示文稿，往往内容简洁、风格统一，且在动画设置上绚丽多彩。本章从演示报告设计与展示的知识要点入手，结合演示报告案例进行详细讲解，向大家展示专业 PowerPoint 的制作方法和设计技巧。

## 学完本章后应该掌握的技能

- 收集和整理资料
- 设计图文、图表混排的幻灯片
- 放映和展示演示报告
- 企业宣传类演示文稿案例
- 项目推介类演示文稿案例

## 本章相关实例效果展示

# 17.1 知识讲解——演示报告设计与展示的方法

演示报告设计与展示过程可以总结为 3 个过程：一是收集和整理资料；二是设计图文、图表混排的幻灯片；三是放映和展示演示报告。接下来分别进行详细介绍。

## 17.1.1 收集和整理资料

在日常工作中，注意收集和整理相关的素材与资料，包括经典的 PPT 教程、PPT 模板、精美的图片素材、常用的图形素材等。

### 1. 收集和整理 PPT 教程

想要让你的 PPT 与众不同，就要不断学习经典的 PPT 教程，不断积累 PPT 设计经验。这些经典的 PPT 教程，在网络中收集、下载即可。

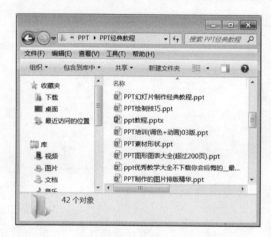
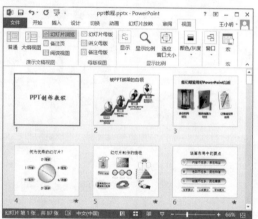

### 2. 收集和整理 PPT 模板

经典的 PPT 模板，往往在封面、目录、正文和结尾页等部分布局合理、设计巧妙，且动画绚丽。收集和整理精品 PPT 模板，创建 PPT 模板库，汲取设计理念和设计技巧，让这些 PPT 模板为我所用。

### 3. 收集和整理经典图片

精美的幻灯片离不开精美的图片。学会找好图、用好图，才能设计出高水准的PPT。在设计幻灯片的过程中，搜索引擎是用户查找图片的好帮手。

图片是 PPT 中的重要设计元素之一。因此，创建自己的 PPT 图库，对图片分门别类地进行整理是非常必要的。既可以根据图片类型进行分类，也可以按照图片形状和用途进行分类。

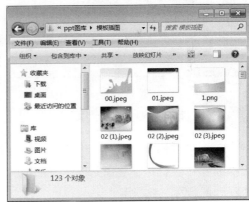

### 4. 收集和整理经典图形

独木难成林，单个图形难以构成完整的PPT。通过图形之间的组合排列和层次布局，可以制作出完整而精美的幻灯片画面。因此，要注意收集经典图形组合，便于日后重复使用。

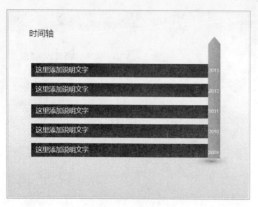

### 5. 收集和整理经典表格

用活表格，让你的表格会说话。精美的表格具有很强的视觉化效果，能够轻松地展示演示文稿要表达的主题内容。

例如下面这些表格，利用简单的图形组合成形式多样的表格，加上漂亮的幻灯片背景，对观众具有很强的吸引力。

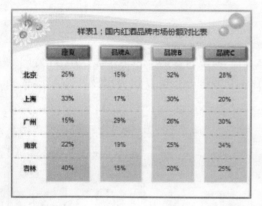
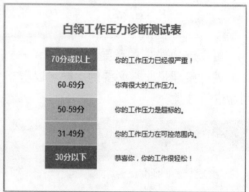

## 17.1.2 设计图文、图表混排的幻灯片

图文、图表混排的幻灯片的整个页面由一张或多张图片作为背景，配有少量文字、表格的 PPT 设计风格，通常以精美的图片为依托，加上合理的图文组合或图表组合，让观众愿意看、看得懂。

图文组合是 PPT 页面排版的基本原则，合理的图文组合，用文字说明图片，用图片反衬文字，颇具整体美感，会产生意想不到的视觉效果。

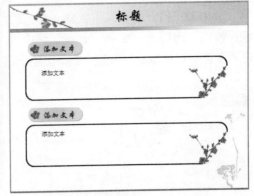

图表是数据的形象化表达。使用图表，可以使数据显示更具可视化效果，它展示的不仅仅是数据，还有数据的发展趋势。

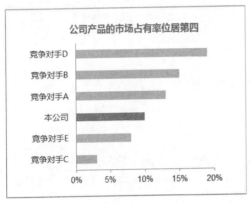
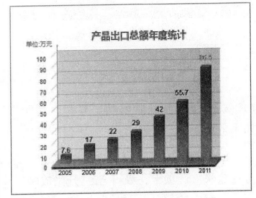

## 17.1.3 放映和展示演示报告

演示文稿制作完成后，就可以进行放映了。本节以放映销售培训课件文稿为例，介绍幻灯片的放映方法，以及自动放映的设置技巧。

### 光盘同步文件

素材文件：光盘 \ 素材文件 \ 第 17 章 \ 销售培训课件 01.pptx
结果文件：光盘 \ 结果文件 \ 第 17 章 \ 销售培训课件 02.pptx
视频文件：光盘 \ 视频文件 \ 第 17 章 \17-1-3.mp4

### 1. 设置幻灯片放映方式

在放映幻灯片的过程中，放映者可能对幻灯片的放映类型、放映选项、放映幻灯片的数量和换片方式等有不同的需求，为此，可以对其进行相应的设置，具体操作如下。

**Step01：**打开素材文件，❶单击"幻灯片放映"选项卡；❷在"设置"组中单击"设置幻灯片放映"按钮，如下图所示。

**Step02：**弹出"设置放映方式"对话框，❶选中"如果存在排练时间，则使用它"单选按钮；❷单击"确定"按钮，如下图所示。

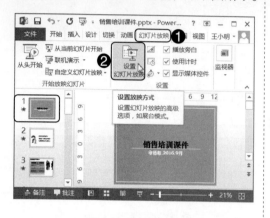

## 2. 设置幻灯片放映方式

既可以从头开始放映幻灯片，也可以从当前幻灯片开始放映幻灯片。具体操作如下。

**Step01：**打开素材文件，❶单击"幻灯片放映"选项卡；❷单击"开始放映幻灯片"组中的"从头开始"按钮，如下图所示。

**Step02：**此时，进入幻灯片放映状态，从首页开始放映幻灯片，单击即可切换到下一张幻灯片，如下图所示。

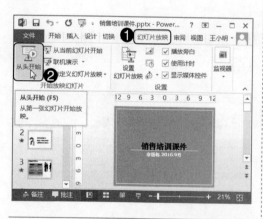

**Step03：**选中任意一张幻灯片，❶单击"幻灯片放映"选项卡；❷单击"开始放映幻灯片"组中的"从当前幻灯片开始"按钮，如下图所示。

**Step04：**此时，进入幻灯片放映状态，从当前幻灯片开始放映，单击即可切换到下一张幻灯片，如下图所示。

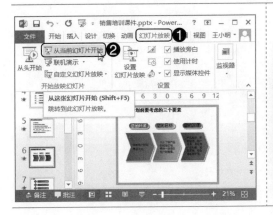

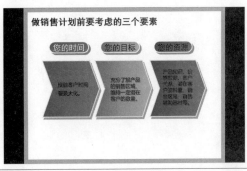

### 3. 让 PPT 自动演示

让 PPT 自动演示必须首先设置排练计时，然后放映幻灯片。让 PPT 自动演示的具体操作如下。

**Step01**：打开素材文件，❶ 单击"幻灯片放映"选项卡；❷ 单击"设置"组中的"排练计时"按钮，如下图所示。

**Step02**：弹出"录制幻灯片演示"对话框，单击"开始录制"按钮，如下图所示。

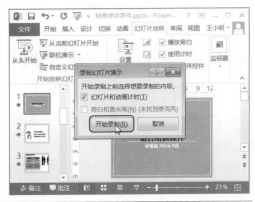

**Step03**：进入排练计时状态，并弹出"录制"对话框，如下图所示。

**Step04**：录制完毕，单击"关闭"按钮，如下图所示。

**Step05**：弹出"Microsoft PowerPoint"对话框，然后单击"是"按钮，如下图所示。

**Step06**：按下 F5 键，即可进入从头开始放映状态，此时演示文稿中的幻灯片就会根据排练计时录制的时间进行自动放映，如下图所示。

# 17.2 实战应用——演示报告案例精讲

演示文稿的主要用途包括企业宣传、产品推荐，课程演讲，项目推广等。接下来结合实用案例，详细介绍如何制作专业、精美的演示报告。

## 17.2.1 企业宣传类演示文稿案例

企业宣传类演示文稿是企业宣传自我、介绍自有业务或产品、弘扬企业文化的重要途径。接下来介绍如何制作专业、精美的企业宣传类演示文稿。

### 1. 设置 PPT 母版

制作演示文稿之前，必须首先设置 PPT 母版，接下来使用 14.1 节中制作的演示文稿母版、标题幻灯片版式和 Office 主题母版。

### 2. 制作封面幻灯片

制作封面幻灯片时，可以使用加大字号、加粗字体等方法突出显示演示文稿标题。

### 3. 制作目录幻灯片

目录幻灯片通常由大标题来列示。除了列示演示文稿的基本框架，还可以使用联机图片（如 Office 剪贴画等）来修饰和美化目录幻灯片。

此外，也可以将目录幻灯片与过渡幻灯片合并设置，不仅能够清晰列示目录，也能完成章节的顺利过渡。

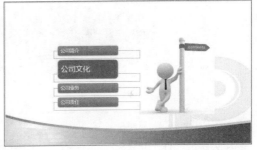

### 4. 制作图文混排类幻灯片

图文混排类幻灯片，使用图片加文字的巧妙组合，能够完美地展示幻灯片的内容，更加引人注目。

### 5. 制作图形组合类幻灯片

图形组合类幻灯片通常由各种形状、SmartArt 图形、文本框等项目组成。使用这些图形对象，能够更加清晰地展现文本内容。

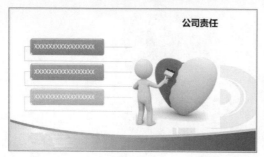 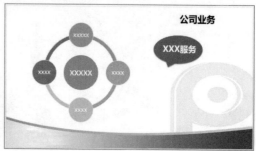

### 6. 制作结尾幻灯片

结尾幻灯片主要用于表达致谢，位于文档的结尾。

## 17.2.2 项目推介类演示文稿案例

项目推介类演示文稿，主要用于向客户推广公司项目，介绍相关产品，吸引潜在客户，赢得更大的广告效应。接下来介绍如何制作专业、精美的项目推介类演示文稿。

### 1. 选择演示文稿的 Office 主题

每个 Office 主题使用其自己唯一的一组颜色、字体和效果来创建演示文稿的整体外观。根据实际需要，选择合适的 Office 主题，能够让你的 PPT 更具吸引力和说服力。

## 2. 制作封面幻灯片

制作封面幻灯片时，可以使用加大字号、加粗字体等方法突出显示演示文稿标题。

## 3. 制作目录幻灯片

PPT 可以有目录，也可以不设目录。如果 PPT 页数很多，有目录的 PPT 更能明晰地表达主题，让听众更加容易理解演讲内容和整体框架。

在每一个标题前添加精美的小图标，条理清晰，以协助听众能更好地记忆。

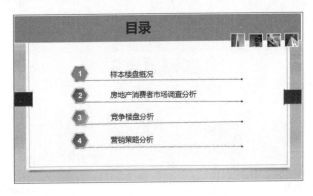

## 4. 制作章节转换类幻灯片

章节转换类幻灯片，主要用于切换章节，结合各种图形，列示主要章节内容。

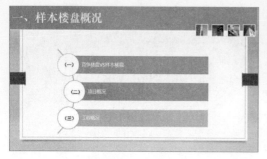 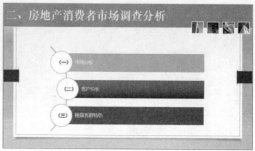

### 5. 制作图文混排类幻灯片

图文混排类幻灯片，通常由各种图片、形状、SmartArt图形、文本框等项目组合而成。通过合理布局，增强整张幻灯片的观感，更加清晰地展现内容。

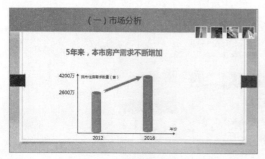 

### 6. 制作结尾幻灯片

结尾幻灯片可以采用和封面幻灯片相同的版式，主要用于向观众表达谢意，结束演讲。

# 本章小结

本章结合实例主要讲述了 PowerPoint 演示文稿的设计与展示方法，主要包括演示报告设计与展示的知识要点、演示报告案例精讲等内容。通过本章学习，帮助读者掌握 PowerPoint 演示文稿的设计精髓，学会制作内容简洁、风格统一、动画绚丽的演示文稿。

# Chapter

# 18

## Office 2013 其他组件的操作和应用

### 本章导读

　　除了 Word、Excel、PowerPoint 三大常用组件，Office 2013 还包括 Access、Outlook 和 OneNote 等应用组件。本章主要介绍如何使用 Access 2013 管理数据，如何使用 Outlook 2013 收发邮件，以及如何创建和共享 OneNote 2013 笔记本。

### 学完本章后应该掌握的技能

- 使用 Access 2013 管理数据
- 使用 Outlook 2013 收发邮件
- 使用 OneNote 2013 笔记本

### 本章相关实例效果展示

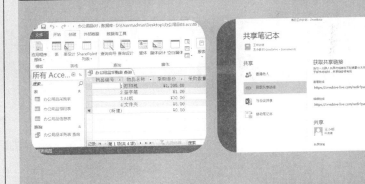

# 知识讲解——使用 Access 2013 管理数据

**18.1**

Access 2013 是一个数据库应用程序，主要用于跟踪和管理数据信息。本节结合实例"办公用品数据库"，重点介绍数据库和数据表的基本操作及应用。

## 18.1.1 创建办公用品数据库

数据库的基本操作包括创建数据库、保存数据库等，具体操作步骤如下。

 **光盘同步文件**

素材文件：光盘 \ 素材文件 \ 第 18 章 \ 办公用品 .accdb
结果文件：光盘 \ 结果文件 \ 第 18 章 \ 办公用品 .accdb
视频文件：光盘 \ 视频文件 \ 第 18 章 \18-1-1.mp4

**Step01**：在桌面上，❶ 单击 按钮；❷ 在弹出的菜单中选择"所有程序"→"Microsoft Office 2013"→"Access 2013"菜单项，如下图所示。

**Step02**：进入"Access"窗口，从中选择"空白桌面数据库"选项，如下图所示：

**Step03**：进入数据库创建界面，单击"文件名"右侧的"浏览"按钮，如下图所示。

**Step04**：弹出"文件新建数据库"对话框，❶ 选择保存位置；❷ 将"文件名"修改为"办公用品 .accdb"；❸ 单击"确定"按钮，如下图所示。

Step05：返回数据库创建界面，单击"创建"按钮，如下图所示。

Step06：此时即可创建一个空白数据库，如下图所示。

## 18.1.2 创建数据表

　　数据表的基本操作主要包括创建并保存数据表、打开数据表、重命名数据表、删除数据表、设置数据表等，具体操作步骤如下。

⇉ 光盘同步文件

　　素材文件：光盘 \ 素材文件 \ 第 18 章 \ 办公用品 .accdb
　　结果文件：光盘 \ 结果文件 \ 第 18 章 \ 办公用品 01.accdb
　　视频文件：光盘 \ 视频文件 \ 第 18 章 \18-1-2.mp4

Step01：打开素材文件，❶ 单击"创建"选项卡；❷ 在"表格"组中单击"表"按钮，如下图所示。

Step02：此时即可创建一张名为"表1"的数据表，如下图所示。

Step03：❶ 右击数据表名"表1"；❷ 在弹出的快捷菜单中选择"保存"命令，如下图所示。

Step04：弹出"另存为"对话框；❶ 在"表名称"文本框中输入"办公用品信息表"；❷ 单击"确定"按钮，如下图所示。

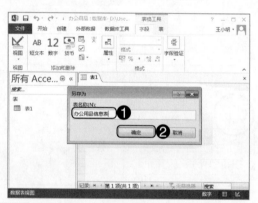

Step05：此时即可将数据表的名称修改为"办公用品信息表"，如下图所示。

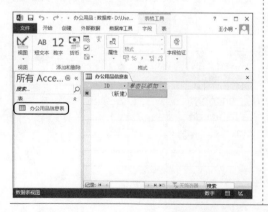

Step06：使用同样的方法，创建"办公用品领用表"和"办公用品采购表"，如下图所示。

## 18.1.3 设置表格字段

字段的基本操作主要包括输入字段名称以及设置字段属性，具体操作步骤如下。

### 光盘同步文件

素材文件：光盘\素材文件\第18章\办公用品01.accdb
结果文件：光盘\结果文件\第18章\办公用品02.accdb
视频文件：光盘\视频文件\第18章\18-1-3.mp4

**Step01：** 打开素材文件，❶ 双击数据表"办公用品采购表"，即可打开数据表；❷ 双击"ID"字段，如下图所示。

**Step02：** 在"ID"字段中输入字段名"物品编号"，如下图所示。

**Step03：** 每输入完一个字段名称，系统都会自动地增加一个新的字段列，❶ 单击"单击以添加"所在的字段；❷ 在弹出的下拉列表中选择"短文本"选项，如下图所示。

**Step04：** 在字段中输入字段名"物品名称"；使用同样的方法，输入其他字段名称"采购单价"、"采购数量"和"采购金额"，如下图所示。

Step05：使用同样的方法，❶ 双击数据表"办公用品信息表"，打开数据表；❷ 输入字段名称"物品编号"、"物品名称"、"单位"和"用途"，如下图所示。

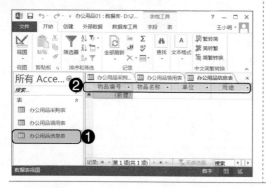

Step06：使用同样的方法，❶ 双击数据表"办公用品领用表"，打开数据表；❷ 输入字段名称"物品编号"、"物品名称"、"领用数量"、"领用部门"和"领用日期"，如下图所示。

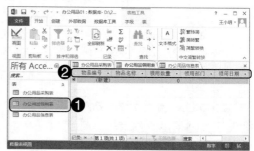

###  18.1.4 创建表关系

虽然 Access 数据库中的每张表都是独立的，但它们并不是完全孤立的，它们之间存在着一定的联系，即关系。本节介绍创建表关系的方法，具体操作步骤如下。

➡ **光盘同步文件**

素材文件：光盘 \ 素材文件 \ 第 18 章 \ 办公用品 02.accdb
结果文件：光盘 \ 结果文件 \ 第 18 章 \ 办公用品 03.accdb
视频文件：光盘 \ 视频文件 \ 第 18 章 \18-1-4.mp4

Step01：打开素材文件，❶ 单击"数据库工具"选项卡；❷ 在"关系"组中单击"关系"按钮，如下图所示。

Step02：弹出"显示表"对话框，❶ 按下 Ctrl 键，选中要显示的数据表"办公用品采购表"和"办公用品领用表"；❷ 单击"添加"按钮，如下图所示。

**Step03:** 此时，即可将"办公用品采购表"和"办公用品领用表"添加到"关系"窗格中，❶ 在"关系工具"栏中，单击"设计"选项卡；❷ 在"工具"组中单击"编辑关系"按钮，如下图所示。

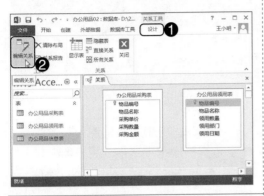

**Step04:** 弹出"编辑关系"对话框，单击"新建"按钮，如下图所示。

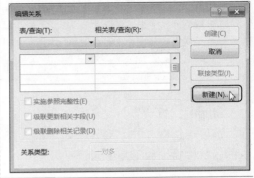

**Step05:** 弹出"新建"对话框，❶ 在"左表名称"下拉列表中选择"办公用品采购表"选项，在"左列名称"下拉列表中选择"物品名称"选项；❷ 在"右表名称"下拉列表中选择"办公用品领用表"选项，在"右列名称"下拉列表中选择"物品名称"选项；❸ 单击"确定"按钮，如下图所示。

**Step06:** 返回"编辑关系"对话框，单击"创建"按钮，如下图所示。

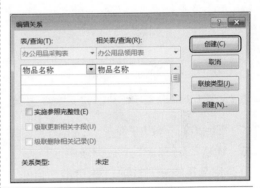

**Step07:** 此时即可根据字段"物品名称"在两张表中创建一个关系，并显示关系连接线，如右图所示。

 专家提示

　　一对多的关系是数据库中最常见的关系，意思是一条记录可以和其他很多表的记录建立关系。例如，一个客户可以有多个订单，那么这种关系就是一对多的关系。

## 18.1.5 查询物品采购信息

查询的创建方法有很多种，利用查询向导生成查询的方法最常用。本节以生成简单查询为例，介绍利用查询向导生成查询的方法。具体操作步骤如下。

**光盘同步文件**

素材文件：光盘\素材文件\第 18 章\办公用品 03.accdb
结果文件：光盘\结果文件\第 18 章\办公用品 04.accdb
视频文件：光盘\视频文件\第 18 章\18-1-5.mp4

Step01：打开素材文件，❶ 单击"创建"选项卡；❷ 单击"查询"组中的"查询向导"按钮，如下图所示。

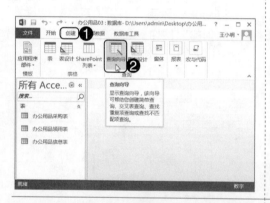

Step02：弹出"新建查询"对话框，❶ 从查询列表框中选择"简单查询向导"选项；❷ 单击"确定"按钮，如下图所示。

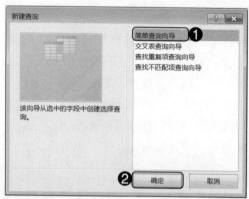

Step03：弹出"简单查询向导"对话框，❶ 从"表/查询"下拉列表中选择"表：办公用品采购表"选项；❷ 单击"全部添加"按钮，如下图所示。

Step04：❶ 即可将全部字段添加到右侧的"选定字段"列表框中；❷ 单击"下一步"按钮，如下图所示。

Step05：进入"请确定采用明细查询还是汇总查询："界面，❶ 选中"明细（显示每个记录的每个字段）"单选按钮；❷ 单击"下一步"按钮，如下图所示。

Step06：进入"请为查询指定标题："界面，❶ 选中"打开查询查看信息"单选按钮；❷ 单击"完成"按钮，如下图所示。

Step07：即可创建一张名为"办公用品采购表 查询"的数据表，如右图所示。

 专家提示

除了利用查询向导创建查询，用户还可以利用设计视图创建自己需要的查询。

# 知识讲解——使用 Outlook 2013 收发邮件

## 18.2

Outlook 是 Office 办公软件套装中的组件之一，主要用来收发电子邮件、管理联系人信息、记日记、安排日程、分配任务等。本节主要介绍如何使用 Outlook 2013 收发电子邮件。

## 18.2.1 添加和管理邮件账户

使用 Outlook 发送和接收电子邮件之前，首先需要向其中添加电子邮件账户，这里的账户就是指个人申请的电子邮箱，申请电子邮箱后还需要在 Outlook 中进行配置，才能正常使用。

**光盘同步文件**

视频文件：光盘\视频文件\第 18 章\18-2-1.mp4

### 1. 添加邮箱账户

注册了电子邮箱账户后，接下来在 Outlook 中添加邮箱账户，具体操作步骤如下：

**Step01**：在桌面上双击 Outlook 2013 启动图标，如下图所示。

**Step02**：弹出"欢迎使用 Microsoft Outlook 2013"对话框，单击"下一步"按钮，如下图所示。

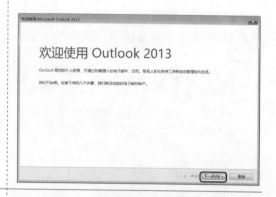

**Step03**：弹出"Microsoft Outlook 账户设置"对话框，❶ 选中"是"单选按钮；❷ 单击"下一步"按钮，如下图所示。

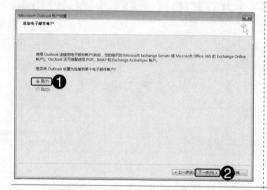

**Step04**：弹出"添加账户"对话框，❶ 选中"电子邮件账户"单选按钮，❷ 输入账户信息和密码；❸ 单击"下一步"按钮，如下图所示。

**Step05**：进入邮件服务器设置状态，如下图所示。

**Step06**：设置完毕，单击"完成"按钮，如下图所示。

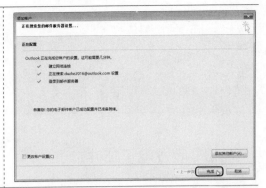

**Step07:** 此时即可添加电子邮件账户，如下图所示。

**Step08：** 执行"文件"命令，进入文件界面，单击"Office 账户"选项卡，即可查看账户信息，如下图所示。

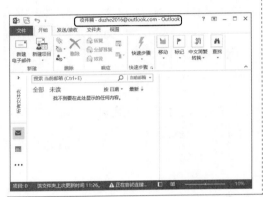

### 2. 设置电子邮件账户

用户可以根据需要新建、修改、删除账户，具体操作步骤如下。

**Step01：** 进入文件界面，❶ 单击"信息"选项卡；❷ 单击"账户设置"按钮；❸ 在弹出的下拉列表中选择"账户设置"选项，如下图所示。

**Step02：** 弹出"账户设置"对话框，单击"新建""修复"、"更改"或"删除"按钮，即可进行相应的操作，如下图所示。

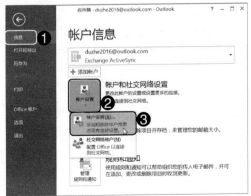

**专家提示**

　　新建 Outlook 邮件账户时，如果选中"手动设置或其他服务器类型"单选按钮，就要选择接受服务器的类型 POP 或 SMTP。例如，使用网易邮箱 @163.com，那么就选择 POP.163.com 或 SMTP.163.com。

## 18.2.2 收发电子邮件

　　与普通邮件一样，Outlook 电子邮件也需要有收、发信人的地址、信件等内容，但是 Outlook 电子邮件的收发比普通邮件更简便和快捷。收发电子邮件的具体操作如下。

 **光盘同步文件**

　　视频文件：光盘 \ 视频文件 \ 第 18 章 \18-2-2.mp4

　　**Step01：❶** 单击"开始"选项卡；**❷** 单击"新建"组中的"新建电子邮件"按钮，如下图所示。

　　**Step02：** 打开"未命名－邮件(HTML)"窗口，如下图所示。

　　**Step03：** 在该窗口中输入"收件人地址"、"主题"及要发送的邮件内容，即可创建电子邮件，然后单击"发送"按钮即可发送邮件，如下图所示。

　　**Step04：** 如果要查看收发的电子邮件，单击"所有文件夹"按钮，如下图所示。

**Step05：** 此时即可打开包含收件箱、已发送邮件在内的所有文件夹，如下图所示。

**Step06：** 单击"收件箱"连接，如下图所示。

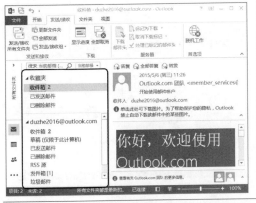

**Step07：** 此时即可展开收到的电子邮件，单击其中的任意电子邮件，即可将其打开，如下图所示。

**Step08：** 如果要答复邮件，在打开的电子邮件中单击"答复"按钮，如下图所示。

**Step09：** 输入要答复邮件的内容，如下图所示。

**Step10：** 如果要添加附件，单击"添加"组中的"附加文件"按钮，如下图所示。

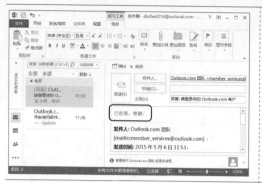

Step11：弹出"插入文件"对话框，❶ 选中要添加的文件"加入 Outlook.com 团队的感想 .docx"；❷ 单击"插入"按钮，如下图所示。

Step12：❶ 此时即可将文件以附件形式添加到电子邮件中；❷ 单击"发送"按钮，如下图所示。

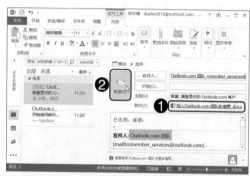

### 专家提示

编辑电子邮件时，还可以单击"添加"组中的"签名"按钮，添加电子邮件签名。例如，在给亲友的邮件中，签上自己的昵称，或是在给商务联系人的邮件中，签上自己的全名和电子邮件地址等信息。

## 18.3 知识讲解——使用 OneNote 2013 笔记本

OneNote 是一种数字笔记本，它为用户提供了一个收集笔记和信息的位置，并提供了强大的搜索功能和易用的共享笔记本。本节主要介绍如何使用 OneNote 2013 笔记本记录工作计划。

**18.3.1** 新建笔记本

在 OneNote 2013 中新建笔记本的具体操作步骤如下。

**光盘同步文件**

视频文件：光盘\视频文件\第 18 章\18-3-1.mp4

**Step01：** 在桌面上双击 OneNote 2013 启动图标，如下图所示。

**Step02：** 此时即可进入 OneNote 2013 工作界面，单击"文件"按钮，如下图所示。

**Step03：** ❶单击"新建"选项卡；❷选择"OneDrive – 个人"选项；❸在"笔记本名称"文本框中输入"工作计划"；❹单击"创建笔记本"按钮，如下图所示。

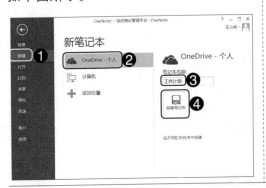

**Step04：** 弹出"Microsoft OneNote"对话框，提示用户"您的笔记本已创建完毕。是否与他人共享？"，直接单击"现在不共享"按钮，如下图所示。

Chapter 18

**Step05**：此时即可新建一个名为"工作计划"的笔记本，然后编写每天的工作计划，如右图所示。

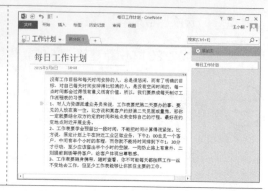

 专家提示

　　若要共享笔记本，必须将其创建或移动到"OneDrive – 个人"上。

### 18.3.2 共享笔记本

　　用户可以把自己的笔记本共享给他人，具体操作步骤如下。

**Step01**：在"文件"界面中，❶ 单击"共享"选项卡；❷ 选择"邀请他人"选项；❸ 输入要邀请人的姓名或电子邮件地址；❹ 单击"共享"按钮即可邀请他人，如下图所示。

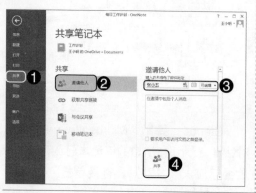

**Step02**：❶ 选择"获取共享链接"选项；❷ 单击"查看链接"文本框右侧的"创建链接"按钮，如下图所示。

**Step03**：此时即可创建查看链接，把创建的链接发送给需要查看的人，他人就可以查看我们的笔记本了，如下图所示。

**Step04**：使用同样的方法，我们可以获取编辑链接，如下图所示。

# 本章小结

　　本章结合实例主要讲述了 Office 2013 其他组件的操作和应用，主要包括使用 Access 2013 管理数据，使用 Outlook 2013 收发邮件，以及使用 OneNote 2013 笔记本。通过本章学习，帮助读者掌握 Access 数据库的基本操作和用法，学会使用 Outlook 2013 收发邮件，能够创建和共享 OneNote 2013 笔记本。